石油教材出版基金资助项目

高等院校特色规划教材

AutoCAD 2018
绘图实用教程

主　编　周瑞芬　关丽杰
副主编　王　妍　祝　娟　杨　蕊
主　审　杜永军

石油工业出版社

内 容 提 要

本书以机械工程图样为实例,介绍了 AutoCAD 2018 软件的常用功能与使用方法。主要包括 AutoCAD 2018 的基本操作方法、二维图形的绘制与编辑、尺寸样式设置、块操作、三维实体图形的创建与编辑等内容,由浅入深地给出了平面图形及圆弧连接的画法,零件图、装配图的绘图方法与技巧,以及化工设备图的绘图技巧,并给出了上机指导练习题及考试模拟样题。

本书可作为高等工科院校和高职高专院校的教材,也可作为广大工程技术人员的学习及参考用书。

图书在版编目(CIP)数据

AutoCAD 2018 绘图实用教程/周瑞芬,关丽杰主编.
—北京:石油工业出版社,2020. 5
高等院校特色规划教材
ISBN 978 - 7 - 5183 - 3965 - 5

Ⅰ. A… Ⅱ. ①周…②关… Ⅲ. ①机械制图—AutoCAD 软件—高等学校—教材 Ⅳ. ①TH126

中国版本图书馆 CIP 数据核字(2020)第 070804 号

出版发行:石油工业出版社
(北京市朝阳区安华里 2 区 1 号楼 100011)
网 址:www. petropub. com
编辑部:(010)64250991 图书营销中心:(010)64523633
经 销:全国新华书店
排 版:北京密东文创科技有限公司
印 刷:北京中石油彩色印刷有限责任公司

2020 年 5 月第 1 版 2020 年 5 月第 1 次印刷
787 毫米×1092 毫米 开本:1/16 印张:13. 5
字数:320 千字

定价:30. 00 元
(如出现印装质量问题,我社图书营销中心负责调换)

前言

本书是针对高等工科院校和高职高专院校编写的教材,属于计算机应用课程。全书结合 AutoCAD 2018 软件在绘制机械工程图样中的应用实例,介绍了计算机绘图的基本方法与技巧,满足了教学与实践的需要。

本书从教学实际出发,在“机械制图”课程的基础上,介绍了中文版 AutoCAD 2018 软件的常用功能与操作方法。理论结合实际,注重可操作性和使用性,由浅入深将 AutoCAD 2018 的绘图方法展现给读者。书中先从 AutoCAD 2018 的基础知识讲起,介绍了二维图形的绘制与编辑命令、尺寸样式设置、块操作、三维图形的绘制与编辑等内容,系统地讲述了平面图形、零件图、装配图、化工设备图的绘图方法和技巧,并给出了上机指导练习题及考试样题。

本书由东北石油大学周瑞芬、关丽杰任主编,王妍、祝娟、杨蕊任副主编。参加编写的有(按所撰写的章次排序):关丽杰(第 1 章,第 2 章 2.8、2.9 节,第 3 章 3.6 节)、祝娟(第二章 2.1—2.7 节)、王妍(第三章 3.1—3.5 节),杨蕊(第 5 章),周瑞芬(第 4 章、附录)。全书由东北石油大学杜永军教授主审。

本书在编写过程中,得到东北石油大学制图教研室老师的帮助和支持,并提出了宝贵意见,在此表示衷心感谢。

由于编者学识水平有限,书中难免有不妥之处,欢迎读者批评指正。

编者

2020 年 3 月

目录

第1章

AutoCAD 2018概述

AutoCAD是美国Autodesk公司于1982年首次推出的交互式绘图软件,经过多年的发展,历经多次版本升级,其功能日趋完善、使用愈加方便,从简单的二维绘图发展到集二维绘图、三维实体造型设计、真实感立体显示、通用数据库管理和互联网通信于一体的高精度计算机辅助设计软件。

目前使用较为普遍的AutoCAD 2018具有强大的二维绘图功能、方便实用的图形显示功能、灵活的在线帮助功能、开放的系统开发功能等,不仅广泛应用于机械、建筑、电子、航空、服装、石油等行业,而且在医学、地理(质)学、计算机动画设计、仿真模拟及计算机辅助教学等领域也有大规模的应用。

本章将介绍AutoCAD 2018绘图软件的基础知识,重点掌握操作界面的定制、命令执行方法、点的输入方法及绘图文件的设置等。

1.1　AutoCAD 2018的工作空间

成功安装AutoCAD 2018之后,要启动软件,可以双击桌面上的AutoCAD 2018图标,或单击“开始”→“所有程序”→“Autodesk”→“AutoCAD 2018”→“AutoCAD 2018 - 简体中文”命令。

启动系统后,进入AutoCAD的工作空间,工作空间是菜单栏、工具栏、选项板和功能区面板的集合,将它们进行编组和组织来创建一个用户可以自定义的、面向任务的绘图环境。

为满足不同用户和不同图形绘制的需求,AutoCAD 2018提供了【草图与注释】、【三维建模】、【三维基础】三种工作空间模式,用户可以根据需要随时进行切换。

1.1.1　【草图与注释】工作空间模式

【草图与注释】工作空间是AutoCAD 2018的默认界面,如图1.1所示。创建二维图形时,可以使用该工作空间,系统会显示与二维绘图任务相关的菜单、工具栏和选项板,从而形成面向二维绘图任务的集成工作环境。用户还可以根据需要在窗口中添加工具栏、工具选项板等部分。

1.1.2　【三维建模】工作空间模式

【三维建模】工作空间是一种采用三维视图的“三维建模”界面,其中包含了各种三维建模特有的工具、功能区、菜单栏和“工具选项板”窗口,如图1.2所示。

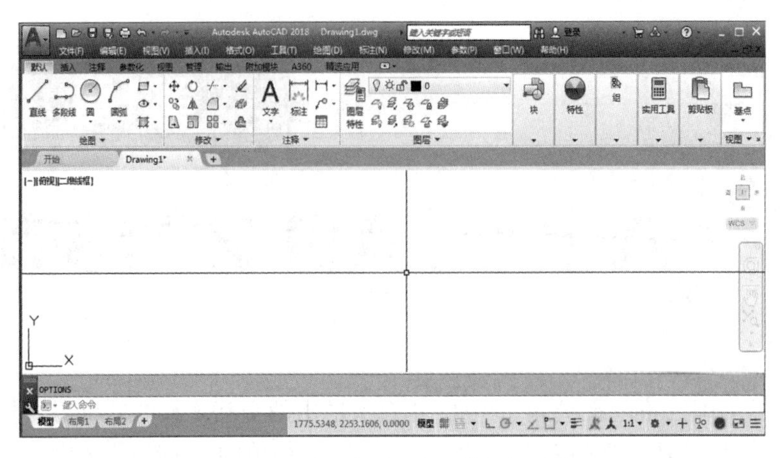

图1.1 【草图与注释】工作空间模式

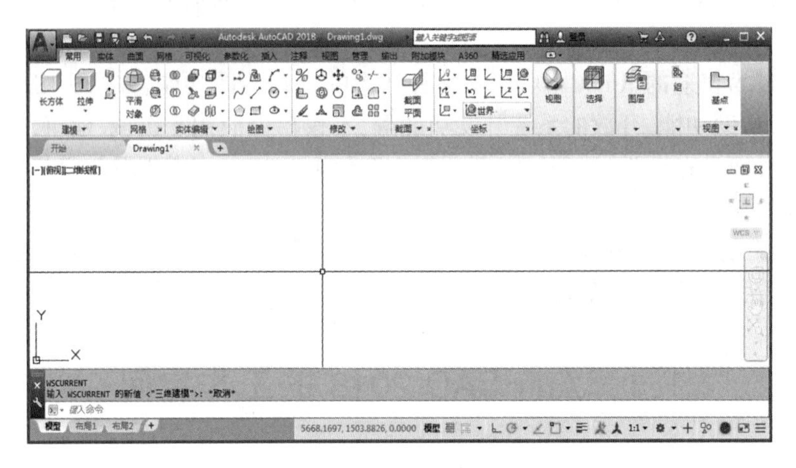

图1.2 【三维建模】工作空间模式

1.1.3 【三维基础】工作空间模式

【三维基础】工作空间也是绘制三维图形的界面，它将常用的三维绘图命令放置在功能区面板中，如图1.3所示。

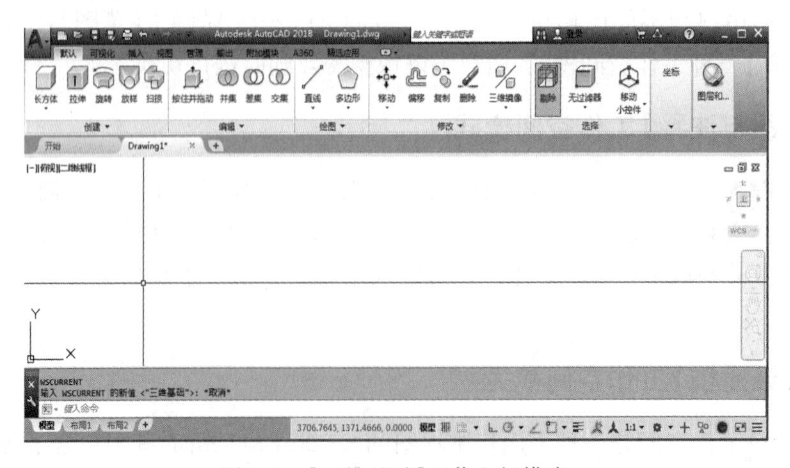

图1.3 【三维基础】工作空间模式

1.1.4　工作空间的切换

要在三种工作空间模式中进行切换，共有三种方法：

(1)在菜单栏中选择“工具”命令，在弹出的菜单中选择“工作空间”命令中的子命令，如图1.4(a)所示。

(2)单击快速访问工具栏中的切换空间选框，在弹出的菜单中选择相应的工作空间即可，如图1.4(b)所示。

(3)单击状态栏中的“切换工作空间”按钮，在弹出的菜单中选择相应的工作空间即可，如图1.4(c)所示。

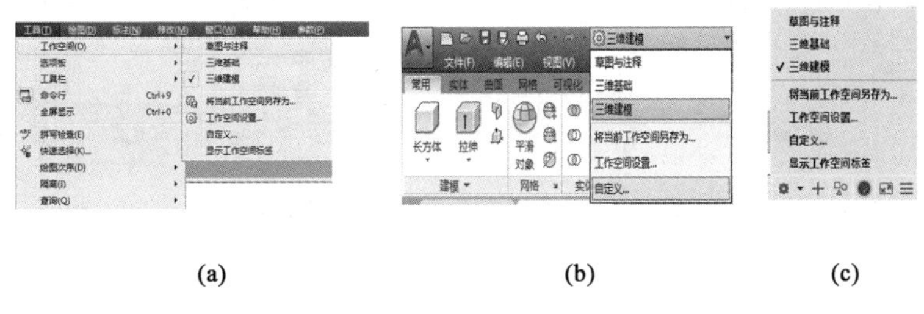

(a)　　(b)　　(c)

图1.4　工作空间转换

1.1.5　AutoCAD 2018 的操作界面

用户通过 AutoCAD 2018 的操作界面进行图形绘制、显示及编辑工作。常用的【草图与注释】操作界面各区域的说明如图1.5所示。

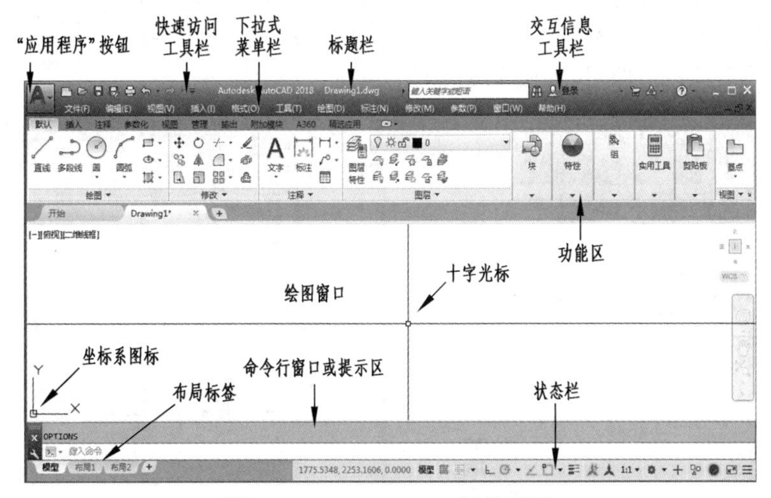

图1.5　AutoCAD 2018 操作界面

1.“应用程序”按钮

“应用程序”按钮位于 AutoCAD 2018 窗口的左上角，单击该按钮，将出现如图1.6所示的下拉菜单，其中集成了 AutoCAD 2018 的主要通用操作命令。

在菜单的顶部有一个搜索框，只需在其中输入与菜单有关的关键字，就能列出相关的菜单命令、基本工具提示、命令提示文字字符或标记的搜索结果。图1.7为关键字“打印”的搜索结果。

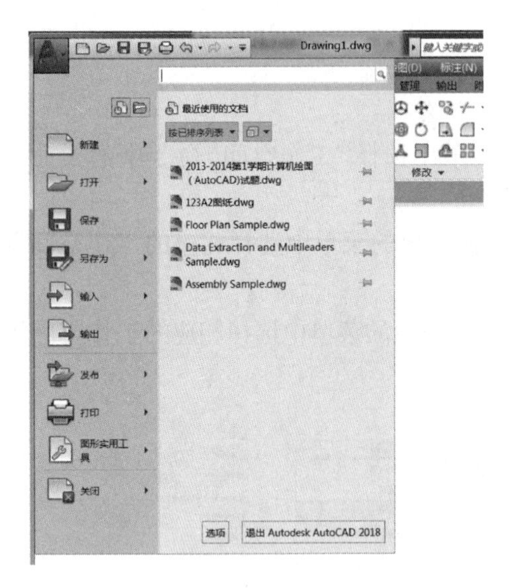

图 1.6　应用程序菜单

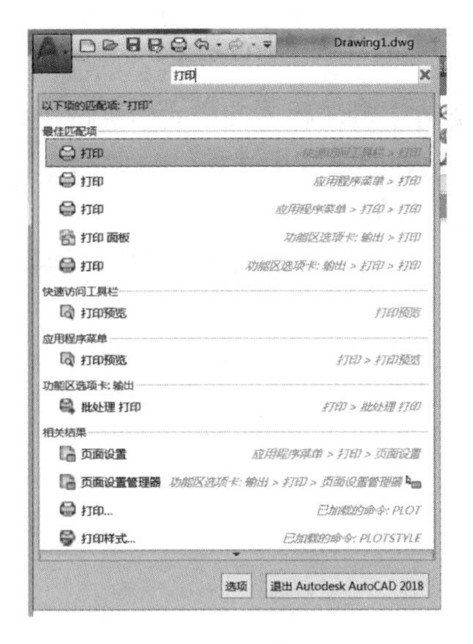

图 1.7　关键字“打印”的搜索结果

2. 快速访问工具栏

快速访问工具栏提供了系统最常用的操作命令。默认的快速访问工具有“新建”、“打开”、“保存”、“放弃”、“重做”和“打印”等常用命令。

用户还可以根据需要在快速访问工具栏上添加、删除和重新定位命令。具体方法是，单击快速访问工具栏最右侧的“扩展”按钮，从中选择“更多命令”选项，如图 1.8(a)所示。打开“自定义用户界面”对话框，从“命令”列表中选择要添加到快速访问工具栏的命令，然后将其拖放到快速访问工具栏上即可，如图 1.8(b)所示。

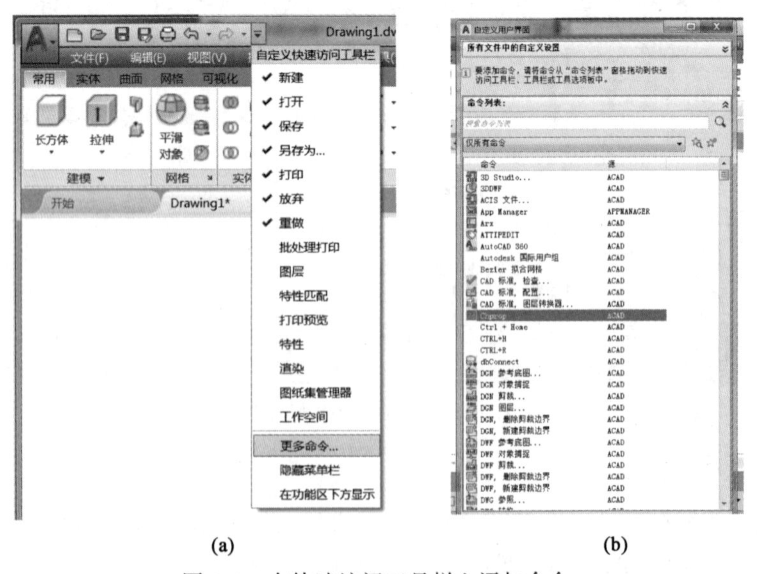

图 1.8　在快速访问工具栏上添加命令

3. 标题栏

标题栏中显示 AutoCAD 2018 的程序图标以及当前所编辑的图形文件的路径和名称。

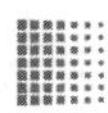

4. 交互信息工具栏

交互信息工具栏包括“搜索”“登录 Autodesk360”“Autodesk App Store”“保持连接”及“帮助”等几个常用的数据交互访问工具。

5. 下拉式菜单栏

在 AutoCAD 2018 绘图窗口第二行是 AutoCAD 2018 的下拉式菜单栏，下拉式菜单栏几乎包含了 AutoCAD 的所有绘图命令，用户可以点击各个下拉式菜单选择某个子菜单中的命令并执行。

默认情况下，下拉式菜单栏并没有显示在界面中，可以单击快速访问工具栏最右侧的“扩展”按钮，从出现的菜单中选择“显示菜单栏”选项，即可调出图中所示的下拉式菜单栏。

6. 功能区

AutoCAD 2018 的功能区集中了与当前工作空间相关的操作命令。引入功能区后，就不必在工作空间中同时显示多个工具栏，从而方便用户的绘图工作。功能区可以以水平和垂直方式显示，也可以显示为浮动选项卡。

AutoCAD 2018 的功能区提供了“默认”“插入”“注释”“参数化”“视图”“管理”“输出”“附加模块”“A360”“精选应用”等 10 个按任务分类的选项卡。用户可以在这些面板中找到所需要的功能图标。

默认情况下，功能区采用水平方式显示。水平功能区在图形窗口的顶部展开，每个面板均显示一个文字标签(如“图层”)。单击下方的箭头，可以展开该面板来显示其他工具和控件，如图 1.9 所示。当鼠标离开展开区域后，展开区域会自动收回，若想固定，可点击下方的按钮“ ”。

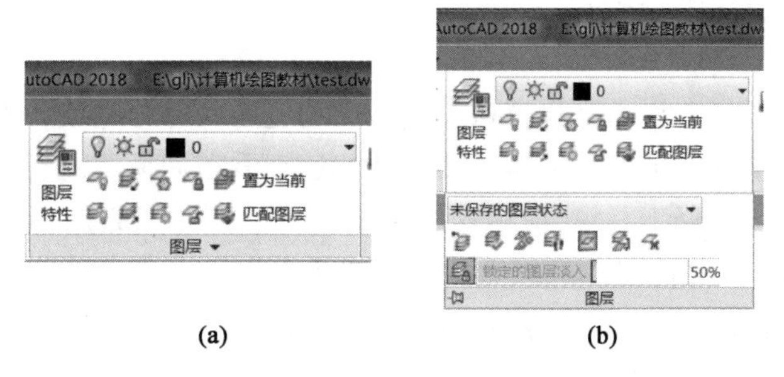

图 1.9　展开“图层”面板的其他工具和控件

7. 绘图窗口

绘图窗口类似于手工绘图时的图纸，是用户在屏幕上绘制、编辑和显示图形的区域。

当鼠标在绘图区域内移动时，会显示为十字线或方形拾取盒形状，其交点反映了当前坐标系中的位置。

8. 坐标系图标

在绘图区域的左下角显示坐标系图标，坐标系图标反映了当前所使用的坐标系形式和方向。AutoCAD 2018 仍然采用笛卡儿直角坐标系统。屏幕绘图区的左下角为坐标原点，从原点水平向右为 X 轴正向，从原点垂直向上为 Y 轴正向，Z 轴正方向从原点垂直屏幕指向用户一侧。

系统缺省坐标系称为世界坐标系，以 WCS 表示。用户还可根据需要定义一个任意的坐标系，称为用户坐标系，以 UCS 表示，其原点可在 WCS 的任意位置，其坐标轴可随用户的选择任意旋转和倾斜。定义用户坐标系用 UCS 命令。

9. 布局标签

AutoCAD 2018 系统默认设定一个模型空间布局标签和“布局 1”、“布局 2”两个图样空间布局标签。

1）模型

模型空间是 AutoCAD 2018 提供的常用的绘图环境，它为用户提供了一个广阔的绘图区域，在模型空间中一般按实际尺寸绘制各种二维或三维图形，只需考虑图形绘制的正确与否，而不必担心绘图空间是否足够。

AutoCAD 2018 系统默认打开模型空间，用户可以通过鼠标左键单击选择需要的布局。

2）布局

图样空间侧重于图纸的布局，相当于一张虚拟图纸，用户可创建多个“浮动视口”，以不同视图显示所绘图形。用户还可在图样空间中调整浮动视口并决定所包含视图的缩放比例，可打印输出任意布局的视图。

布局是系统为绘图设置的一种环境，包括图纸大小、尺寸单位、角度设定、数值精确度等。在系统预设的三个标签中，这些环境变量都按默认设置，用户可根据实际需要改变这些变量的值。

10. 命令行窗口

命令行窗口位于绘图区域的下方，是输入命令和显示命令提示信息的区域。默认时，AutoCAD 2018 的命令行窗口在图形区域的下方是浮动的，用户可以调整位置将其固定，也可拖动窗口边框改变命令窗口的大小。

11. 状态栏

位于屏幕最底部的状态栏由坐标读取器和辅助功能区两部分组成。坐标读取器实时显示当前光标所在位置的坐标。辅助功能区主要用于快速查看布局模式、设置 AutoCAD 2018 当前的绘图状态、显示工具、注释工具等，应用这些按钮可以控制图形或绘图区的状态。

状态栏上显示哪些按钮，用户可以点击状态栏最右侧的自定义按钮，然后在其上方弹出的列表菜单中进行选取，如图 1.10 所示，目前所有选项均已勾选，对应的状态栏按钮也在下

图 1.10　状态栏及其自定义

方依次显示出来。用户绘图时可以根据自己的需要和习惯进行定制，一般进行二维绘图时常用的有当前的绘图空间**模型**、极轴追踪、对象捕捉、对象捕捉追踪、线宽显示、全屏显示等。用户可以根据绘图需要实时用鼠标左键单击某个按钮，来打开或关闭该项功能，也可以在按钮上单击鼠标右键进行相应设置。

1.1.6　【AutoCAD 经典】工作空间模式设置

对于习惯 AutoCAD 传统工作界面的用户，也可以依据自己的习惯和喜好订制自己的工作空间，如图 1.11 所示的【二维经典界面】。原来版本的工作空间是有【AutoCAD 经典】模式的，但 AutoCAD 2018 版本系统不提供了，用户可以按如下步骤自行订制。

(1)点击下拉式菜单“工具”—“工具栏”—“AutoCAD” —“修改”，此时“修改”工具栏就会显示在屏幕上。

(2)在“修改”工具栏上的任意位置点击鼠标右键，在需要的常用工具栏前点击左键，就可以调出其他工具栏，如“标准”“样式”“图层”“特性”“标注”“绘图”“对象捕捉”等，调整他们在屏幕上的位置。

(3)点击功能区选项卡最右侧的按钮，将功能区“最小化为选项卡”，即可获得图 1.11 所示的界面。

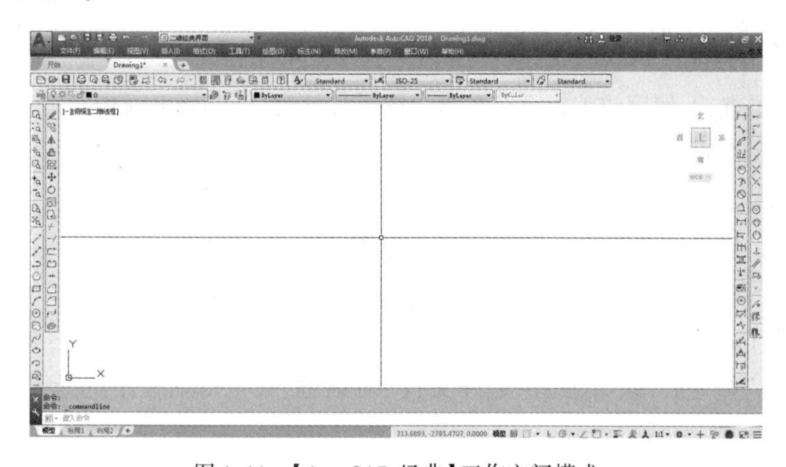

图 1.11　【AutoCAD 经典】工作空间模式

点击工作空间按钮，选择“将当前工作空间另存为”，输入自定义的工作空间名称，如“二维经典界面”，订制完毕。

1.2　图形文件管理

AutoCAD 2018 的各种图形都是以图形文件的形式存储和管理的，系统提供了创建新文件、打开图形文件、保存及关闭图形文件等文件操作命令。

启动 AutoCAD 2018 绘图软件之后，软件会自动新建名字为“Drawing1. dwg”的默认绘图文件。

1.2.1　新建图形文件

AutoCAD 2018 提供了多种创建新文件的方法：

- “应用程序”按钮→“新建”→“图形”。
- 工具栏:单击快速访问工具栏中的“新建”按钮。
- 菜单栏:单击“文件”选项,在下拉菜单中选择“新建”命令。
- 命令:New。

执行命令后,系统打开“选择样板”对话框。AutoCAD 提供了许多标准的样板文件,保存在 AutoCAD 应用目录下的 Template 子目录下,扩展名为“dwt”,样板文件对绘制不同类型图形所需的基本设置进行了较为简单的定义,如字体、标注样式、标题栏等。创建新图时,选择一种样板,以此文件为原型文件,可使新图具有与样板文件相同的设置。

在样板文件中有英制和公制两个空白样板,分别为 Acad. dwt 和 Acadiso. dwt,我们绘图时可选择公制样板 Acadiso. dwt。

即便如此,在开始绘图之前,还要对绘图环境进行进一步设置,以使所绘图样符合我们国家的标准规定和绘图习惯。一般需要设置图形界限、图层、字体样式、尺寸标注样式、多重引线样式、表格样式、图框及标题栏等,详见后续内容。设置好后,点击“另存为”,选择文件类型为“dwt”,点击“保存”即可建立用户自己的样板文件。根据工程设计任务的要求可以进行统一的图形样板系列设置,以保持图形设置的一致性,提高工作效率。

1.2.2 打开现有文件

当用户需要查看、使用或编辑已经存盘的图形文件时,可以使用“打开”命令。

命令调用方式如下:

- “应用程序”按钮→“打开”命令。
- 工具栏:单击快速访问工具栏“打开”按钮。
- 菜单栏:单击“文件”选项,在下拉菜单中选择“打开”命令。
- 命令:Open。

执行“打开”命令后,系统弹出“选择文件”对话框,在该对话框中选择或查找要打开的文件。

1.2.3 保存图形文件

绘制和编辑图形的过程中,应经常保存当前图形,以免因突然断电等意外事件使图形和相关数据丢失,同时方便以后查看、使用或修改。

命令调用方式如下:

- “应用程序”按钮→“保存”命令。
- 工具栏:快速访问工具栏单击“保存”按钮。
- 菜单栏:单击“文件”选项,在下拉式菜单中选择“保存”命令。
- 命令:Save。

执行命令后,若文件已命名,则系统自动保存文件。若当前图形没有命名保存过,则系统打开“图形另存为”对话框,如图 1.12 所示,通过该对话框指定文件的存盘路径、文件名称及文件类型后,单击“保存”按钮,即可将当前文件存盘。

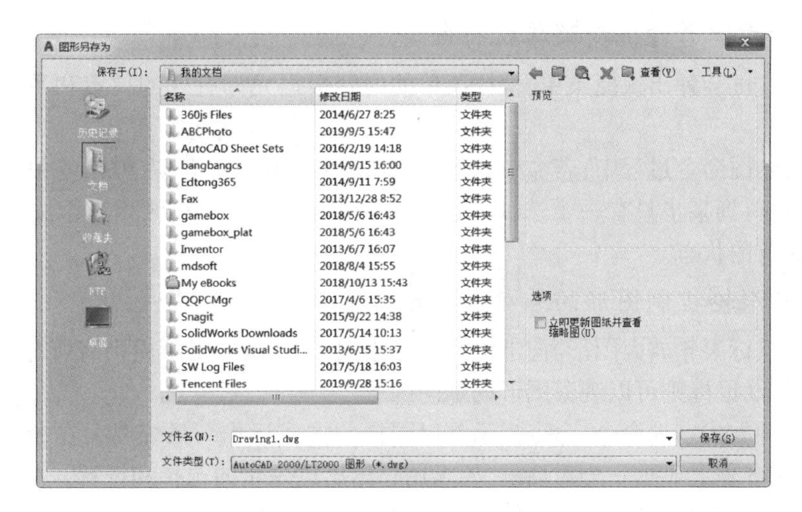

图 1.12　“图形另存为”对话框

1.2.4　关闭图形文件

AutoCAD 2018 可以同时打开多个图形文件,不需要对某个图形进行编辑处理时,可以将其关闭。

命令调用方式如下:

- “应用程序”按钮→“关闭”命令。
- 单击绘图窗口右上角的“关闭”按钮 ×。
- 菜单栏:单击“文件”选项,在下拉菜单中选择“退出”命令。
- 命令:Exit。

执行命令后,若对图形所作的修改尚未保存,则会出现系统警告对话框,选择“是”按钮,系统将保存文件,然后退出;选择“否”按钮,系统将不保存文件。若对图形所作的修改已经保存,则直接退出。

1.3　AutoCAD 2018 命令及点的输入方法

1.3.1　AutoCAD 2018 命令输入方法

AutoCAD 2018 所有功能都是通过命令的执行来实现的。因此,命令是 AutoCAD 2018 的核心。执行操作命令的方式很多,下面介绍各种 AutoCAD 2018 命令的执行方式。

1. 通过键盘直接键入命令名

当命令行窗口出现“命令:”提示时,从键盘上键入命令名(全称或缩写名称),并按回车键完成输入。

2. 鼠标左键点击功能区、工具栏的图标或下拉式菜单的命令,执行命令

用户将光标移动到功能区或工具栏的命令按钮上,系统就会自动显示该命令的帮助、提示信息。单击这些直观形象的图标,命令行窗口中也可以看到对应的命令说明及命令名。

3. 用鼠标右键通过快捷菜单执行命令

点击鼠标右键会弹出快捷菜单,快捷菜单的内容根据光标所处的位置和系统状态不同而不同。

而在执行绘图命令过程中,若命令有多个选项,可以单击右键,在弹出的快捷菜单中选择某项;若命令执行到某步只有一个选项,如“选择对象:”,此时按右键相当于按 Enter 键,确认并结束正在执行的状态。

4. 用鼠标滚轮控制图形的缩放和显示

向上滚动鼠标滚轮放大图形,向下滚动为缩小图形,连续双击滚轮则将所有图形最大化显示,按住滚轮移动鼠标则可以观察图形的不同区域。

无论以何种方式启动命令,命令提示都以同样的方式运作。系统要么在命令行中显示提示信息,要么在屏幕上显示一个对话框,要求用户给出进一步的选择和设置。

下面以 Circle(画圆)命令为例,介绍 AutoCAD 命令的响应方法。

AutoCAD 提示:	说明:
命令: circle	//启动画圆命令
指定圆的圆心或 [三点(3P)/两点(2P)/相切、相切、半径(T)]:160,100	//输入圆心坐标并回车
指定圆的半径或 [直径(D)]〈20〉:	//回车,默认半径为 20

说明:

(1)一般命令要在命令提示区出现“命令:”提示时输入。

(2)命令名或参数输入均需用空响应键(回车键或空格键,有时可用鼠标右键)确认。实际上在 AutoCAD 中除写文字时空格键有其真实意义外,通常空格键与回车键的作用是等同的。注意“说明:”下面,“//”后面的部分为作者加注的命令注释。

(3)命令提示中的“/ ”是该命令逐选项间的分隔符,每个选项都有 1 ~2 个大写字母,响应时可键入相应的大写字母或数字,而不必整个单词都输入。当然,也可方便地点击鼠标右键在弹出的快捷菜单区拾取相应的选项。

(4)命令提示中“〈 〉”的内容表示缺省值或缺省方式,默认时可用空响应键响应。

5. 透明使用命令

所谓透明使用命令,是指在运行其他命令的过程中输入并执行该命令。透明命令多为修改图形设置的命令,或是打开绘图辅助工具的命令(如 Snap、Grid 或 Zoom 等)。

要以透明方式使用命令,如用键盘键入,应在输入命令之前输入单引号(');如用鼠标,则可直接到工具栏中点击相应命令图标。命令提示中,透明命令的提示前有一个双折号(> >)。完成透明命令后,将继续执行原命令。例如画线时,要打开栅格并将其间隔设为 10 个单位,可输入如下命令。

AutoCAD 提示:	说明:
命令: line	//启动直线命令
指定第一点: 'GRID	
> >指定栅格 X 间距或 [开(ON)/关(OFF)/捕捉	

S)/纵横向间距(A)] <0.000>:10　　//设置栅格间隔为10个单位
指定第一点:　　//继续绘制直线

6. 命令的重复执行

(1)当要重复执行刚刚结束的上一条命令时,可用空响应键响应"命令:"提示,或在绘图区中单击鼠标右键,打开快捷菜单,选择"重复×××"(×××代表前面执行的命令)。这时,刚完成的那条命令又会重新显示在命令提示区,等待执行。

(2)如要执行最近六个命令之一,可在命令提示区或文本窗口中单击鼠标右键,从快捷菜单中选择"近期使用的命令",然后选择所需命令。

(3)如需多次重复执行同一个命令,可在命令提示区输入 Multiple,在随后的提示中输入要重复执行的命令名,系统将反复执行该命令,直至用户按[ESC]键为止。

7. 命令的中断、撤销与重做

(1)按[ESC]键,可中断正在执行的命令。

(2)有多种方法可以放弃最近一个或多个操作。最简单的就是使用 U 命令来放弃单个操作。

(3)要重做 Undo 放弃的最后一个操作,可以使用 Redo 命令。

Undo 和 Redo 命令为每个打开的图形保留各自独立的操作序列。

1.3.2 AutoCAD 2018 的点的输入方法

1. 键盘直接键入

在 AutoCAD 中,点的坐标可以用直角坐标、极坐标、球面坐标和柱面坐标表示,每一种坐标又分别具有绝对坐标和相对坐标两种坐标输入方式。其中,直角坐标和极坐标最为常用。

1)直角坐标输入法

用点的 X,Y,Z 坐标值表示点,各坐标值之间要用逗号隔开。

AutoCAD 提示:　　说明:
Point:100,120　　//输入一绝对坐标为 X=100,Y=120 的点。Z 坐标没有输入,当前高度,缺省为0

2)极坐标输入法

用极径(定点与原点的距离)和极角(极径与 X 轴正向所夹角)表示点,两者之间的分隔符为"<",即极径<极角。

AutoCAD 提示:　　说明:
Point:30<45　　//输入一距原点的距离为30,与原点所夹极角为45°的点

3)相对坐标输入法

前面两种输入法都是按绝对坐标方式,即按相对于当前用户坐标系(UCS)的坐标原点的坐标。但有时我们已知的是某点相对于其他点的距离,这时就需要采用相对坐标进行点的输入。

相对坐标是相对于前一点的坐标。其输入格式与绝对坐标相似，只是必须在坐标表达式的前面加上符号“@”。采用相对坐标进行点的输入，无须进行坐标换算，可以提高工作效率。

在下面的命令中采用相对坐标输入，则命令执行后，结果如图1.13所示。

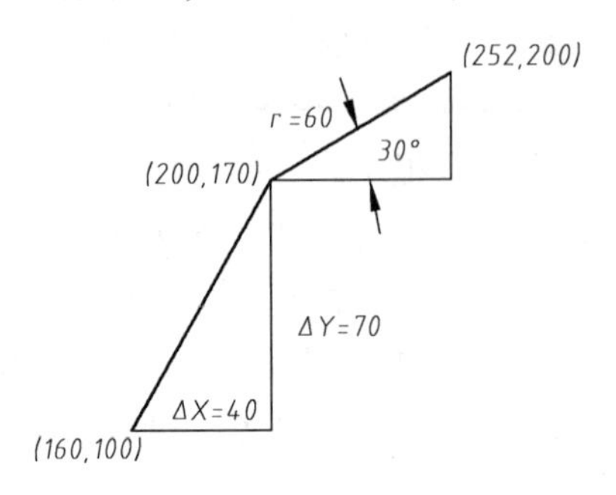

图1.13　点的相对坐标输入

AutoCAD提示：	说明：
命令：line	//输入直线命令
指定第一点：160,100	//设定直线的起点为点(160,100)
指定下一点或［放弃(U)］：@40,70	//输入直线终点，其绝对坐标为(160+40,100+70)
指定下一点或［放弃(U)］：@60<30	//输入下一段终点，其绝对坐标为(200+60×cos30°,170+60×sin30°)
指定下一点或［闭合(C)/放弃(U)］：	//空响应，结束命令

2. 鼠标拾取法

当移动鼠标时，屏幕上的十字光标也随之移动，将光标移到所需位置，按下鼠标左键，即可输入该点。

为准确定位，可采用网格捕捉(Snap)功能。打开捕捉模式后，光标只能在指定间距的坐标位置上移动。此时按下鼠标左键，十字光标就会自动锁定到最近的网格上，从而使输入点的坐标值符合所设间距要求。

具体设置方法：执行菜单栏中的“工具”→“草图设置”命令，或用鼠标右键点击状态行中的“”按钮，在随后出现的快捷菜单中选择“设置”来激活“草图设置”对话框，如图1.14所示。利用该对话框，用户可以查看、设置及启用捕捉、显示栅格、极轴等工作模式。

“捕捉”：可用于修改X、Y方向的捕捉间距(缺省值为10)、捕捉角度(缺省值为0)。“启用捕捉”用来打开或关闭捕捉方式，也可在图形界面直接用鼠标左键单击状态行中的“”按钮。

“栅格”：用于辅助定位。用户启用栅格显示后，屏幕上图纸界限内的区域将按指定间距布满小点，给用户提供直观的距离和位置参照。它类似于可自定义的坐标纸。用户可修改和设置X、Y方向的栅格间距(缺省值为10)，并可点击“启用栅格”按钮打开或关闭栅格显示，也可直接用鼠标左键单击状态行中的“”按钮。

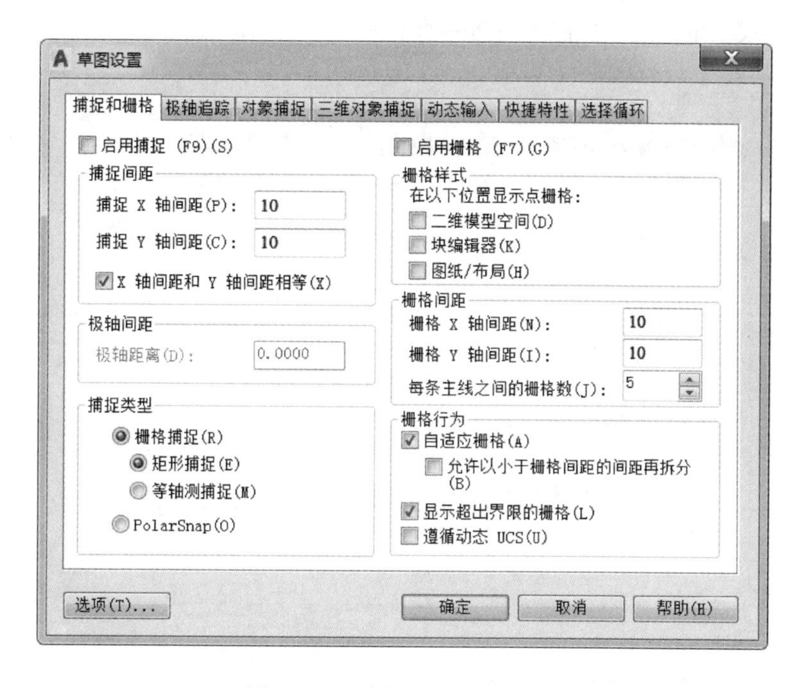

图1.14 “捕捉和栅格”选项卡

3. 对象捕捉法

可用此功能捕捉现存图形中的特定几何意义的点,如端点(end)、中点(mid)、圆心(cen)、切点(tan)、交点(int)、垂足(per)等。

图1.15 显示了常用的对象捕捉方法、拾取点和捕捉到的点的关系。图中深色的实线表示已画的实体对象;十字线代表光标的位置,即拾取点的位置;其余如“□”“△”“◇”“○”“×”等符号代表捕捉到的特征点位置,同时系统还自动显示了该特征点的汉字标签。

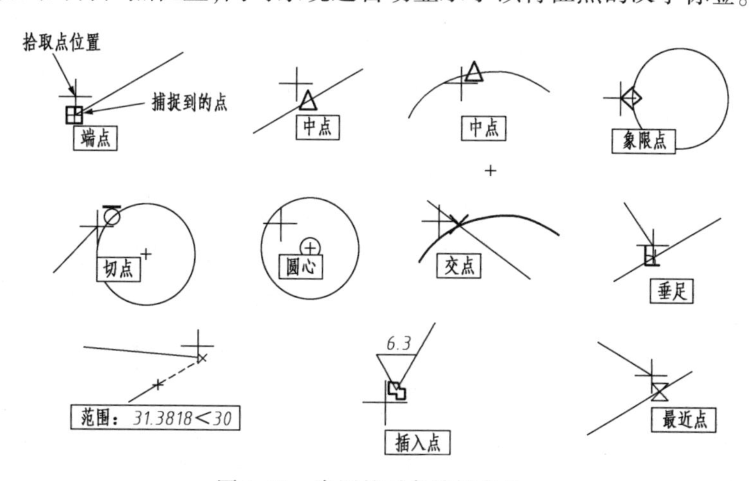

图1.15 常用的对象捕捉方法

对象捕捉的使用方法有两种:

1)提前预设法

执行 “Osnap”命令或在状态行的“□”等按钮上点击鼠标右键选择“设置”来激活“草图设置”对话框,在其中的“对象捕捉”选项卡中预设,如图1.16 中打有“√”的选项。提前预设法设置的捕捉模式在用户进一步修改前将一直有效。

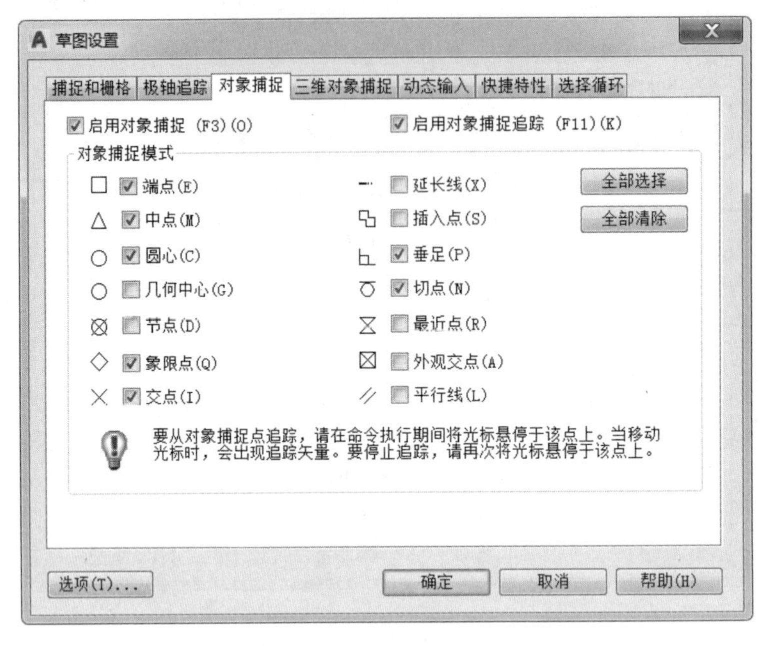

图 1.16　对象捕捉的预设

对话框中的“启用对象捕捉”是用来打开或关闭预设的对象捕捉模式的(也可在图形界面直接点击“”按钮)。

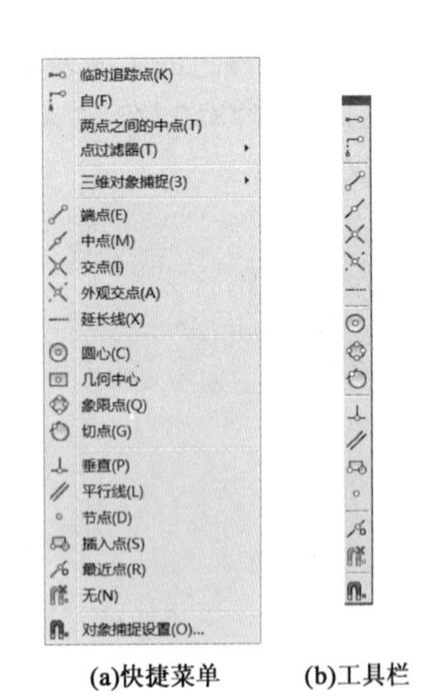

图 1.17　对象捕捉的快捷菜单、工具栏

用户可以同时指定多种对象捕捉模式,但不能过多,因为过多的捕捉模式之间容易互相干涉,尤其当图形比较密集时,用户希望的捕捉类型可能不是第一时间出现。

2)临时指定法

当执行某个命令需要输入点时,先临时指定所需的对象捕捉模式,然后将光标移动到捕捉目标上,当出现所设置的对象捕捉符号时,用鼠标左键确认,即可捕捉到该特征点的位置(X,Y,Z)。

其中对象捕捉模式的临时指定可以采用如下几种方法:

(1)按住[Shift]键的同时单击鼠标右键,在弹出的“对象捕捉”快捷菜单中选择,如图 1.17(a)所示。

(2)通过自定义把“对象捕捉”工具栏显示在界面上,如图 1.17(b)所示,在其中选择捕捉类型。

(3)用键盘键入各种捕捉类型的简写符(其英文名称的前三个字符),如 end、int、tan 等。

临时指定法的优先级要高于提前预设法,但仅对本次设置有效。

4. 过滤符输入法

用于使输入点的某一个或两个坐标(.X 、.Y 、.Z 、.XY 、.YZ 、.XZ)与已知点相同,从而达到使输入点在某个方向(面)上与已知点对齐的效果。

AutoCAD 提示：	说明：
命令：Point 当前点模式：　PDMODE = 0	
PDSIZE = 0.0000	
指定点：.X	//是点(50,70)的过滤符输入方式，其中Z取当前值
于 50,80	
(需要 YZ)：70	

点的过滤符输入方式，必须与对象捕捉法联合使用才能体现其方便、优越的性能。

5. 利用自动追踪确定点

利用“自动追踪”功能用户可以按指定的角度绘制对象，或者绘制与其他对象有特定关系的对象。当自动追踪打开时，屏幕上将显示临时“对齐路径”(点状追踪直线)以利于用户按精确的位置和角度创建对象。自动追踪包含两种追踪选项：极轴追踪和对象捕捉追踪。

1) 极轴追踪

极轴追踪可用于按指定角度绘制对象，此时对齐路径由相对于起点和终点的极轴角定义。

如图 1.18 所示，当极轴增量角设置为 30°时，用户在确定起点后，系统将沿 0°、30°、60°等与 30°角成倍的角度方向上进行追踪。当用户移动鼠标接近上述 30°倍角时，屏幕上就会显示对齐路径，同时显示工具栏提示(说明鼠标当前位置距起点的距离及与 X 轴的夹角)。当光标从该角度移开时，对齐路径和工具栏提示消失。沿此对齐路径将鼠标移动到适当位置，点击左键确认即可。

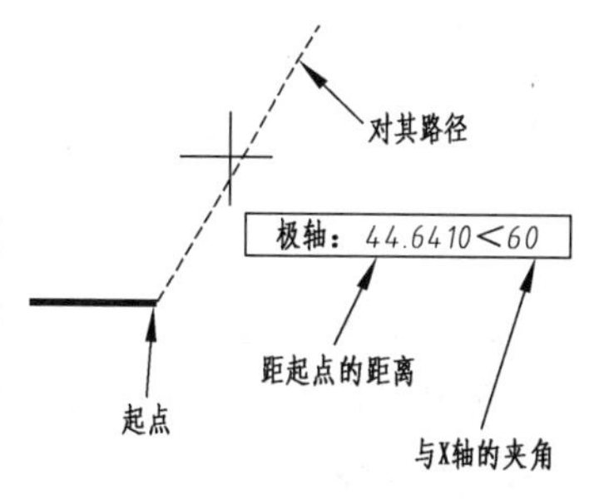

图 1.18　极轴追踪

用户通过点击状态行上的“ ”按钮、按 F10 键都可打开或关闭极轴追踪。

(1) 极轴追踪的设置方法。

激活“草图设置”对话框，选择“极轴追踪”选项卡，如图 1.19 所示，利用该对话框用户可以设置极轴角及其测量基准。

①设置增量角：选择极轴角的递增角度。实际绘图时，0°角及该递增角度的倍角均被追踪。

②增加“附加角”：除了上述角度之外，用户还可以添加若干“附加”极轴角，此附加极轴角是非递增角度，即不追踪其倍角。

③选择极轴角的测量基准。可以选择以当前 UCS 的 X 轴为基准的“绝对”基准；也可以选择以最后创建的对象为基准的“相对”基准。

(2) 设置极轴捕捉。

系统缺省时，捕捉类型为矩形网点捕捉，沿极轴方向没有捕捉；若要光标沿极轴精确移动，可在图 1.14 的“捕捉和栅格”选项卡中选择“Polarsnap”，并设置适当的“极轴距离”。

(3) 正交模式与极轴追踪

正交模式将光标限制在水平或垂直轴上。因此不能同时打开正交模式和极轴追踪。在正交模式打开时，系统会自动关闭极轴追踪。如果打开了极轴追踪，系统也将自动关闭正交模式。

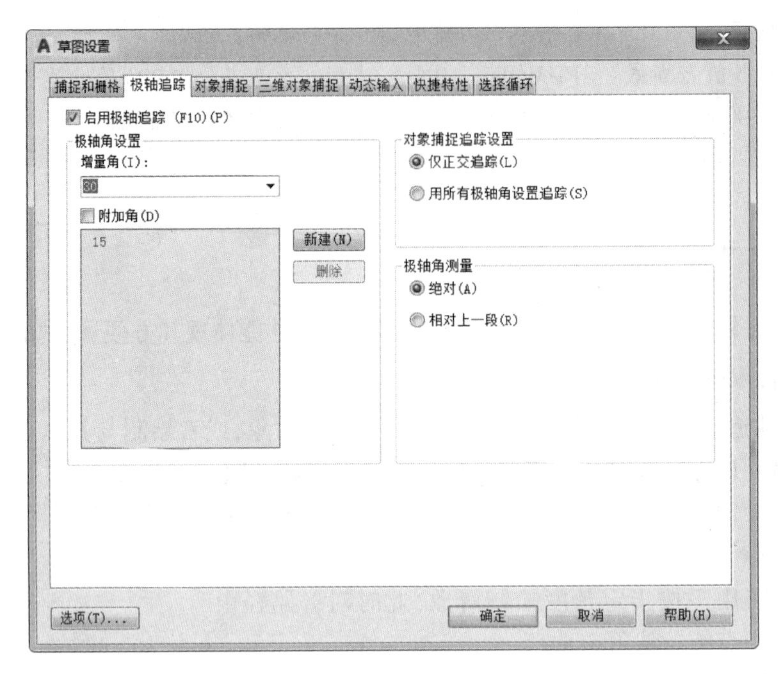

图 1.19 “极轴追踪”的设置

2)对象捕捉追踪

对象捕捉追踪可用于绘制与其他实体有特定“对正”关系的对象,可根据捕捉点的位置沿正交方向或极轴方向进行追踪,具体步骤如下:

(1)点击状态行上的“”和“”按钮,打开“对象捕捉”和“对象追踪”功能。

(2)启动一个绘图或图形编辑命令(如 Line 或 Move)。

(3)在系统提示需要输入点时,将光标移动到一个对象捕捉点处以临时获取点(不要单击它,只是暂时停顿即可获取),已获取的点将显示一个小加号(+)。获取点之后,当在绘图区移动光标时,相对该点的水平、垂直或极轴对齐路径将显示出来,将光标沿对齐路径移动,找到满足条件的位置后单击来确定点。

对象追踪的方向设置是在图 1.19“极轴追踪”选项卡的“对象捕捉追踪设置”区域进行的,用户可根据需要选择“仅正交追踪”或“用所有极轴角设置追踪”。

对象捕捉追踪应与对象捕捉配合使用。从对象的捕捉点开始追踪之前,必须先打开对象捕捉功能。

此外,有时还需输入距离[如高度(Height)、宽度(Width)、半径(Radius)、直径(Diameter)、列距/行距(Colume/Row Distance)]和角度(Angle)等,它们均有两种输入方法:一种是直接用键盘输入具体数值;另一种是输入两点,系统就以这两点间的距离或其相对于 X 轴正向的夹角为输入值。

1.4 图形显示控制

1.4.1 图形界限、图形范围及显示范围

这三个概念都是用矩形区域进行定义的。

图形界限(Drawing Limits),是指当前的绘图界限,用来防止在该区域外绘制图形,类似于我们手工绘图的"图纸"大小。在绘制一幅图前可用"Limits"命令设置图形界限,一般要大于整个图的绝对尺寸。对Z轴方向没有极限限制。

图形范围(Current Drawing Extents)是包含当前图中全部实体的最小矩形区域。

显示范围(Display Extents)是当前从显示屏幕上看到的区域,AutoCAD 2018 把屏幕作为窗口使用,通过窗口可观察图形的全部或某一局部,并能作任意的缩放(用 Zoom 命令)和平移(用 Pan 命令),这个过程实际是通过显示范围的改变实现的。但要注意,显示范围变化造成的图形缩放或移动,只是视觉效果不同而已,图形的真实大小和位置并没有发生改变。

1.4.2 常用显示控制命令

在绘制和编辑图形的过程中,经常需要显示全图来查看整体修改效果,或放大显示图形的某个部分以编辑修改细节,或平移图形以观察图形的不同部位,这可通过显示控制命令来实现。

1. Zoom——视图缩放命令

在不改变绘图原始尺寸的情况下,将图形的显示尺寸放大或缩小。放大适于详细观察图形的局部细节,缩小适于在更大范围内观察图形的全貌。缩放命令并没有改变图形的真实大小,仅改变显示大小。

启动 Zoom 命令时,既可选择表中所示工具栏上的图标按钮,也可通过输入 Zoom 命令的快捷键"Z"及相应选项来进行图形缩放。

2. Pan——窗口平移命令

图形的缩放比例不变,平移显示窗口以观察图形的不同部位。

绘图时,也可按住三键鼠标的滚轮进行图形实时缩放和平移:向上滚动滚轮时,图形放大;向下滚动滚轮时,图形缩小;连续双击滚轮则将所有图形最大化显示;按住滚轮移动鼠标,显示窗口将进行平移。

表 1.1 表示了常用 Zoom 命令各个选项及 Pan 命令的工具栏图标、功能和用法。

表 1.1 常用显示命令

序号	命 令 名	图标	功 能	用 法
1	Zoom - Real time		实时缩放	按住鼠标左键向上或向下拖动,以实现图形的放大或缩小,此时显示中心不变
2	Zoom - Previous		缩放上一个	自动恢复显示前一视图,可依次恢复显示前 10 个视图
3	Zoom - Window		显示窗口范围	指定两对角点,以该矩形范围为显示范围
4	Zoom - Dynamic		动态缩放	在屏幕上动态确定显示窗口的大小和位置
5	Zoom - Scale		按比例缩放	指定缩放比例(n、nX 或 nXP),以确定显示范围,此时显示中心不变。其中 n 为非零正数,表示相对图形界限的缩放比例;nX 表示相对当前视图的缩放比例;nXP 表示在布局中相对图纸空间的缩放比例
6	Zoom - Center		中心缩放	指定显示中心、缩放比例(nX)或窗口高度,以此确定显示范围

续表

序号	命令名	图标	功能	用法
7	Zoom – Object		对象缩放	将所选一个或多个对象最大化的显示在屏幕上
8	Zoom – 2X		放大显示	自动以2倍比例放大显示当前图形,此时显示中心不变
9	Zoom – 0.5X		缩小显示	自动以0.5倍比例缩小显示当前图形,此时显示中心不变
10	Zoom – All		全部缩放	显示全图。当图形在界限内时,显示范围=图形界限;当图形超界时,显示范围=图形界限+图形超界部分
11	Zoom – Extents		范围缩放	以图形范围为显示范围,将整个图形最大化的显示在屏幕上
12	Pan		实时窗口平移	按住鼠标左键并移动,显示窗口平移以观察图形的不同部位,此时缩放比例不变

3. Regen——视图重生成命令

命令调用方式如下:

- 下拉式菜单栏:“视图”→“重生成”。
- 命令:Regen。

执行该命令,系统将重新计算所有图形对象的屏幕坐标并重新生成整个图形。同时它还重新建立图形数据库索引,从而优化显示和对象选择功能。

当进行图形放大显示时,图形中的曲线将用折线近似显示出来,图形很不圆滑,此时执行Regen命令将使图形重新圆滑地显示。

第2章 AutoCAD 2018绘图基本设置及常用命令

本章主要介绍 AutoCAD 2018 基本的绘图环境设置以及常用命令的调用和使用方法。设置一个合适的绘图环境是作图的必要准备,好的绘图环境设置、熟练的命令操作能有效地提高工作效率,提升绘图的速度。

2.1 绘图环境设置

要绘制出符合我国制图标准的工程图样,必须对绘图的环境进行设置。基本绘图环境的设置包括设置图形界限(即图幅尺寸)、设置绘图单位、设置图层、设置绘图辅助工具等。

在 AutoCAD 2018 中新建一图形文件后,首先需设置基本绘图环境,再利用 AutoCAD 的绘图和修改命令绘制和修改图形。

2.1.1 设置图形界限

在当前的"模型"或布局上,设置并控制栅格显示的界限。图形界限取决于要绘制对象的尺寸范围、图形四周的说明文字和绘图比例等。

1. 命令调用方式

- 菜单:[格式]→[图形界限]。
- 命令:Limits。

2. 执行过程

AutoCAD 提示:	说明:
指定左下角点或[开(ON)/关(OFF)] < 0.0000,0.0000 >:	//指定图形左下角位置,或直接按 Enter 或 Space 键采用默认值
指定右上角点 420.0000,297.0000 >:210,297	//输入右上角点的坐标

提示:"左下角点""右上角点"输入后,系统将以此两点限定的矩形区域为绘图区域。

3. 说明

"ON"——打开界限检查功能。此时,系统将不允许输入的点超出图形界限,但界限检查只检测输入点,而对象(例如圆)的某些部分可能会延伸出界限。

"OFF"——关闭界限检查功能,系统允许点及图形超界。此选项为系统缺省设置。

注意:

(1)输入左下角点或右上角点坐标时,逗号要在英文半角状态下输入才有效。

(2)一般按与实际对象1:1的比例设置图幅来画图,在图形最终输出时再设置适当的比例系数。

2.1.2 设置绘图单位

设置绘图长度单位和角度单位的格式以及它们的精度。

1. 命令调用方式

➡ 菜单:[格式]→[单位]。

➡ 命令:Units。

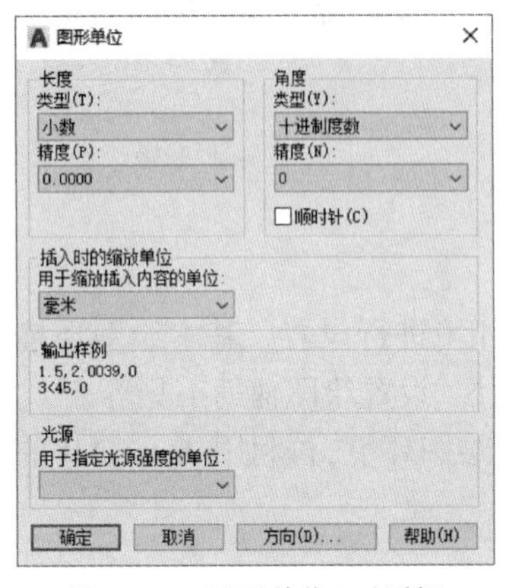

图 2.1 “图形单位”对话框

2. 执行过程

执行 Units 命令,打开“图形单位”对话框,如图 2.1 所示。选项说明如下:

1)“长度”选项

“长度”选项下拉列表用于确定测量单位的当前格式,列表中有“分数”、“工程”、“建筑”、“科学”和“小数”5 种选择。其中,“工程”和“建筑”格式提供英尺和英寸显示并假定每个图形单位表示 1 英寸。其他格式可表示任何真实世界单位。我国的工程制图通常采用“小数”格式。根据图形尺寸的精度来调整长度的精度,一般选择“0”或“0.0”。

2)“角度”选项

“角度”选项下拉列表用于确定图形的角度单位、精度及正方向,角度默认逆时针方向为正,也可在对话框中勾选“顺时针”进行更改。

注意:设置图形单位后,AutoCAD 2018 会在状态行中以相应的坐标和角度显示格式及设置精度,实时显示十字光标所在位置的坐标值。

2.1.3 设置图层

AutoCAD 2018 允许用户把各种实体按照一定的规则分门别类地放在不同的“图层(Layer)”上,图层就像是透明的电子图纸,运用它可以很好地组织不同类型的图形信息。例如绘制机械图样时,可将粗实线、细点画线、细虚线、尺寸线、剖面线和文字等放在各自的图层上,每层可设置一定的颜色、线型和线宽等特性。一般情况下,让放在该层的对象采用“随层”的特性,即具有该层的颜色、线型和线宽,以方便图形的查询、修改、显示及打印等。AutoCAD 2018利用图层特性管理器来建立新层、修改已有图层和设置图层状态等。有关图层的设置在下一节具体介绍。

2.1.4 设置绘图辅助工具

通过使用栅格捕捉、对象捕捉、正交模式和极轴追踪等绘图辅助工具,可以方便、快速、准确地绘制图形。

点击下拉式菜单[工具]→[绘图设置]选项，弹出“草图设置”对话框，可以对“捕捉和栅格”、“极轴追踪”和“对象捕捉”等进行设置。在状态行可以通过单击各状态按钮开启相应功能，关闭时再次单击图标，也可以按键盘上对应的功能键打开和关闭。

2.2 图层的创建与管理

2.2.1 图层的特点

(1)每层都要有层名。

(2)一幅图可以包含多层，系统无限制。每幅图都有一个缺省的“0”层，用户不能更改其名称，也不能删除该层。

(3)图层可以有各种状态：打开或关闭，冻结或解冻，锁定或解锁，可否打印等。

(4)图层具有特定的颜色、线型和线宽。用户创建的实体也都具有颜色、线型、线宽等特性，实体可以直接采用其所在的图层定义的相关特性，即随层(ByLayer)，用户也可以专门给各个实体指定特性。但是，实体的特性往往采用“随层”，以便管理。

(5)绘图时，用户创建的实体都是绘制在当前层上的。

2.2.2 图层特性管理器

1. 命令调用方式

- 菜单：[格式]→[图层]。
- 功能区：[默认]→[图层]→ 。
- 工具栏：图层工具栏中 。
- 命令：Layer。

执行图层命令，将打开图层特性管理器对话框，如图 2.2 所示。

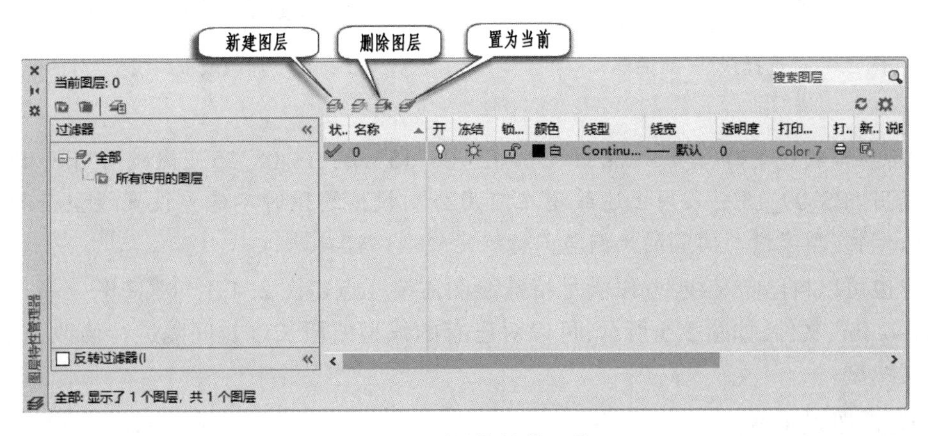

图 2.2 图层特性管理器

图层相当于图纸绘图中使用的重叠图纸，是图形中使用的主要组织工具。通过创建图层，可以将类型相似的对象指定给同一图层以使其相关联。每个图形均包含一个名为“0”的图层，但无法删除或重命名图层“0”。

2. 创建新图层

一个图形文件可以根据需要设置多个图层,系统无限制。

用户可以单击“新建图层”按钮“ ”创建新层,该图层立刻显示在图层列表框中,并赋予缺省名,如图层1、图层2等,用户可在“名称”栏中输入新层名。新图层将继承前一个图层的状态及特性设置。若用户想更改层名,选择该图层使其高亮显示,单击图层名,输入新名即可。

3. 设置图层颜色

在图层特性管理器中,单击某一图层上的“颜色”图标,AutoCAD将打开“选择颜色”对话框,选择某一颜色即可。

建议:对于多个图形文件,放同一类对象的图层,颜色尽量一致,并且尽量选择系统提供的标准颜色。

4. 设置图层线型

在图层特性管理器中,单击某一图层上的线型标识(如Continuous),将打开“选择线型”对话框,此对话框列出了当前图形文件中已有或已加载的线型,如图2.3所示。对于一个新创建的图形文件,已加载的线型只有缺省的“Continuous”,若需加载其他线型,如细点画线、虚线等,需单击“加载”按钮,在随后弹出的图2.4所示的“加载或重载线型”对话框中选择所需线型,单击确定,将其加载到“选择线型”对话框中,选择该线型,单击确定。

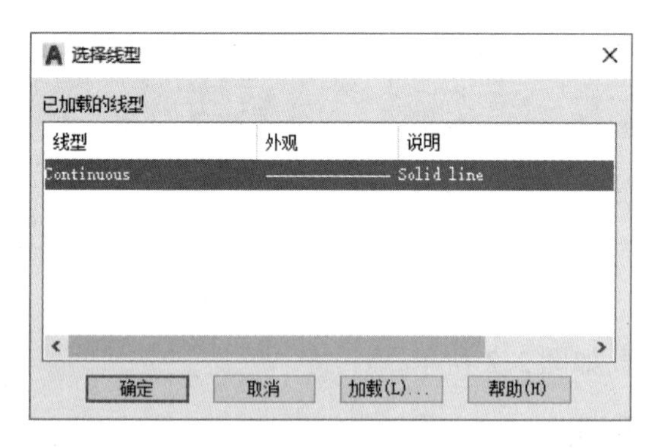

图2.3 “选择线型”对话框

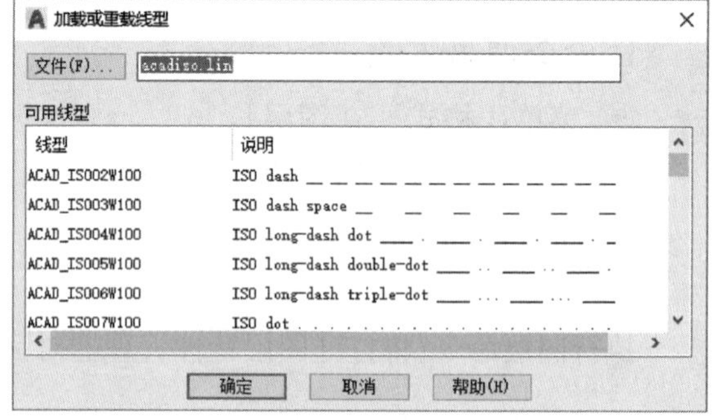

图2.4 “加载或重载线型”对话框

建议:在加载线型时,建议细点画线用“JIS_08_15”或“JIS_08_25”,虚线用“JIS_02_4.0”,双点画线用“JIS_09_15”,采用上述线型在应用公制模板绘图时不需要设置线型全局比例因子,绘制出的线型线段与间隔的比例与国标规定线型比较接近。

用户也可以自己定义线型,以满足特殊绘图需要。点击图2.4上“文件(F)...”按钮,打开“acadiso.lin”文件,如图2.5所示,可以对已有的线型线段长度及间隔进行修改,也可以生成自定义线型。

5. 设置图层线宽

在图层特性管理器中,单击某一图层上的线宽标识,将打开“线宽”对话框,如图2.6所示。在对话框的列表中选择适当的线宽值,单击确定。

建议:一般情况下,粗实线的线宽选0.5mm,细点画线和细虚线等细线选择默认线宽。系统默认的线宽值为0.25mm,通过线宽设置可以对默认的线宽值进行更改。

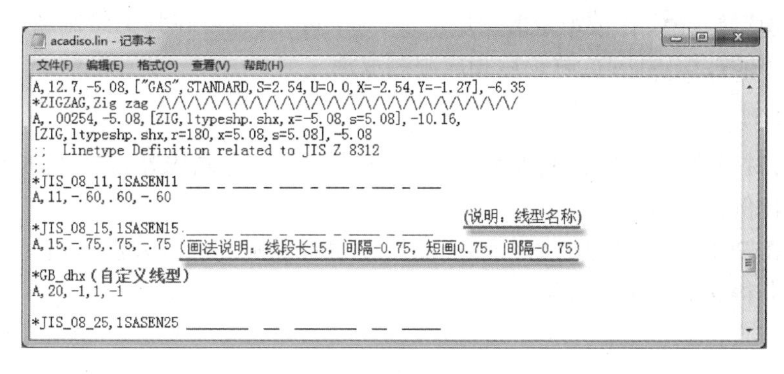

图2.5　线型文件

下拉式菜单[格式]→[线宽]，打开"线宽设置"对话框，如图2.7所示，选择线宽默认值，单击"确定"。

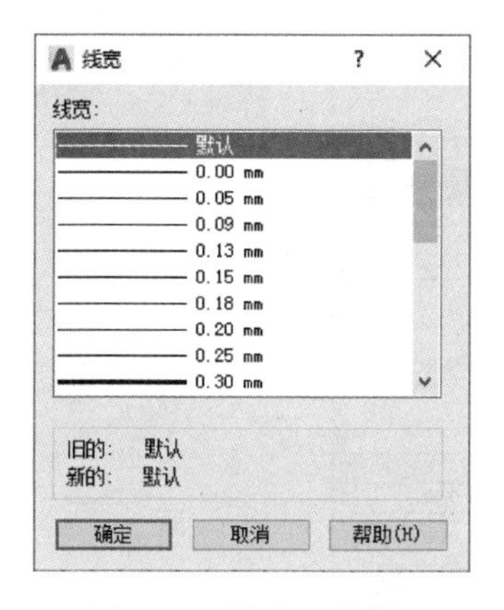

图2.6　"线宽"对话框

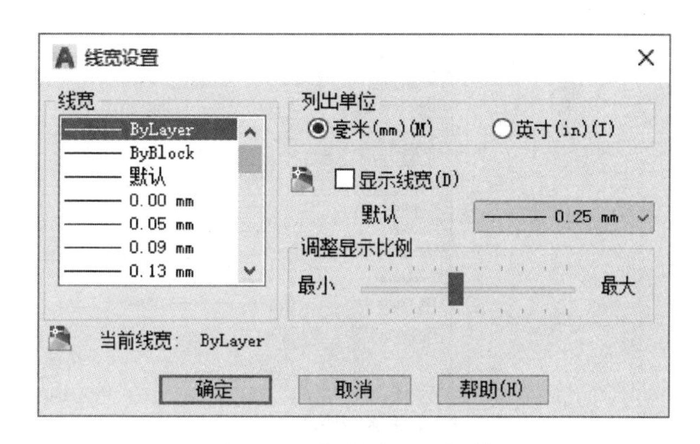

图2.7　"线宽设置"对话框

6. 设置当前层

用户要想在某个图层上绘图，必须将该图层置为当前层。其方法是：在图层对象管理器中，选择该图层，单击"置于当前"按钮" "即可。也可在"图层"工具栏中，打开图层的下拉列表，选择某一图层并单击鼠标左键，则该图层置为当前，这种方法更加简便实用，绘图时经常采用。

7. 删除图层

在图层特性管理器中，选择一个或多个图层，单击删除按钮" "。无法删除的图层包括当前层、0层和Defpoints层、锁定的图层和依赖外部参照的图层。

8. 图层的各种状态

可以单击相应的图标将图层设置为打开或关闭，冻结或解冻，锁定或解锁，可否打印等状态。

（1）打开或关闭：当图层打开时，该图层上的所有对象可见，且可进行绘图和编辑工作；当图层被关闭时，虽然可在其上绘图，但图层上的对象都是不可见的。

（2）冻结或解冻：在被冻结的图层上，其对象不可见，且不能在该图层上绘制实体；解冻后相应限制取消。

(3)锁定🔒或解锁🔓:在被锁定的图层上,其对象可见,也可在其上绘制新的实体,但是锁定层上的实体不能被编辑修改;解锁后相应限制取消。

9. 线型比例

国标规定,对于非连续的线型,如细点画线、细虚线和双点画线等,它们的长线和短线的长度要在一定的比例范围内。

在 AutoCAD 2018 中由于非连续线型受图形尺寸的影响,使其外观不符合要求,可通过设置线型比例来获得良好的视觉效果。

命令调用方式:

- 菜单:[格式]→[线型]。
- 命令:Ltscale。

利用菜单启动,将打开"线型管理器"对话框,如图 2.8 所示,点击"显示细节",在"全局比例因子"中输入相应的比例值,单击确定。

图 2.8　设置全局比例因子

建议:线型比例因子可以在绘图过程中随时设置,其值一般在 0.1 ~ 1 之间选取。制图常用线型的选择与线型比例因子设置参见表 2.1。

表 2.1　制图常用线型设置举例

线型组合	制图线型	AutoCAD 线型名称及应用效果	线型比例因子
①	细点画线	CENTER ________ __ ________ __ ________	0.3
	细虚线	DASHED ____ ____ ____ ____ ____ ____ ____	0.3
②	细点画线	JIS_08_15 __________ _ ______________ _ __________	1
	细虚线	JIS_02_4.0 ___ ____ ____ ____ ____ ____ ____ ___	1

10. 图层与对象特性工具栏

为了使查看、修改图层及其对象特性更加方便、快捷,AutoCAD 提供了"图层"和"对象特性"工具栏,如图 2.9、图 2.10 所示。

在"图层"工具栏中可方便地打开"图层对象管理器"、查看和设置各图层的状态以及使某图层置为当前层等。在"对象特性"工具栏中,通过下拉列表,可为各对象设置不同于所在图层的颜色、线型和线宽等特性，但建议大家应尽量将“对象特性”工具栏中的颜色、线型和线宽特性都设成 Bylayer(随层)，以方便管理。

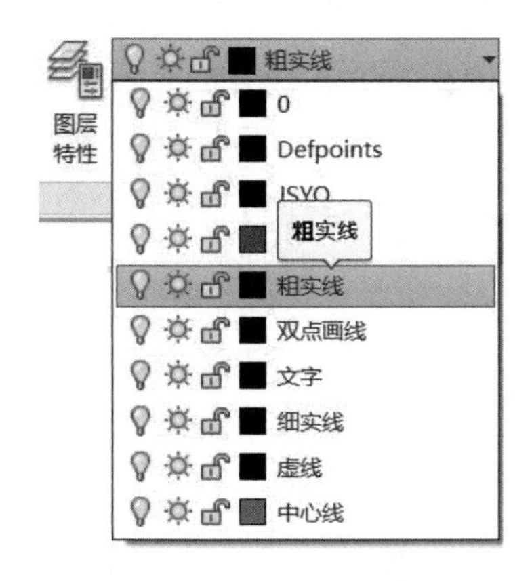

图 2.9　“图层”工具栏

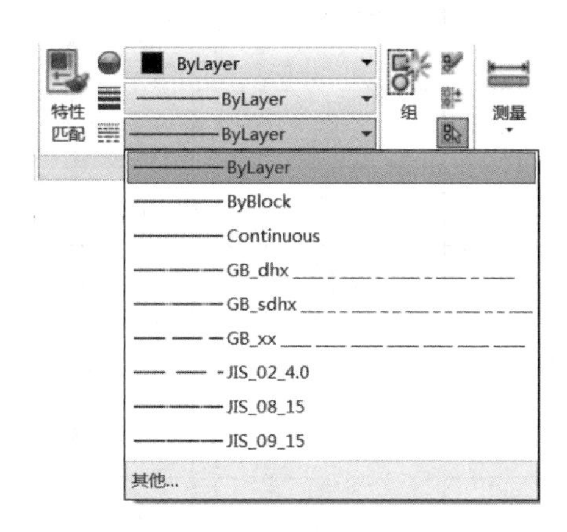

图 2.10　“对象特性”工具栏

2.3　AutoCAD 2018 常用绘图命令

AutoCAD 2018 大部分绘图命令可以在“绘图”工具栏中选取，也可以从功能区的“绘图”面板或“绘图”菜单中选取相应的命令，或者直接输入命令，绘图面板和绘图工具栏如图 2.11 所示。

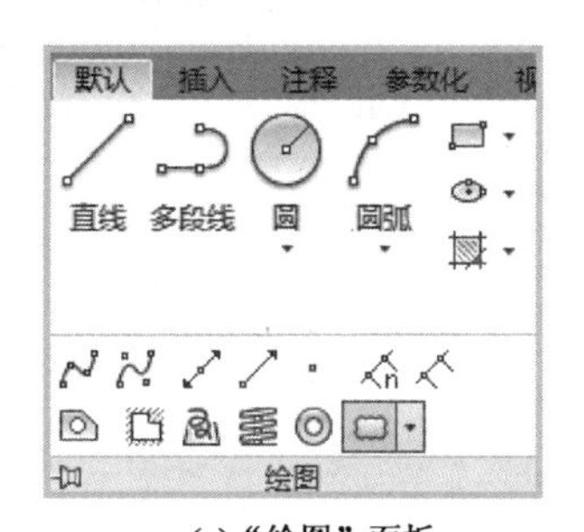

(a) “绘图” 面板

(b) “绘图” 工具栏

图 2.11　“绘图”命令

常用绘图命令的图标及功能说明见表 2.2。

表 2.2　常用绘图命令

命　令　名	图　　标	功　能　说　明
Line		绘制直线段
Xline		创建无限长的直线
Pline		绘制由直线和圆弧构成的二维多段线

续表

命令名	图标	功能说明
Polygon		绘制正多边形
Rectangle		绘制长方形
Arc		绘制圆弧
Circle		绘制圆
Spline		绘制样条曲线(可用于画波浪线)
Ellipse		绘制椭圆
Ellipse		使用起点和端点角度绘制椭圆弧
Insert		插入块
Block		定义由一些实体构成的复杂实体——块
Point		绘制点
Hatch		使用填充图案来填充封闭区域或选定对象
Gradient		使用渐变色来填充封闭区域或选定对象
Region		将封闭区域的对象转换为面域对象
Table		创建空的表格对象
Dtext	A	创建多行文字对象
Boundary		从封闭区域创建面域或多段线,通过拉伸或旋转可创建三维实体

2.3.1 点

1. 命令调用方式

- 菜单:[绘图]→[点]。
- 功能区:[默认]→[绘图]→ · 。
- 工具栏:绘图工具栏中 · 。
- 命令:Point。

2. 说明

命令行输入的 Point 命令和从菜单栏里输入的单点命令相同,一次只画一个点;而从菜单栏里输入的多点和从工具栏中输入的点相同,执行一次可画多个点;从菜单栏里还可以选择“定数等分”和“定距等分”,用来给某一直线或圆弧进行定数或定距等分。

AutoCAD 2018 提供了许多点的样式,可在“点样式”对话框中设定。

“点样式”对话框的命令调用方式如下：

- 菜单：[格式]→[点样式]。
- 命令：Ddptype。

启动后，“点样式”对话框如图 2.12 所示，在该对话框中选择所需的点样式，并可设置点的大小，单击确定。一个图形文件只能用一种点样式。

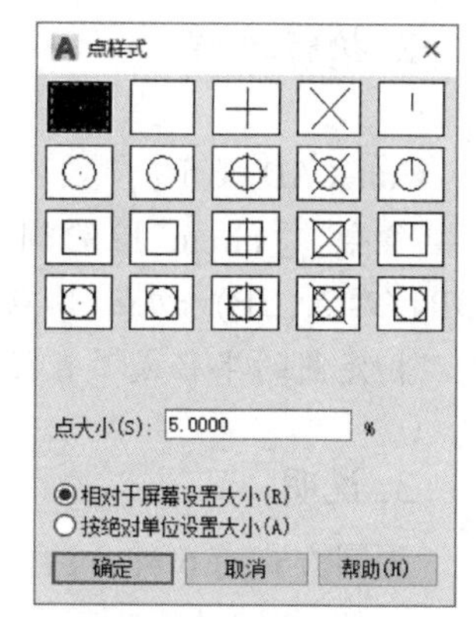

图 2.12　“点样式”对话框

2.3.2　直线

画直线命令是 AutoCAD 2018 中常用的基本绘图命令，调用该命令可以只画一条线段，也可以按照提示连续输入点，画出一条封闭或不封闭的折线，但折线中的每一条直线是一个实体。画直线时可配合使用“对象捕捉”、“对象追踪”、“极轴追踪”或“正交”等功能，来绘制具有某些几何特征的直线。

1. 命令调用方式

- 菜单：[绘图]→[直线]。
- 功能区：[默认]→[绘图]→。
- 工具栏：绘图工具栏中→。

命令：Line。

2. 执行过程

AutoCAD 提示：	说明：
命令：_line 指定第一点：	//在屏幕上指定或输入直线上第一点
指定下一点或[放弃(U)]：	//屏幕上指定或输入下一点
指定下一点或[放弃(U)]：	//屏幕上指定或输入下一点
指定下一点或[闭合(C)/放弃(U)]：	//屏幕上指定或输入下一点
	//回车或右键点击确定

3. 说明

(1) U——取消上一段线。

(2) C——超过两段后，最后一段线的终点和第一段线的起点重合，构成封闭多边形。

2.3.3　圆

1. 命令调用方式

- 菜单：[绘图]→[圆]。
- 功能区：[默认]→[绘图]→。
- 工具栏：绘图工具栏中→。
- 命令：Circle。

2. 执行过程

AutoCAD 提示:	说明:
命令: _circle 指定圆的圆心或 [三点(3P)/两点(2P)/切点、切点、半径(T)]:	//在屏幕指定圆心或输入圆心坐标
指定圆的半径或 [直径(D)]:15	//输入半径值“15”

3. 说明

画圆方式有6种,可直接选择具体的画圆方式,如图2.13(a)所示,再按系统提示输入相应的参数;若用功能区画圆,可直接点击图标旁的箭头选择画圆方式;若采用工具栏或命令的方式启动,画圆的方式有5种,需在命令提示行中输入系统提示的字符,来选择具体的画圆方式。图2.13(b)列举了几种画圆方式。

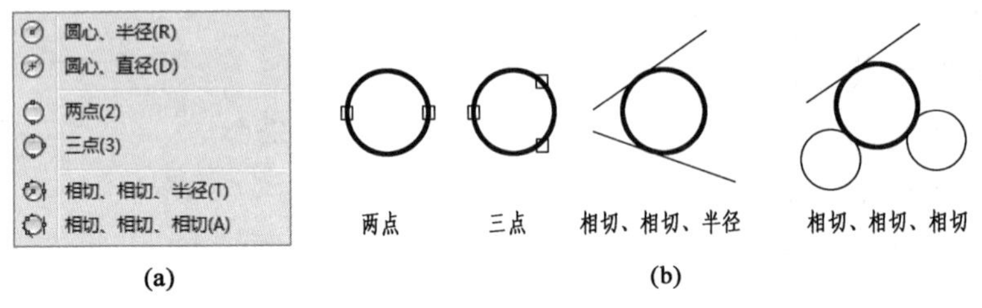

图2.13 画圆方式

2.3.4 圆弧

1. 命令调用方式

- 菜单:[绘图]→[圆弧]。
- 功能区:[默认]→[绘图]→。
- 工具栏:绘图工具栏中→。

命令:Arc。

2. 执行过程

AutoCAD 2018提供了多种绘制圆弧的方法,“圆弧”子菜单如图2.14所示,执行Arc命令后,AutoCAD给出不同的提示,以便根据不同的条件绘制圆弧。

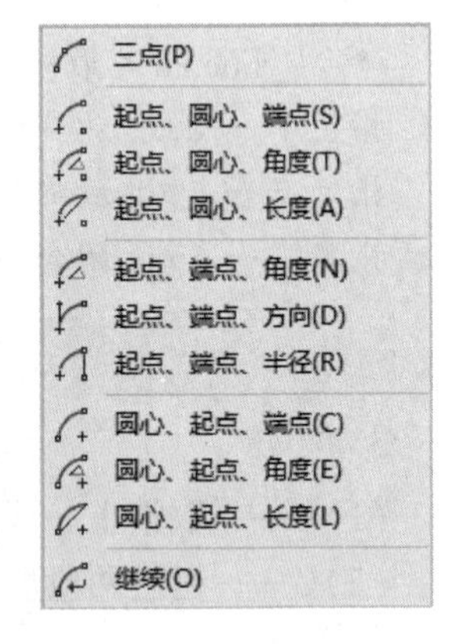

图2.14 画圆弧方式

采用三点绘制圆弧提示如下:

AutoCAD 提示:	说明:
命令: _arc 指定圆弧的起点或 [圆心(C)]:	//第1点(起点)
指定圆弧的第二个点或 [圆心(C)/端点(E)]:	//第2点
指定圆弧的端点:	//第3点(终点)

3. 说明

图2.14中的“继续”是指在执行该命令之前刚画完的线段或圆弧的尾端继续以相切的方

式画圆弧。

注意:在画圆弧时,要注意角度的方向性和弦长的正负,按逆时针方向为正绘制。

2.3.5　多段线

多段线由具有宽度的彼此相连的直线和圆弧构成,使用“多段线”命令绘制,它被作为一个单个的图形对象来处理。多段线还具有一些附加的特性:可指定线宽,各段宽度可以不相等,同一段首末端宽度也可以不相等;可用多种线型来绘制。图2.15为多段线画出的图形。

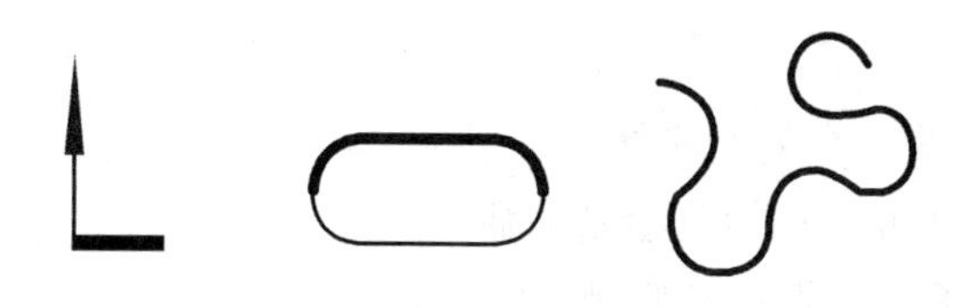

图2.15　多段线

1. 命令调用方式

- 菜单:[绘图]→[多段线]。
- 功能区:[默认]→[绘图]→。
- 工具栏:绘图工具栏→。
- 命令:Pline。

2. 执行过程

绘制图2.15中的剖视图标注,命令执行如下:

AutoCAD 提示:	说明:
命令: _pline	
指定起点:	//屏幕指定起始点
当前线宽为 0.0000	
指定下一个点或[圆弧(A)/半宽(H)/长度(L)/放弃(U)/宽度(W)]: w	//输入“w”,设置线宽参数
指定起点宽度 <0.0000>: 0.5	//输入线宽“0.5”,指定端点线宽
指定端点宽度 <0.5000>:	//回车,等线宽方式
指定下一个点或[圆弧(A)/半宽(H)/长度(L)/放弃(U)/宽度(W)]:	//指定剖切符号粗短画的下一点
指定下一点或[圆弧(A)/闭合(C)/半宽(H)/长度(L)/放弃(U)/宽度(W)]: w	//输入“w”
指定起点宽度 <0.5000>: 0	//输入线宽“0”,即为当前图层的线宽
指定端点宽度 <0.0000>:	//回车
指定下一点或[圆弧(A)/闭合(C)/半宽(H)/长度(L)/放弃(U)/宽度(W)]:	//在屏幕指定下一点

指定下一点或［圆弧(A)/闭合(C)/半宽(H)/长度(L)/放弃(U)/宽度(W)］: w	//输入“w”
指定起点宽度 <0.0000>: 1	//输入线宽“1”,起点线宽
指定端点宽度 <1.0000>: 0	//输入线宽“0”,端点线宽
指定下一点或［圆弧(A)/闭合(C)/半宽(H)/长度(L)/放弃(U)/宽度(W)］:	//指定下一点
指定下一点或［圆弧(A)/闭合(C)/半宽(H)/长度(L)/放弃(U)/宽度(W)］:	//回车结束

3. 说明

(1)该命令所画图形为一个复杂实体。

(2)A——从绘制直线方式切换到绘制圆弧方式。

(3)L——从绘制圆弧方式切换到绘制直线方式。

(4)W——设置起始点和终止点的宽度。

2.3.6 样条曲线

样条曲线是通过一组拟合点或由控制框的顶点定义的平滑曲线,可以用样条曲线绘制波浪线。

1. 命令调用方式

- 菜单:［绘图］→［样条曲线］。
- 功能区:［默认］→［绘图］→。
- 工具栏:绘图工具栏→。
- 命令:Spline。

2. 执行过程

AutoCAD 提示:	说明:
命令: _spline	
当前设置: 方式 = 拟合　节点 = 弦	
指定第一个点或［方式(M)/节点(K)/对象(O)］:	//指定第一点
输入下一个点或［起点切向(T)/公差(L)］:	//指定曲线上的下一点
输入下一个点或［端点相切(T)/公差(L)/放弃(U)］:	//指定曲线上的下一点
输入下一个点或［端点相切(T)/公差(L)/放弃(U)/闭合(C)］:	//可继续指定曲线上下一点或按回车结束

样条曲线可以使用多点拟合或控制点进行定义,如图2.16(a)所示,通过夹点编辑可以对曲线的形状进行修改,样条曲线应用如图2.16(b)所示波浪线。

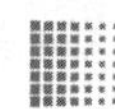

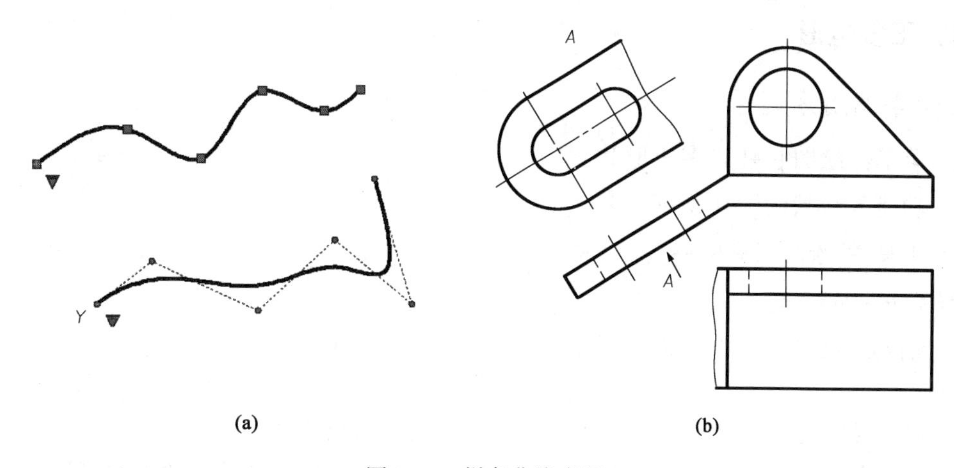

图2.16 样条曲线应用

2.3.7 矩形

1. 命令调用方式

- 菜单:[绘图]→[矩形]。
- 功能区:[默认]→[绘图]→▭。
- 工具栏:绘图工具栏中→▭。
- 命令:Rectangle。

2. 执行过程

AutoCAD 提示:	说明:
命令: _rectang	
指定第一个角点或[倒角(C)/标高(E)/圆角(F)/厚度(T)/宽度(W)]:	//指定第1角点
指定另一个角点或[面积(A)/尺寸(D)/旋转(R)]:	//指定第2角点

3. 说明

(1)该命令所画的整个矩形为一个复杂实体。

(2)C——绘制带倒角的矩形。

(3)F——绘制带圆角的矩形。

(4)W——设置线条宽度。

(5)E——平面图形的Z坐标高度,标高为零时位于XOY平面上;标高为正值时,位于XOY面上方;标高为负值时,位于XOY面下方。

(6)T——厚度为正值时,以当前标高平面为基准,沿Z轴正方向拉伸矩形;厚度为负值时,沿Z轴负方向拉伸矩形。

(7)在关闭AutoCAD 2018前,本次设置一直有效。

2.3.8 正多边形

1. 命令调用方式

- 菜单:[绘图]→[正多边形]。
- 功能区:[默认]→[绘图]→⬠。
- 工具栏:绘图工具栏→⬠。
- 命令:Polygon。

2. 执行过程

AutoCAD 提示:	说明:
命令:_polygon 输入边的数目〈4〉:6	//输入多边形的边数“6”
指定多边形的中心点或[边(E)]:	//指定或输入中心点
输入选项[内接于圆(I)/外切于圆(C)]〈I〉:	//选择内接或外切方式,默认方式回车
指定圆的半径:20	//输入圆的半径“20”

3. 说明

(1)E——通过确定边长来绘制正多边形,该方式是沿边长的第一给定点到第二给定点方向逆时针绘制多边形,如图2.17(a)所示。

(2)I——选择内接于圆方式绘制多边形。

(3)C——选择外切于圆方式绘制多边形。

(4)该命令所画正多边形整个为一个实体。

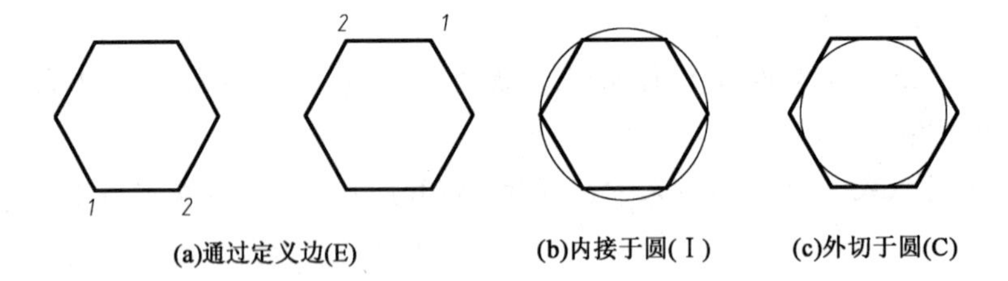

图2.17　通过定义边、内接于圆、外切于圆绘制多边形

注意:当采用I方式和C方式时,多边形是通过输入多边形的外接圆或内切圆的半径来定义的,因此若已知多边形中心到顶点的距离,则选择I方式绘制多边形;若已知多边形中心到边的距离,则要选择C方式绘制多边形。

2.4　AutoCAD 2018 常用修改命令

图形修改是指对已有图形对象进行移动、复制、旋转、删除、参数修改及其他修改工作。表2.3为常用的修改命令图标和功能说明。

表 2.3 常用的修改及编辑命令

命令名	图标	功能说明
Erase		从图形中删除对象
Copy		选择对象,指定基点对实体进行一次或多次复制
Mirror		将所选对象按镜像线作镜像变换
Offset		绘制与已知直线、圆(圆弧)相平行的直线、同心圆(圆弧)
Array		以矩形方式复制对象
Move		选择对象,指定基点及位移的第二点,实现图形的移动
Rotate		绕基点旋转对象
Scale		放大或缩小选定对象,使缩放后对象各部分之间的比例保持不变
Stretch		拉伸与选择窗口或多边形交叉的对象
Trim		选择一个或多个对象(剪切边)修剪指定的某些对象
Extend		延伸选定实体,使其到达一个或多个实体所限定的边界
Break		把图线在指定一点处分为首尾相接的两段
Break		在两点之间打断选定对象
Join		合并相似的对象以形成一个完整的对象
Chamfer	b	给对象加倒角
Fillet		给对象加圆角
Explode		将复合对象分解
Matchprop		将选定对象的特性应用于其他对象
Properties		查询或修改实体的特性、大小及位置,控制所选对象的特性

输入修改命令后,系统提示“选择对象:”,此时,光标显示为拾取框(即光标中间的小正方形),它的大小可以在下拉式菜单“工具”中的“选项”对话框中的“选择”选项卡中修改,接着用户进行选择对象的操作,被选中的对象将高亮显示。

2.4.1 建立对象选择集

修改命令都是对已绘制的实体进行操作,需要选择目标,下面就常用的选择方法作以介绍。AutoCAD 2018 提供了多种选择对象的方法,可以一次选择一个对象,也可以一次选择多个对象。

(1)单点选择——把拾取框移动到待选对象上,单击鼠标左键,该对象即被选中。此方式为系统缺省的选择方式,用户可逐个拾取所需对象。

(2)窗口选择(Window)——缺省状态下,用户自左向右输入两对角点定义一个矩形区域或窗口,完全包含在矩形区域内的对象将被选中。

(3)交叉选择(Crossing)——缺省状态下,用户自右向左输入两对角点定义一个矩形区域或窗口,它不仅能选中完全包含在窗口内的对象,而且还能选择与窗口边界相交的所有对象。

上述三种方式为默认方式,还可通过输入命令实现不同的选择集。

(4)栏选(Fence)——可输入几段连续的折线,像一个栅栏,与折线各边相交的对象都被选中。

(5)Last——选中最新创建的对象。

(6)Previous——选中前一个选择集的对象。

(7)All——选择图形中除冻结或加锁层以外的全部对象。

(8)Remove——在建立选择集时多选了某些对象,此时,可输入该命令(R),系统进入删除选择对象模式,系统提示:"删除对象:",在该提示下,可选择需移去的对象。

(9)Add——把删除模式转化为加入模式,系统提示恢复为:"选择对象",加入模式是系统的缺省模式。

提示:

(1)在众多的选择对象的方式中,窗口选择和交叉选择是最常用的。

(2)当选择对象完毕时,要按回车键或空格键,或用鼠标右键确认,以结束对象选择。

(3)按住 Shift 键并单击已选中的对象可以将被选中的对象从选择集中移出。

2.4.2 删除

删除命令用于删除图中选定的对象。

1. 命令调用方式

- 菜单:[修改]→[删除]。
- 功能区:[默认]→[修改]→✐。
- 工具栏:修改工具栏→✐。
- 命令:Erase。

2. 执行过程

AutoCAD 提示:
命令:_erase
选择对象:
选择对象:

3. 说明

(1)空响应结束命令。

(2)如果在删除对象后,立即发现操作失误,可用 Oops 命令来恢复删除的对象,但只能恢复最近一次 Erase 命令删除的对象,若要恢复前几次删除的对象,只能单击标准工具栏中的

“放弃”图标 ↶。

2.4.3　偏移

偏移命令用于创建一个与选定对象平行并保持等距的新对象。新对象的位置可通过指定点或指定偏移距离两种方式来确定。用偏移命令创建平行线、同心圆和平行曲线特别方便。

1. 命令调用方式

- 菜单:[修改]→[偏移]。
- 功能区:[默认]→[修改]→⊑。
- 工具栏:修改工具栏→⊑。
- 命令:Offset。

2. 执行过程

图2.18表示了两种方式的执行过程,图中符号“□”表示目标拾取位置。

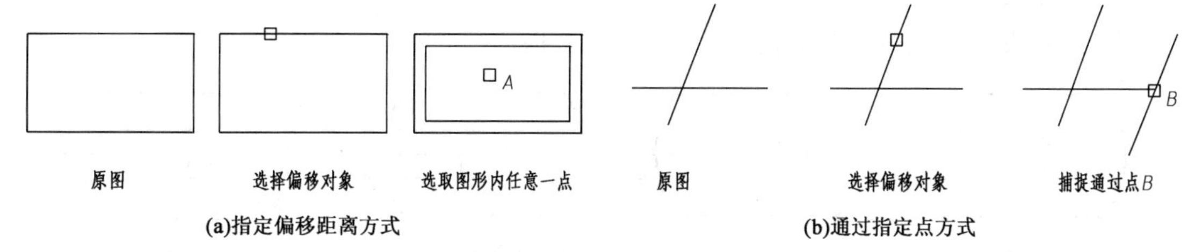

图2.18　偏移命令执行方式

(1)当直接输入偏移距离时,系统提示执行如下:

AutoCAD 提示:	说明:
命令: _offset	
指定偏移距离或 [通过(T)] <通过>: 10	//输入偏移距离“10”
选择要偏移的对象或 <退出>:	//选择偏移复制实体
指定点以确定偏移所在一侧:	//在要复制到的一侧任意确定一点
选择要偏移的对象或 <退出>:	//回车结束

(2)当选择“通过(T)”选项后,系统提示执行如下:

AutoCAD 提示:	说明:
指定偏移距离或 [通过(T)] <通过>: T	//输入“T”,选择通过方式
选择要偏移的对象或 <退出>:	//选择偏移复制实体
指定通过点:	//选择偏移复制实体通过的点
选择要偏移的对象或 <退出>:	//回车结束或继续偏移复制

3. 说明

(1)Offset 命令和其他编辑命令不同,只能用直接点取的方式一次选择一个实体进行偏移复制。偏移复制的对象特性(如图层、颜色、线型、线宽等)与原对象的一致。

(2)用户可偏移直线、圆(弧)、椭圆(弧)、多段线、多边形等。对于直线,将平行偏移复制,直线的长度保持不变;对于圆(弧)、椭圆(弧)等对象,偏移时将同心复制,偏移前后的对象同心;多段线和多边形的偏移将逐段进行,各段长度将重新调整。

(3)当偏移一组折线或封闭图形时,该图形必须是一个复合实体,因此用 Line 命令绘制的折线,不能直接进行整体偏移,必须采用 Pedit 或 Boundary 命令转换为一个复合实体后再偏移。

2.4.4 修剪

修剪命令用于用选定的一个或多个对象(剪切边)修剪指定的某些对象(被剪切边)。

1. 命令调用方式

- 菜单:[修改]→[修剪]。
- 功能区:[默认]→[修改]→-/--。
- 工具栏:修改工具栏→-/--。
- 命令:Trim。

2. 执行过程

图 2.19 表示了 Trim 命令的执行过程。其命令提示如下:

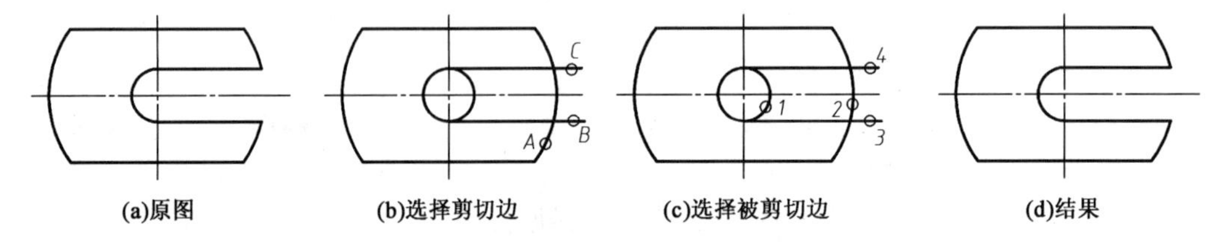

图 2.19 剪切命令举例

```
AutoCAD 提示:                                                   说明:
命令:_trim
当前设置:投影=UCS,边=无
选择剪切边...
选择对象或 <全部选择>: 找到 1 个                                   //单击 A
选择对象:找到 1 个,总计 2 个                                       //单击 B
选择对象:找到 1 个,总计 3 个                                       //单击 C
选择对象:                                                         //空响应
选择要修剪的对象,或按住 Shift 键选择要延伸的对象,或                //单击 1
[栏选(F)/窗交(C)/投影(P)/边(E)/删除(R)/放弃(U)]:
选择要修剪的对象,或按住 Shift 键选择要延伸的对象,或                //单击 2
[栏选(F)/窗交(C)/投影(P)/边(E)/删除(R)/放弃(U)]:
选择要修剪的对象,或按住 Shift 键选择要延伸的对象,或                //单击 3
[栏选(F)/窗交(C)/投影(P)/边(E)/删除(R)/放弃(U)]:
选择要修剪的对象,或按住 Shift 键选择要延伸的对象,或                //单击 4
[栏选(F)/窗交(C)/投影(P)/边(E)/删除(R)/放弃(U)]:
选择要修剪的对象,或按住 Shift 键选择要延伸的对象,或                //空响应
[栏选(F)/窗交(C)/投影(P)/边(E)/删除(R)/放弃(U)]:
```

3. 说明

(1)在“选择对象”时,如果未指定边界而按[Enter]键,则所有对象都将成为可能的边界,这称为隐含选择。“选择要修剪的对象”时,应注意拾取点的位置,因为拾取点所在的那一侧将被修剪掉。

(2)一个实体可以同时作为剪切边和被剪切边。直线、圆(弧)、椭圆(弧)、多段线、样条曲线和区域图案填充等均可作为剪切边界,也可以作为被剪切对象;块中的实体、形位公差、单行文本和多行文本均可作为剪切边界,但不能作为被剪切对象。

(3)边(E):剪切边与被修剪边若不直接相交,需选择该选项,以确定从延伸点处修剪。

(4)投影(P):指定投影模式,可对三维实体在某投影面上的投影进行修剪,而不强求两边在空间相交。

(5)延伸对象时可以不退出 Trim 命令,按住 Shift 键并选择要延伸的对象即可。

注意:偏移命令和修剪命令是两个非常实用的命令,绘图时应用频率很高,应多加练习掌握其应用技巧。

2.4.5　延伸

延伸命令可以实现与修剪(Trim)命令相反的功能,在指定边界后,可连续地选择不封闭的对象(如直线、圆弧、多段线等)延长到与边界相交。

1. 命令调用方式

- 菜单:[修改]→[延伸]。
- 功能区:[默认]→[修改]→--/。
- 工具栏:修改工具栏→--/。
- 命令:Extend。

2. 执行过程

图 2.20 表示了 Extend 命令的执行过程。其命令提示如下:

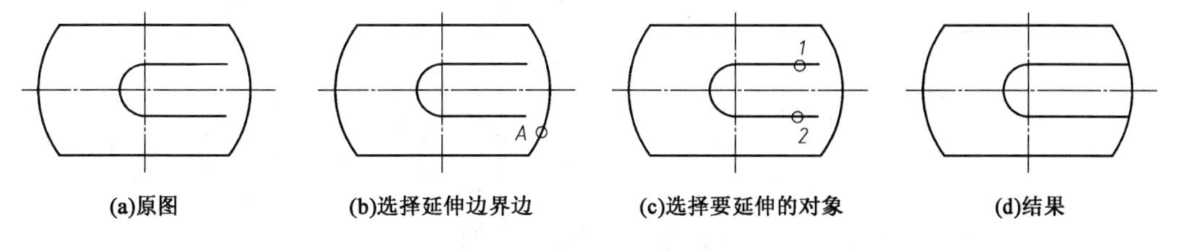

图 2.20　延伸命令举例

AutoCAD 提示:	说明:
命令: _extend	
当前设置: 投影 = UCS 边 = 延伸	
选择边界的边 …	
选择对象: 找到 1 个	//单击 A 处,右侧大圆弧被选中来指定延伸边界

选择对象： //空响应,结束边界选择

选择要延伸的对象,或按住 Shift 键选择要修剪的对象,或[投影(P)/边(E)/放弃(U)]： //单击 1 处,选择要延伸的对象

选择要延伸的对象,或按住 Shift 键选择要修剪的对象,或[投影(P)/边(E)/放弃(U)]： //单击 2 处,选择要延伸的对象

选择要延伸的对象,或按住 Shift 键选择要修剪的对象,或[投影(P)/边(E)/放弃(U)]： //空响应,结束

3. 说明

(1)选择要延伸的实体时,应将拾取框靠近欲延伸的一端。

(2)有效的边界对象包括直线、二维(三维)多段线、圆(圆弧)、椭圆(椭圆弧)、样条曲线、文字、块和面域等;可被延伸的对象包括圆弧、椭圆弧、直线、不封闭的二维(三维)多段线等。

(3)在选择要延伸的对象时,按 Shift 键可将它修剪到最近的边界。

(4)延伸命令的其他选项与 Trim 命令相同,不再赘述。

2.4.6 打断

打断命令用于在两点之间打断选定对象。

1. 命令调用方式

- 菜单:[修改]→[打断]。
- 功能区:[默认]→[修改]→按钮。
- 工具栏:修改工具栏→按钮。
- 命令:Break。

2. 执行过程

图 2.21 表示了 Break 命令的执行过程。其命令提示如下：

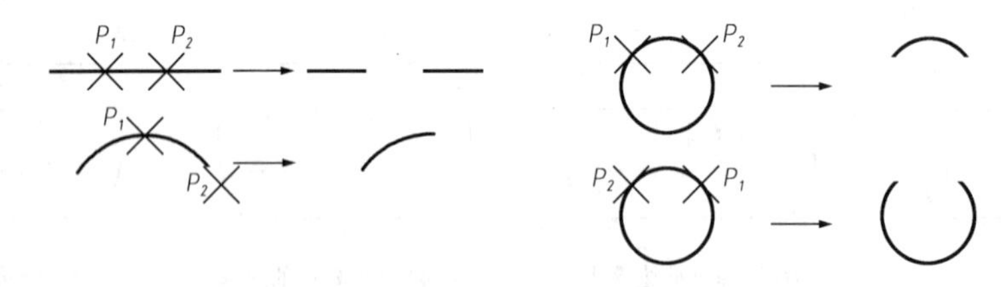

图 2.21 打断命令举例

AutoCAD 提示： 说明：

命令：_break

选择对象：

指定第二个打断点或 [第一点(F)]:f //选择打断的第一点

指定第一个打断点： //点选 P_1 处

指定第二个打断点： //点选 P_2 处

3. 说明

(1)点选对象时,点选的位置系统默认为第一打断点。若要重新指定第一打断点,则输入“f”。

(2)若所指打断点没落在实体上,将选择实体上与该点最接近的点作为断点。

(3)对于圆和圆弧,按逆时针方向删除 P_1 点到 P_2 点之间的部分。

2.4.7　拉长

拉长命令用于拉长或缩短不封闭的对象,如直线、圆弧、多段线等。

1. 命令调用方式

- 菜单:[修改]→[拉长]。
- 命令:Lengthen。

2. 执行过程

```
命令:_lengthen
选择对象或[增量(DE)/百分数(P)/全部(T)/动态(DY)]:dy
选择要修改的对象或[放弃(U)]:
指定新端点:
```

3. 说明

(1)应先选定拉长的方式以及相应的参数,然后在欲拉长或缩短的一端选择该对象。

(2)“增量(DE)”可正可负,若为正,拉长;若为负,缩短。

(3)“百分数(P)”是以百分比的方式改变实体长度。大于100表示长度增加,小于100表示长度减少。例如:输入150表示比原长度增加了50%;输入75表示比原长度减少了25%。

(4)“全部(T)”表示以总长度(或角度)的方式改变实体的长度。

(5)“动态(DY)”表示利用鼠标拖动以动态的方式拉长或缩短选定对象的长度。

提示:

(1)该命令只能拉长或缩短直线、圆弧、多段线(多段线不能以动态形式拉长)等不封闭的对象,圆、多边形、文字等不能被拉长或缩短。

(2)启动该命令可以连续拉长或缩短多个对象,因此,一般可在绘图基本结束时,启动该命令,利用动态方式,统一将要修改的对象依次拉长或缩短。

2.4.8　复制

复制命令用于将选择的对象,按指定的基点进行一次或多次复制。

1. 命令调用方式

- 菜单:[修改]→[复制]。
- 功能区:[默认]→[修改]→。
- 工具栏:修改工具栏→。
- 命令:Copy。

2. 执行过程

图2.22表示了复制与阵列命令的执行过程。选定的对象为图2.22(a)的小圆。

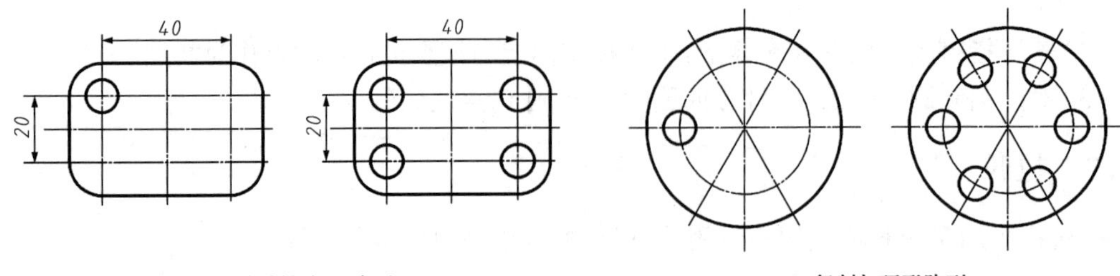

(a)复制与矩形阵列　　(b)复制与环形阵列

图2.22　复制与阵列命令举例

AutoCAD 提示:	说明:
命令: _copy	
选择对象: 指定对角点:找到1个	//选择左上小圆
选择对象:	//空响应确认
指定基点或[位移(D)] <位移>:	//单击左上小圆圆心
指定第二个点或 <使用第一个点作为位移>:	//指定=基点的目标点
指定第二个点或 [退出(E)/放弃(U)] <退出>:	//指定基点的目标点
指定第二个点或 [退出(E)/放弃(U)] <退出>:	//指定基点的目标点
指定第二个点或 [退出(E)/放弃(U)] <退出>:	//空响应确定

3. 说明

Copy命令为多重复制命令,直到空响应结束该命令为止。

2.4.9 阵列

阵列命令用于对选定的对象作矩形阵列、路径阵列及环形阵列,如图2.23所示。

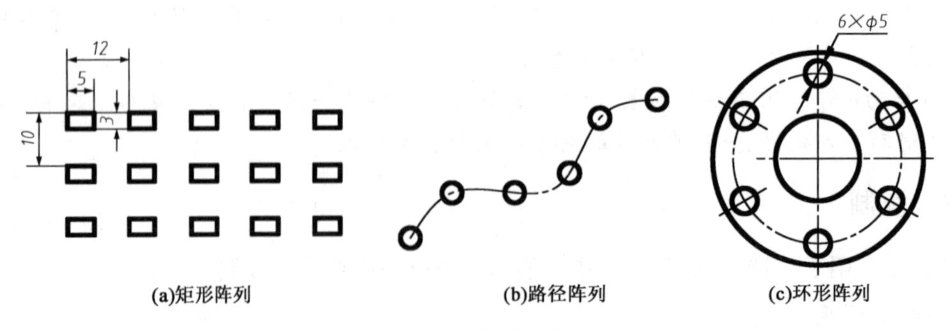

(a)矩形阵列　　(b)路径阵列　　(c)环形阵列

图2.23　阵列命令

1. 命令调用方式

➔ 菜单:[修改]→[阵列] →(、)。

➔ 功能区:[默认]→[修改]→(、)。

- 工具栏：修改工具栏→（、）。
- 命令：Array。

2. 矩形阵列执行过程

选择是执行阵列的图形对象（阵列图 2.23（a）中的矩形），回车。功能区出现“阵列”对话框，如图 2.24 所示。在对话框里输入要阵列的行列数和行列间距。

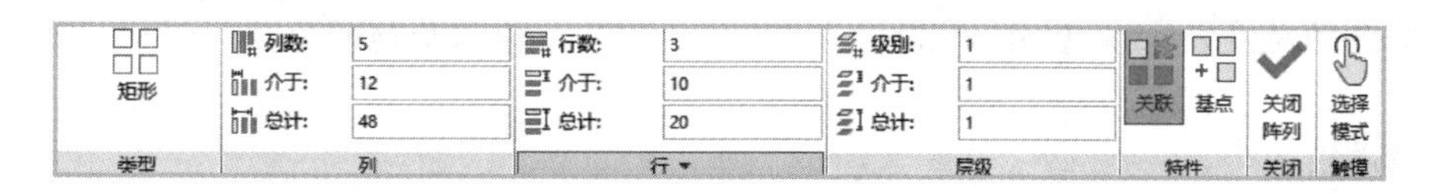

图 2.24　矩形阵列对话框

2.4.10　移动

移动命令用于将选定的对象按指定基点进行移动。

1. 命令调用方式

- 菜单：[修改]→[移动]。
- 功能区：[默认]→[修改]→。
- 工具栏：修改工具栏 。
- 命令：Move。

2. 执行过程

AutoCAD 提示：	说明：
命令：_move	
选择对象：找到 1 个	//选择被移动对象
选择对象：	//空响应确认
指定基点或位移：指定位移的第二点或 <用第一点作位移>：	//指定基点，指定目标点

2.4.11　旋转

旋转命令用于将选定的对象绕基点进行旋转。

1. 命令调用方式

- 菜单：[修改]→[旋转]。
- 功能区：[默认]→[修改]→。
- 工具栏：修改工具栏→。
- 命令：Rotate。

2. 执行过程

图 2.25 表示旋转命令的执行过程。其命令提示如下：

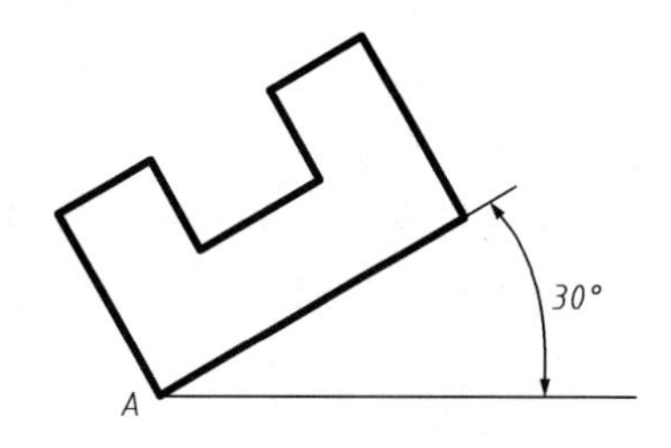

图 2.25　旋转命令举例

AutoCAD 提示： 说明：
命令：_rotate
UCS 当前的正角方向：ANGDIR = 逆时针 ANGBASE = 0
选择对象：找到 8 个 //选择要旋转的对象
选择对象： //空响应确认
指定基点： //指定 A 点
指定旋转角度或［参照(R)］：30 //输入旋转的角度"30"

3. 说明

(1)旋转角为正时，图形逆时针旋转；旋转角为负时，图形顺时针旋转。

(2)当按参照方式(输入"R"并回车)给定角度时，系统将根据随后输入的新角度和参考角度之差确定对象的实际旋转角度。

2.4.12 镜像

镜像命令用于将所选对象按镜像线作镜像变换。

1. 命令调用方式

- 菜单：［修改］→［镜像］。
- 功能区：［默认］→［修改］→镜像图标。
- 工具栏：修改工具栏→镜像图标。
- 命令：Mirror。

2. 执行过程

图 2.26 表示了镜像命令的执行过程。其命令提示如下：

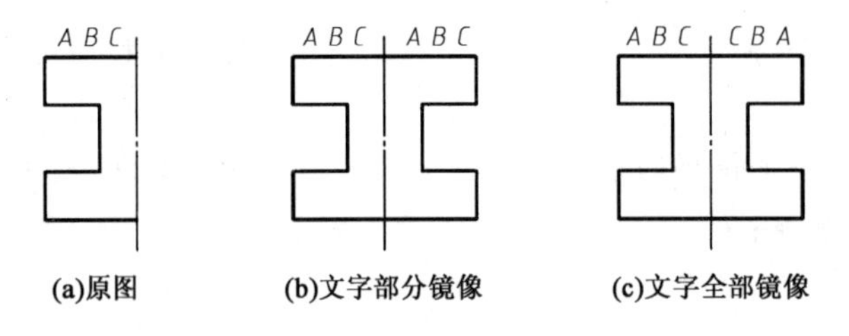

图 2.26 镜像命令举例

AutoCAD 提示： 说明：
命令：_mirror
选择对象：找到 8 个 //选择要镜像的实体
选择对象： //空响应确认
指定镜像线的第一点：指定镜像线的第二点： //用两点指定镜像线
是否删除源对象？［是(Y)/否(N)］<N>： //回车

3. 说明

(1)镜像线可以是任意方向的，原对象可以保留或删除。

(2)当系统变量 MIRRTEXT = 0 时,文本“部分镜像”,即文本只是位置发生镜像,而顺序并不发生变化,镜像后的文本可读,如图 2.26(b)所示;当系统变量 MIRRTEXT = 1 时,文本“全部镜像”,镜像后的文本不可读,如图 2.26(c)所示。

2.4.13　缩放

放大或缩小图形尺寸大小,它不同于以上各种显示命令。

1. 命令调用方式

- 菜单:[修改]→[缩放]。
- 功能区:[默认]→[修改]→。
- 工具栏:修改工具栏→。
- 命令:Scale。

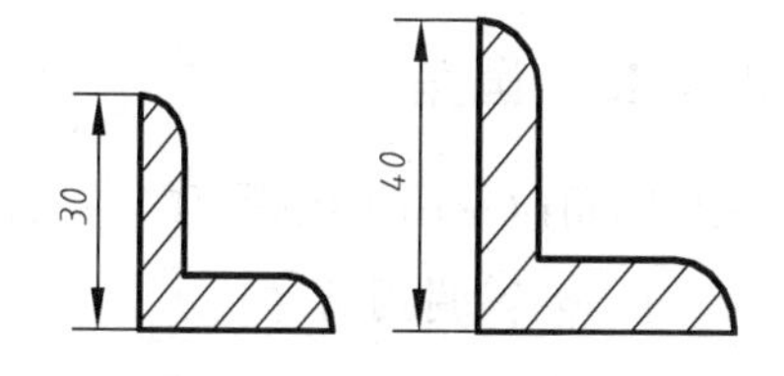

图 2.27　缩放命令举例

2. 执行过程

图 2.27 表示了缩放命令的执行过程。其命令提示如下:

AutoCAD 提示:	说明:
命令:_scale	
选择对象:指定对角点:找到 8 个	//选择要比例缩放的实体
选择对象:	//空响应确认
指定基点:	//指定基点
指定比例因子或[参照(R)]:R	//采用参照方式
指定参考长度 <1>:30	//输入原值“30”
指定新长度:40	//输入新值“40”

3. 说明

当选择用比例因子对图形放大或缩小时,比例因子大于 1,则图形被放大,比例因子小于 1,则图形被缩小。

2.4.14　拉伸

拉伸命令用于将所选定的对象向指定的方向拉伸或缩短。必须用交叉方式来选择对象,完全位于窗口内的对象将发生移动,与边界相交的对象将被拉伸或缩短。命令调用方式是:

1. 命令调用方式

- 菜单:[修改]→[拉伸]。
- 功能区:[默认]→[修改]→。
- 工具栏:修改工具栏。
- 命令:Stretch。

2. 说明

对于文字、图块、圆等,当它们完全位于窗口内时可移动,否则它们将不移动,也不拉伸。图 2.28 表示了拉伸命令的执行过程。

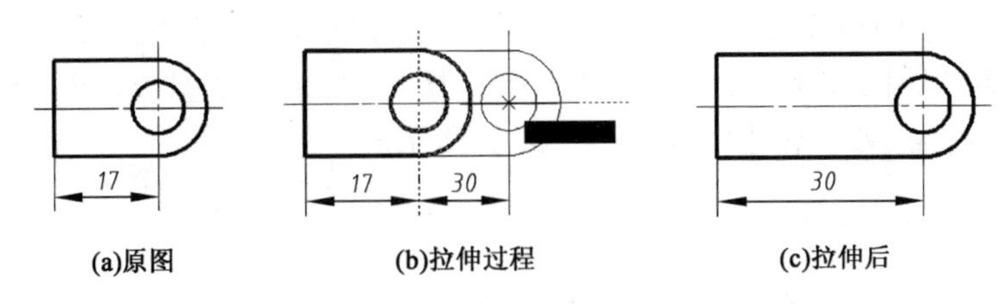

图 2.28　拉伸命令举例

2.4.15　圆角

圆角命令用于按指定的半径在直线、圆弧、圆之间倒圆角,也可对多段线倒圆角。

1. 命令调用方式

- 菜单:[修改]→[圆角]。
- 功能区:[默认]→[修改]→。
- 工具栏:修改工具栏→。
- 命令:Fillet。

2. 执行过程

图 2.29 表示了圆角命令的执行过程。其命令提示如下:

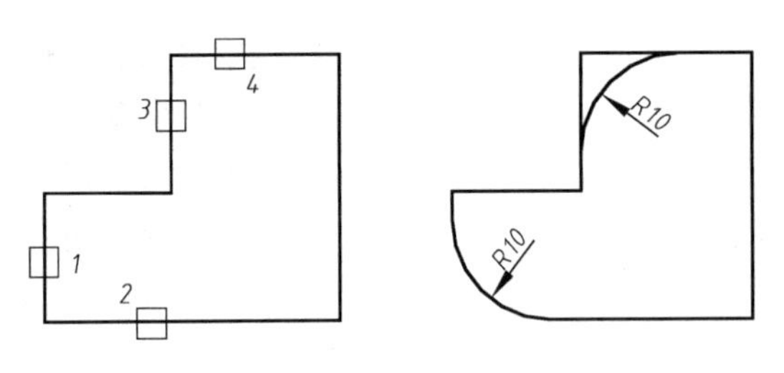

图 2.29　圆角命令举例

AutoCAD 提示:	说明:
命令:_fillet	
当前模式:模式 = 修剪,半径 = 0.0000	
选择第一个对象或[多段线(P)/半径(R)/修剪(T)]:r	//输入“r”设置圆角半径
指定圆角半径 <0.0000 >:10	//输入圆角半径“10”
选择第一个对象或[多段线(P)/半径(R)/修剪(T)]:	//单击点 1
选择第二个对象:	//单击点 2
命令:_fillet	//点击“圆角”命令
当前模式:模式 = 修剪,半径 = 10	//回车
选择第一个对象或[多段线(P)/半径(R)/修剪(T)]:t	//输入“t”
输入修剪模式选项[修剪(T)/不修剪(N) <修剪>:n	//输入“n”,改为不修剪
选择第一个对象或[多段线(P)/半径(R)/修剪(T)]:	//单击点 3
选择第二个对象:	//单击点 4

3. 说明

(1)应先设置修剪模式和圆角半径,再进行倒圆角的操作。

(2)将圆角半径设为0,按住 Shift 键选择要做圆角的两条直线,可以将两不相交的直线精确相交。

(3)对平行的直线执行圆角命令时,无论当前的半径是多少,系统会自动计算两平行线间的距离,以此为直径画半圆将两直线光滑连接起来。

2.4.16 倒角

倒角命令用于对两条直线边倒棱角。

1. 命令调用方式

- 菜单:[修改]→[倒角]。
- 功能区:[默认]→[修改]→。
- 工具栏:修改工具栏→。
- 命令:Chamfer。

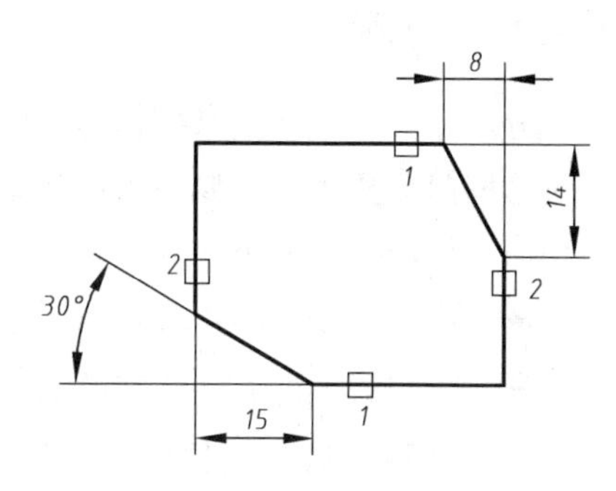

图 2.30 倒角命令举例

2. 执行过程

图 2.30 表示了倒角命令的执行过程。其命令提示如下:

AutoCAD 提示:	说明:
命令:_chamfer	
("修剪"模式)当前倒角距离 1 = 10.0000,距离 2 = 10.0000	
选择第一条直线或[多段线(P)/距离(D)/角度(A)/修剪(T)/方法(M)/多个(U)]:d	//输入"d"
指定第一个倒角距离 <10.0000>:8	//输入距离"8"
指定第二个倒角距离 <8.0000>:14	//输入距离"14"
选择第一条直线或[多段线(P)/距离(D)/角度(A)/修剪(T)/方法(M)/多个(U)]:	//点选右上角 1 处
选择第二条直线:	//点选右上角 2 处,完成右上角处倒角
命令:_chamfer	
("修剪"模式)当前倒角距离 1 = 8.0000,距离 2 = 14.0000	
选择第一条直线或[多段线(P)/距离(D)/角度(A)/修剪(T)/方法(M) /多个(U)]:a	//输入"a"
指定第一条直线的倒角长度 <10.0000〉:15	//输入"15"
指定第一条直线的倒角角度 <0.0000>:30	//输入"30"
选择第一条直线或[多段线(P)/距离(D)/角度(A)/修剪(T)/方法(M) /多个(U)]:	//点选左下角 1 处
选择第二条直线:	//点选左下角 2 处,完成左下角处倒角

3. 说明

(1)该命令有距离(D)和角度(A)两种倒角方式,一般应先设定倒角方式,根据提示输入参数,再进行倒角操作。

(2)无论距离倒角还是角度倒角都与选择顺序相对应。

(3)将倒角距离设为0,通过倒角操作,可以将两不相交的直线精确相交。

2.4.17 分解

分解命令用于将复杂实体,如矩形、多段线、尺寸、多行文字、块等,分解为简单实体,以便于对这些简单实体进行修改和编辑。

命令调用方式如下:

- 菜单:[修改]→[分解]。
- 功能区:[默认]→[修改]→。
- 工具栏:修改工具栏→。
- 命令:Explode。

2.4.18 夹点编辑

1. 夹点编辑的概念

对象的夹点就是对象的特征点,不同类型的对象具有不同的特征点,如图2.31所示。建立选择集时,出现夹点,进行夹点编辑操作可完成拉伸(Stretch)、移动(Move)、镜像(Mirror)、旋转(Rotate)、缩放(Scale)、复制(Copy)六种编辑模式操作。

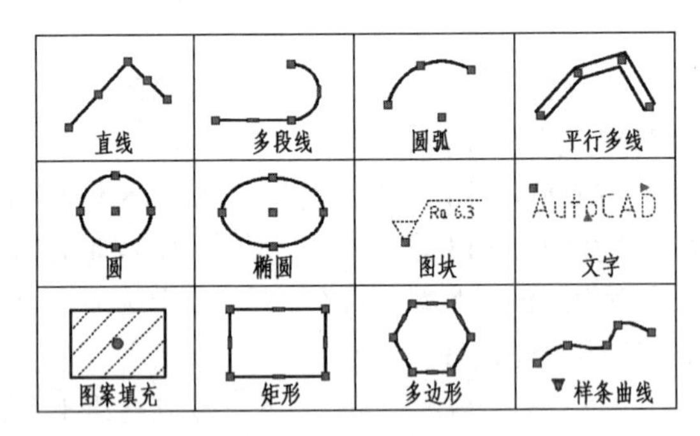

图2.31 实体对象的夹点

2. 夹点编辑的操作过程

(1)在未启动任何命令的情况下,选择实体对象,在被选取的实体对象上就会出现若干个带颜色(缺省为蓝色)的小方框,这些小方框是相应实体对象的特征点,称为夹点,也称为冷夹点。

(2)当光标悬停在某个夹点上,此时夹点显示红色并出现该夹点的编辑选项,这种夹点称为热夹点,此时,当前选择集即进入了夹点编辑状态,可进行拉伸、移动、镜像、旋转、缩放、复制六种编辑模式操作。

(3)若要生成多个热点,可在选择夹点的同时按下Shift键,然后再用光标对准某一个夹点激活它。

(4)当选择集进入夹点编辑状态时,其默认的编辑模式为拉伸模式,要选择其他编辑模式可键入模式名或单击鼠标右键从弹出的快捷菜单中选取。

3. 说明

(1)夹点编辑是一种较快捷的编辑方法,特别是用于拉长或缩短直线非常方便快捷,但要注意应用时,最好将对象捕捉关闭。拉伸或缩短斜线时,要将极轴打开,并做相应的设置以保证直线的方向不变。

(2)选中的热夹点,在默认状态下,系统认为是拉伸、移动、旋转、缩放、复制的基点,是镜像线的一点。

(3)若想退出夹点编辑状态,连续按两次或三次 Esc 键即可。

2.4.19 特性管理器

1. 特性的概念

图形中每一条图线都具有一定的形状、位置及大小,此外还有图层、线型、线宽及颜色等特性。在使用 AutoCAD 2018 创建一个图形或文本对象的同时也创建了这些特性,因此,若要修改对象,实质上就是改变其特性。

在 AutoCAD 2018 中,特性信息都存储在该对象所属的图形文件中,用户通过编辑操作对其进行修改,从而最终达到修改图形的目的。

2. 特性管理器的作用

在 AutoCAD 2018 中,编辑图形一般通过两种途径:一种是前面介绍的基本编辑方法和夹点编辑方法;另一种则是直接编辑对象的特性。

AutoCAD 2018 系统提供了一个专门进行对象特性编辑和管理的工具——特性管理器,它用于显示、查看和修改选定对象或对象集的特性,是用户查询和编辑对象特性的主要手段。在特性管理器中,对象的所有特性均一目了然,用户可以对单个对象或多个对象的特性进行查询和编辑,且编辑的结果将立即在绘图区中显示,因此用户修改起来极为方便和准确。AutoCAD 2018 的许多修改操作都可以通过特性管理器来完成。

3. 命令调用方式

- 菜单:[修改]→[特性]。
- 工具栏:标准工具栏→。
- 命令:Properties。
- 快捷操作:按快捷键 Ctrl +1 或选中状态右键。

4. 说明

(1)执行"特性"命令后,系统将显示"特性"对话框,也称为特性管理器,选定的对象不同,其显示内容也不同。选择单个对象时,特性管理器中列出该对象的全部特性;选择多个对象时,特性管理器中列出所选对象的共有特性;未选择对象时,特性管理器中显示整个图形的特性,如图 2.32 所示。

(2)特性管理器对话框与 AutoCAD 2018 绘图窗口是相互独立的。在打开特性管理器的同时可以在 AutoCAD 2018 中调用命令,进行绘图与图形编辑等操作。

(3)在特性管理器中,白色的选项可修改,灰色的选项不能修改。修改的方式可以通过输入一个新值或从下拉列表中选择一个值。如选择一个圆,在特性管理器的“半径”栏中输入新半径值,图形将作相应的改变。

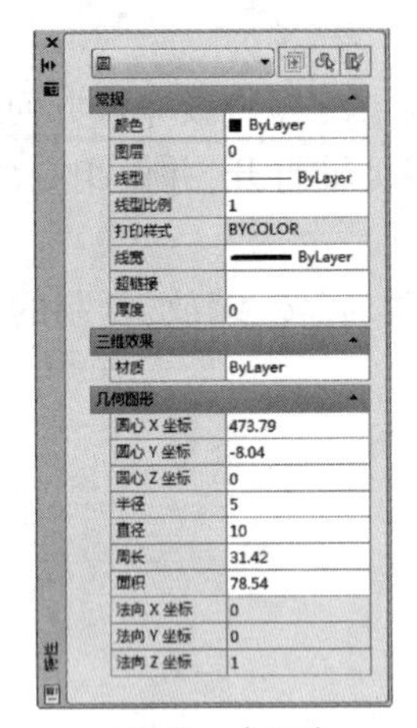

(a)选定一个圆时

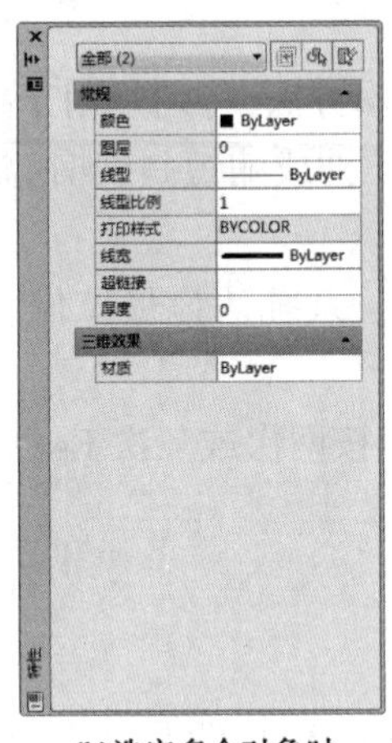

(b)选定多个对象时

(c)未选择对象时

图 2.32 特性管理器

提示:上述修改命令中,有些命令也可以先选对象,后执行命令,这些命令是删除、复制、阵列、移动、旋转、镜像、比例、拉伸、分解和特性管理器。

2.4.20 特性匹配

特性匹配命令用于将选定对象的特性应用于其他对象。

1. 命令调用方式

- 菜单:[修改]→[特性匹配]。
- 功能区:[默认]→[特性]→。
- 工具栏:标准工具栏→。
- 命令:Matchprop。

2. 执行过程

AutoCAD 提示:	说明:
命令:'_matchprop	
选择源对象:	//选择要复制其特性的对象
当前活动设置: 颜色 图层 线型 线型比例 线宽 厚度 打印样式 标注 文字 填充图案 多段线 视口 表格材质 阴影显示 多重引线	
选择目标对象或[设置(S)]:	//选择目标对象
选择目标对象或[设置(S)]:	//继续选择目标对象,或确定

2.5　图案填充

使用 AutoCAD 2018 的图案填充功能可以将特定的图案填充到一个封闭的图形区域中，例如，机械制图中表示断面的剖面符号就可以用此功能绘制。为了方便管理，建议单独设置图层放置填充图案。

2.5.1　图案填充操作

1. 命令调用方式

- 菜单：[绘图]→[图案填充]。
- 功能区：[默认]→[绘图]→▦。
- 工具栏：绘图工具栏→ ▦。
- 命令：Bhatch。

2. 操作步骤

（1）执行图案填充命令，打开如图 2.33 所示的“图案填充创建”选项卡。

（2）单击“图案”下拉按钮选择填充图案，确定填充图案的角度、比例。

（3）指定填充边界。单击“拾取点”按钮或“ ”按钮，回到图形区域，指定填充区域后，可直接预览填充效果，若不符合要求按“ ”删除图案填充，重新进行选择填充。

（4）单击“关闭图案填充创建”按钮，完成填充图案操作。

图 2.33　“图案填充创建”选项卡

2.5.2　选择图案类型

在“图案填充创建”选项卡中，“图案”面板显示所有预定义和自定义图案的预览图像，可以拖动滚动条选择需要的填充图案，机械制图中的金属材料剖面线一般选择图案“ANSI31”，橡胶材料剖面线一般选择“ANSI37”。

图案类型选择完毕，可通过“角度”和“填充图案比例”对图案的角度和比例参数进行设置，以使填充图案的方向和间距符合要求。注意：“ANSI31”图案已有 45°倾角，因此当剖面线方向为 45°时，角度参数应设为 0；剖面线方向为 135°时，角度参数应设为 90。

2.5.3　选择填充边界

AutoCAD 2018 约定要填充图案的区域必须是封闭区域，该封闭区域的定义方式有两种：“拾取点”和“选择边界对象”。

“拾取点”方式是最简便易用的。单击“拾取点”后进入到图形区域，只要单击封闭区域内的任意一点，系统就会自动搜索包含该点的封闭边界。

“选择边界对象”方式是通过选择围成封闭边界的各对象来定义边界，但如果所选对象不能构成真正意义的首尾衔接的封闭边界，图案填充有时会出现意想不到的结果，因此该方式应用较少，往往作为一种辅助方法。

Bhatch 命令可以创建关联的或非关联的图案填充。若选中对话框“选项”区域中的“关联”，则表示填充图案将与它们的边界联系起来，当修改边界时图案也会自动随之更新；而“创建独立的图案填充”填充图案独立于边界，不会随边界的修改而自动改变，关联选项应用如图 2.34 所示。

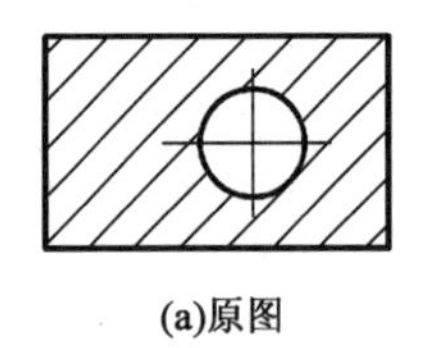

(a)原图

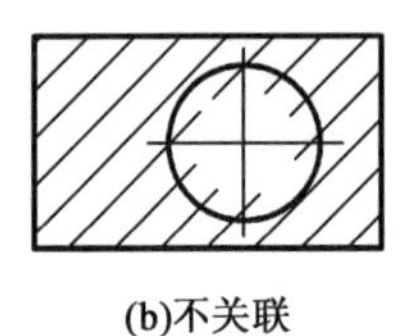

(b)不关联

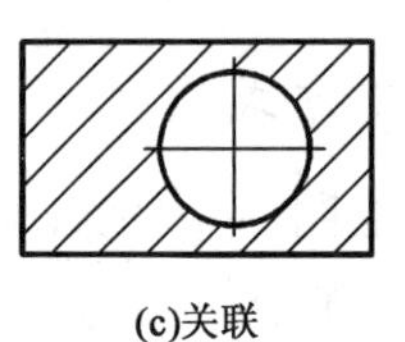

(c)关联

图 2.34　图案填充边界关联

2.5.4　编辑填充的图案

1. 命令调用方式

- 菜单：[修改]→[对象]→[图案填充]。
- 功能区：[默认]→[修改]→ 。
- 工具栏：修改Ⅱ工具栏→。
- 命令：Hatchedit。

2. 操作步骤

(1)执行编辑图案填充命令，提示“选择关联填充对象：”(也可先选择要编辑的图案再执行命令)。

(2)选择要编辑的填充图案或直接双击填充图案，在功能区弹出“图案填充编辑”对话框，如图 2.35 所示。

(3)在“图案填充编辑”对话框中修改相应参数，单击“预览”按钮，查看修改效果，若满意，单击右键确认；若不满意，单击左键或 Esc 键返回对话框，继续修改。

图 2.35　“图案填充编辑”对话框

2.6　文字注释

在一幅图中，除要用图形来表达一定的信息之外，往往还要用文字来加以描述，如书写技术要求、填写标题栏和明细表等。AutoCAD 2018 具有较强的文字处理功能，提供了符合国标的汉字和西文字体。在注写英文、数字和汉字时，需要设置合适的文字样式。

2.6.1　设置文字样式

1. 命令调用方式

- 菜单:[格式]→[文字样式]。
- 功能区:[默认]→[注释]→A。
- 工具栏:文字工具栏→ A。
- 命令:Style。

2. 操作步骤

(1)执行文字样式命令,弹出如图2.36所示的对话框。

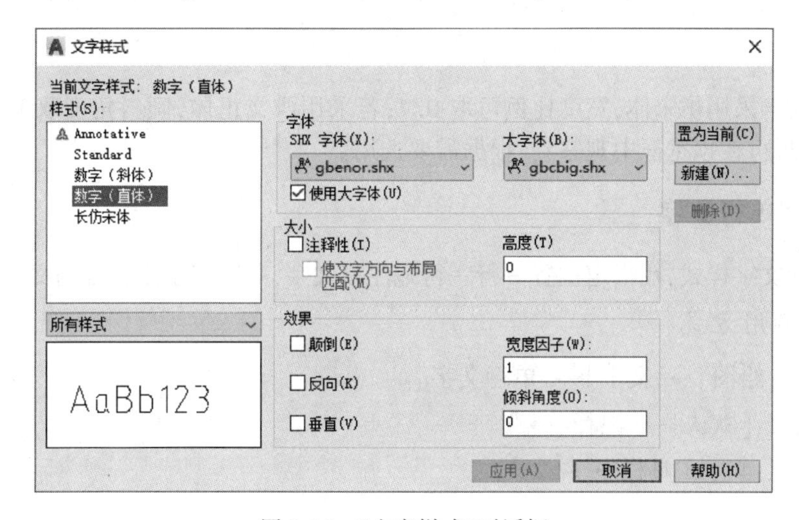

图2.36　“文字样式”对话框

(2)单击“新建”按钮,弹出“新建文字样式”对话框,输入新样式名(系统默认为“样式1”等),单击“确定”,回到“文字样式”对话框。

(3)从“字体”下拉列表中选择一种字体。必要时,在“效果”区域选择文字特殊效果。

(4)单击“应用”按钮,完成一种样式的设定。

重复上述操作,可建立多个文字样式,要将应用的文字样式置为当前。

3. 说明

1)字体

在字体下拉列表中列出了所有 Windows 标准的 TrueType 字体(字体名前有T符号)和 AutoCAD 2018 特有的扩展名为“.shx”的向量字体(字体名前有A符号)。

按国家标准规定,工程制图中的汉字应为长仿宋体,数字、特殊符号和字母一般为斜体。若“字体”选择“T 仿宋体”,数字、特殊符号和字母就不能倾斜;若采用符合国标的西文斜体“gbeitc.shx”,则不能书写汉字,因此可分别定义这两种文字样式,一个用于书写汉字,一个用于书写数字、特殊符号和字母。

当然,AutoCAD 2018 中文版提供了符合国标的斜体西文“gbeitc.shx”,还提供了符合国标的工程汉字“gbcbig.shx”大字体,因此可以定义一种新文字样式,字体为gbeitc.shx + gbcbig.shx。这样,这一种文字样式可同时注写工程汉字、数字、特殊符号和字母等,字体应用效果见表2.4。

表2.4 字体效果

字　体	效　果
仿宋,宽度因子0.7	东北石油大学
gbeitc.shx + gbcbig.shx	东北石油大学 0123456789

2)文字高度

如使用默认高度0,输入文字时,AutoCAD 2018将提示输入文字高度。如果用户指定了一个大于0的高度,则输入文字时不再提示指定文字的高度,而以该高度标注文字。建议使用默认高度0。

3)效果

文字样式若采用仿宋体,宽度比例可取0.7;若采用西文正体,倾斜角度取15°。颠倒、反向、垂直等效果可在预览框中观察到,根据需要选用。

2.6.2 注写单行文字

按设定的文字样式,在指定位置一行一行地注写文字,一般用于小篇幅的文字。

1.命令调用方式

- 菜单:[绘图]→[文字]→[单行文字]。
- 功能区:[默认]→[注释]→A。
- 工具栏:文字工具栏→A。
- 命令:Dtext。

2.执行过程

AutoCAD提示:	说明:
命令:_dtext	
当前文字样式: 样式1 文字高度:20	
指定文字的起点或[对正(J)/样式(S)]:	//用光标在屏幕上指定文字的起点
指定高度<20>:5	//输入文字高度值为“5”
指定文字的旋转角度 <0>:	//同上“高度”类似
	//在屏幕上输入要写的文字,回车换行后可继续输入文字,直到两次回车退出写文字操作

3.说明

(1)当选择“对正”选项时,命令行提示有14种文字对齐方式,详细内容请参见“帮助”。默认情况下,文字的对齐方式为左对齐。

(2)用单行文字命令注写的多行文字,每一行是一个实体,可单独对每行文字进行编辑和修改。

2.6.3 注写多行文字

1. 命令调用方式

- 菜单:[绘图]→[文字]→[多行文字]。
- 功能区:[默认]→[注释]→A。
- 工具栏:绘图工具栏 →A。
- 命令:Mtext。

2. 操作步骤

(1)执行多行文字命令。

(2)根据提示输入两对角点指定一矩形区域,用于放置多行文字。

(3)显示“文字编辑器”选项卡(图2.37),在文本框内输入文本。

(4)单击“关闭文字编辑器”。

图2.37 “文字编辑器”选项卡

3. 说明

(1)多行文字编辑器类似于Word的字处理程序,可使用不同的字体、高度、颜色等。利用堆叠功能还可方便地书写分数、幂、公差等形式。

(2)在快捷菜单中选择“符号”,可插入常用的直径、角度等符号。选择“输入文字”可将.txt和.rtf文件输入多行文字编辑器中。利用快捷菜单还可以变换大小写和粘贴Word文档等。

例:注写配合代号$\phi 50\frac{H7}{f6}$、尺寸$\phi 30p6(^{+0.035}_{-0.022})$和单位符号$m^2$。

注写配合代号$\phi 50\frac{H7}{f6}$:进入多行文字编辑器,输入%%c50H7/f6,用鼠标选取H7/f6后,单击堆积按钮即可。

注写尺寸$\phi 30p6(^{+0.035}_{-0.022})$:进入多行文字编辑器,输入%%c30p6(+0.035^-0.022),用鼠标选取+0.035^-0.022后,单击堆积按钮即可。

注写单位符号m^2:在多行文字编辑器内输入m2^,选取2^,单击堆积按钮。如果注写下标,只要将^符号放在下标数字的前面即可。

其他常用符号有:

%%d——角度单位“°”;

%%p——正负符号“±”;

%%c——直径符号“ø”。

2.6.4 编辑修改文字

可通过执行文字编辑命令和利用特性管理器两种方法来编辑修改文字。特性管理器的用法前面已经介绍,下面仅介绍编辑文字命令的使用方法。

1. 命令调用方式

- 菜单:[修改]→[对象]→[文字]→A。

- 工具栏：文字工具栏→A。
- 命令：Ddedit。
- 快捷方式：双击文字对象。

2. 操作步骤

(1)执行编辑文字命令，系统提示“选择注释对象或[放弃(U)]：”。

(2)若选择的文字是由单行文字命令建立的，则文字变为可编辑状态；若选择的文字是由多行文字命令建立，功能区显示“文字编辑”选项卡。

(3)编辑修改完毕，按回车确认或单击“关闭文字编辑器”。

2.7 尺寸标注

尺寸标注是工程设计中的一项重要内容，利用AutoCAD 2018的尺寸标注命令，可以方便快速地标注图纸中各种方向、形式的尺寸，如线性、角度、直径、半径和公差尺寸等。当用户进行尺寸标注时，AutoCAD 2018会自动测量对象的大小，并在尺寸线上给出正确的数字，因此，这就要求用户在标注尺寸之前，必须精确地构造图形。

用AutoCAD 2018标注尺寸，首先要根据国标对尺寸标注的有关规定设置尺寸标注样式，然后再用尺寸标注命令进行标注。

2.7.1 设置尺寸标注样式

采用英制单位绘图，默认的标注样式是Standard，它是基于美国国家标准协会(ANSI)标注标准的样式。若采用公制单位绘图，则默认的标注样式是ISO－25。

1. 命令调用方式

- 菜单：[标注]→[标注样式]。
- 功能区：[默认]→[注释]→。
- 工具栏：标注工具栏→。
- 命令：Ddim。

2. 设置尺寸标注“父样式”

在一幅图中，大部分尺寸的标注样式是相同的，因此首先要对这些尺寸统一设置标注样式，称为“父样式”或全局标注样式。但个别尺寸的标注样式与“父样式”有所不同，这些不同之处，就可采用“子样式”进行设置。

“子样式”从属于“父样式”，但“子样式”中设置的参数又优先于“父样式”。假设当前尺寸标注样式是某个“父样式”，当标注某个尺寸时，AutoCAD 2018将进行搜索，看“父样式”下是否有与该类型尺寸相对应的“子样式”，如果有，系统将按照该“子样式”中设置的模式来标注尺寸；若没有相应的“子样式”，系统将按“父样式”所设置的模式来标注尺寸。下面进行尺寸标注“父样式”的设置。

(1)执行标注样式命令，弹出“标注样式管理器”对话框，单击“新建”按钮，弹出“创建新标注样式”对话框，如图2.38所示。

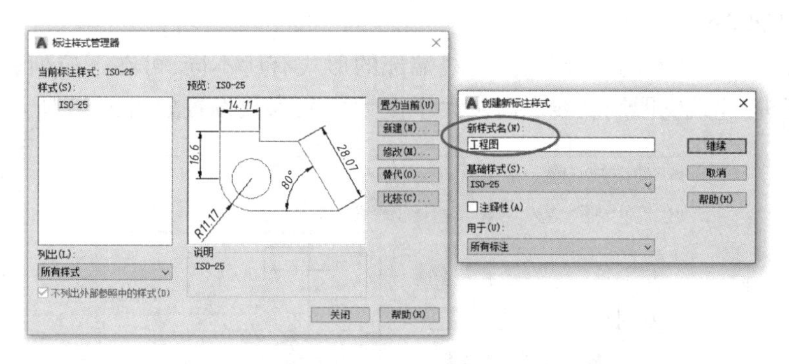

图 2.38　“标注样式管理器”对话框

(2)在“创建新标注样式”对话框中，输入新样式名，如“工程图”。基础样式为 ISO－25，新建样式将继承 ISO－25 样式的所有外部特征设置。在“用于”的下拉列表中选择“所有标注”来建立尺寸标注的“父样式”。

(3)单击“继续”按钮，弹出“新建标注样式”对话框，如图 2.39 所示。对话框中有 7 个选项卡，分别是线、符号和箭头、文字、调整、主单位、换算单位和公差。

(4)“线”选项卡如图 2.39 所示。

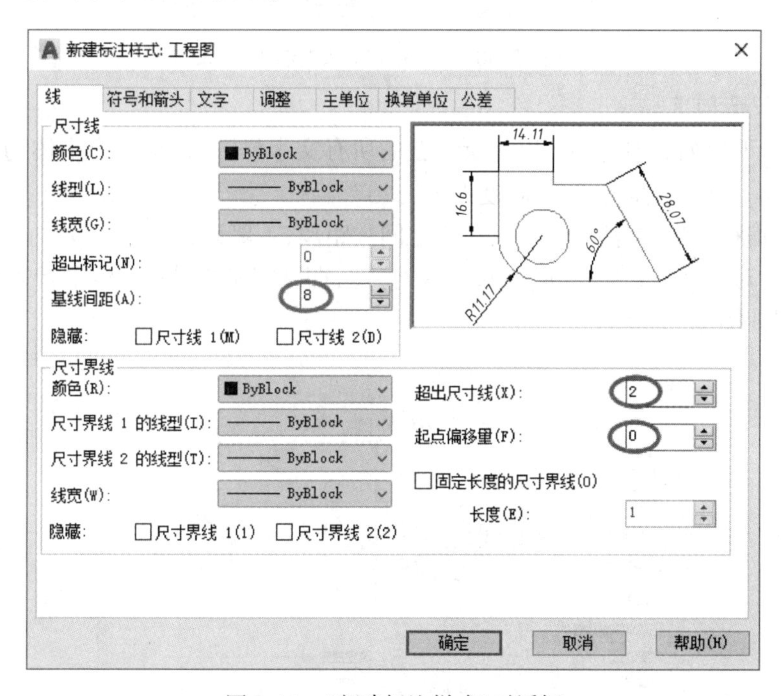

图 2.39　“新建标注样式”对话框

尺寸线与尺寸界线的颜色、线型与线宽都设成“ByBlock”，随尺寸所在层的颜色与线宽。

基线间距：指基线标注方式中两条尺寸线之间的距离。该距离应大于尺寸数字的高度，否则尺寸线与数字相交，一般设为“8”。

隐藏：控制是否完全显示尺寸线或尺寸界线，通过预览可观察结果，根据情况选取，一般情况下不选。

超出尺寸线：控制尺寸界线与尺寸线相交处尺寸界线超出尺寸线的数值，一般设为“2”。

起点偏移量：控制尺寸界线的起点与被标注对象间的间距，应选为“0”。

(5)“符号和箭头”选项卡。

第一个、第二个：在不同的行业，尺寸线端部的形式有所不同，可在下拉列表中选取，机械制图用实心箭头，建筑制图用斜线。箭头大小设为“3”，参数设置如图 2.40 所示。

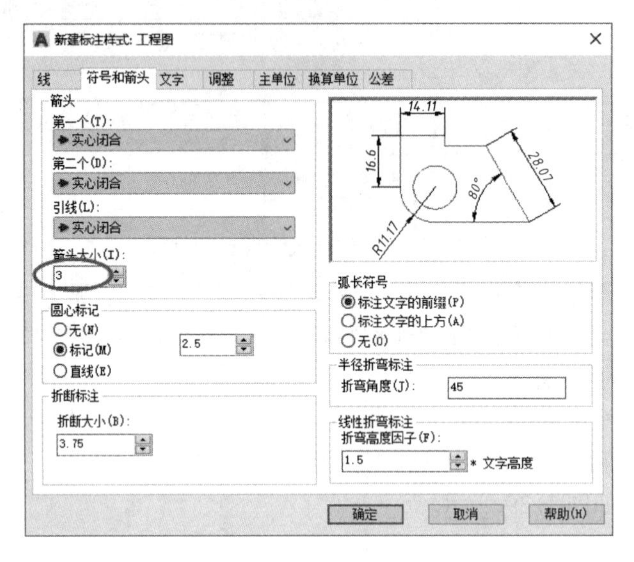

图 2.40 “符号和箭头”选项卡

(6)“文字”选项卡。

文字样式：下拉列表中将列出以前所设置的所有文字样式，选择一个字体为 gbeitc. shx + gbcbig. shx 的文字样式，文字高度设为“3.5”。

从尺寸线偏移：设置标注文字与尺寸线之间的距离，一般设为“1”。

文字对齐：对于父样式应选择“与尺寸线对齐”，即文字始终沿尺寸线平行方向放置。

参数设置如图 2.41 所示。

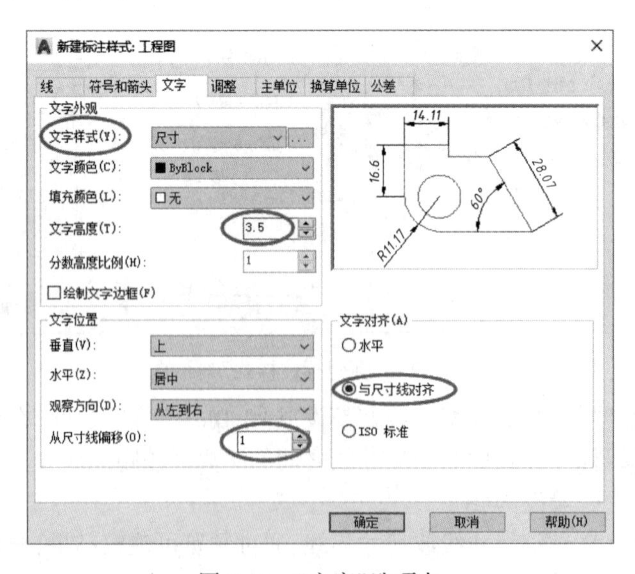

图 2.41 “文字”选项卡

(7)“调整”选项卡。

在创建父样式时，各选项的设置与图 2.42 所示的默认设置一致。

使用全局比例:它是控制尺寸标注数值变量(如文本字高、箭头大小、尺寸界线超出尺寸线的距离等)大小的比例因子,这些数值变量的最终大小为原值乘以该比例因子。如用户设箭头大小为3,全局比例因子为2,则在标注尺寸时,所绘制出来的尺寸箭头实际大小是6。但要注意,该设置并不影响尺寸数字本身的内容。

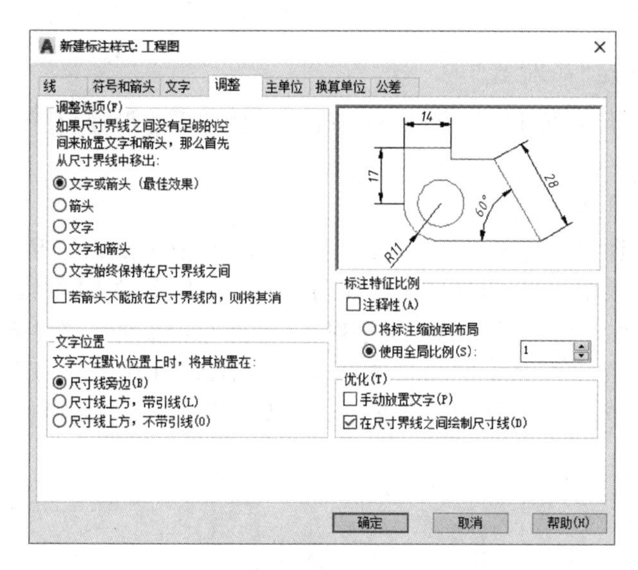

图2.42　“调整”选项卡

(8)“主单位”选项卡。

“主单位”选项卡设置如图2.43所示。设置尺寸数字以小数的形式标注,小数分隔符选“句点”;精度视具体要求而定,一般为0(即尺寸数字取整数)。可对尺寸数字加前缀和后缀,但在“父样式”中一般不加。

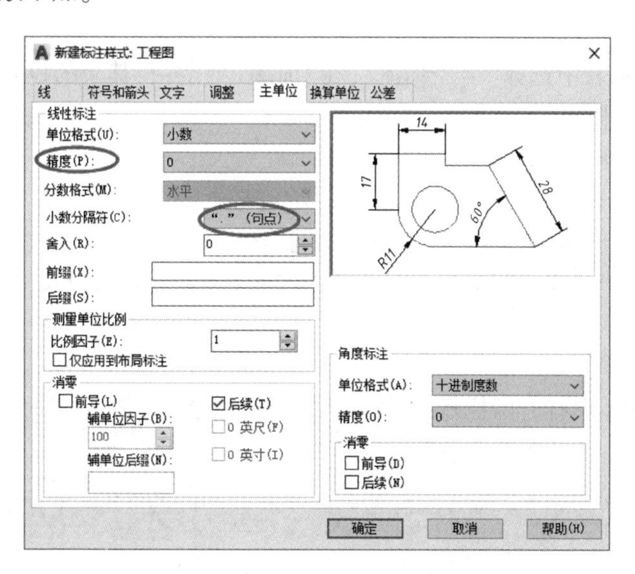

图2.43　“主单位”选项卡

测量单位比例因子:是尺寸数值与AutoCAD 2018自动测量尺寸的比值,实际标注数值=测量值×比例因子。如按1:10的比例绘制图形,比例因子编辑框内需输入“10”,以保证所标注的尺寸等于实物的大小。该参数在实际标注中具有很大的使用价值。

消零:用户可以选中“前导”或“后续”复选框,以抑制尺寸数字中小数点前的“0”或小数点后数字尾部的“0”。一般选择后续消零。

“换算单位”选项卡无须设置,“公差”选项卡一般只有在“替代样式”设置中才使用。

(9)单击“确定”,返回“标注样式管理器”,完成名为“工程制图”的尺寸标注“父样式”的设置。

3. 设置尺寸标注“子样式”

根据国标对各类尺寸标注的规定,机械制图尺寸标注需要设置“直径”、“半径”和“角度”等标注子样式。

(1)直径标注子样式。

在“标注样式管理器”中,选中“工程图”,单击“新建”按钮,弹出“创建新标注样式”对话框,在“用于”下拉列表中选择“直径标注”,如图 2.44(a)所示,单击“继续”按钮,弹出“新建标注样式管理器”。在“文字”选项卡中,“文字对齐”选择“ISO 标准”;在“调整”选项卡中,选择“文字”和“手动放置文字”;若文字样式选择为中文字体(如仿宋体)则要在“前缀”处输入“Φ”。单击“确定”,返回“标注样式管理器”,完成直径标注子样式的设置。

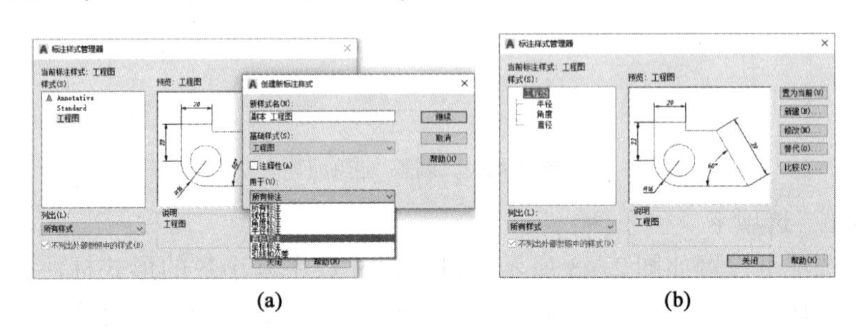

(a)　　(b)

图 2.44　设置直径标注子样式

(2)半径标注子样式。

在“用于”下拉列表中选择“半径标注”,在“前缀”处空白,其余的设置方法与直径标注子样式的设置方法完全相同。

(3)角度标注子样式。

在“用于”下拉列表中选择“角度标注”,在文字选项卡中“文字对齐”选择“水平”,其余的设置方法与直径标注子样式的设置方法完全相同。

设置完尺寸标注“父样式”和“子样式”,如图 2.44(b),就可进行尺寸标注了。

2.7.2　标注尺寸

在 AutoCAD 2018 中有专门执行标注命令的“标注”菜单、功能区面板和“标注”工具栏。“标注工具栏”如图 2.45 所示。

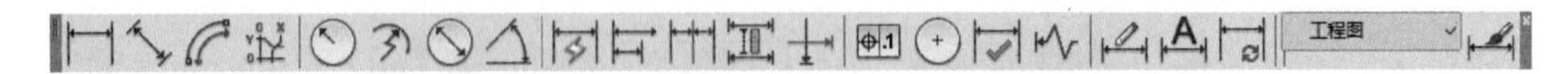

图 2.45　“标注”工具栏

标注命令可以实现线性标注、对齐标注、半径标注、直径标注、基线标注、连续标注、引线标注和形位公差标注等。下面以图 2.46 为例,介绍这些标注命令的使用方法。

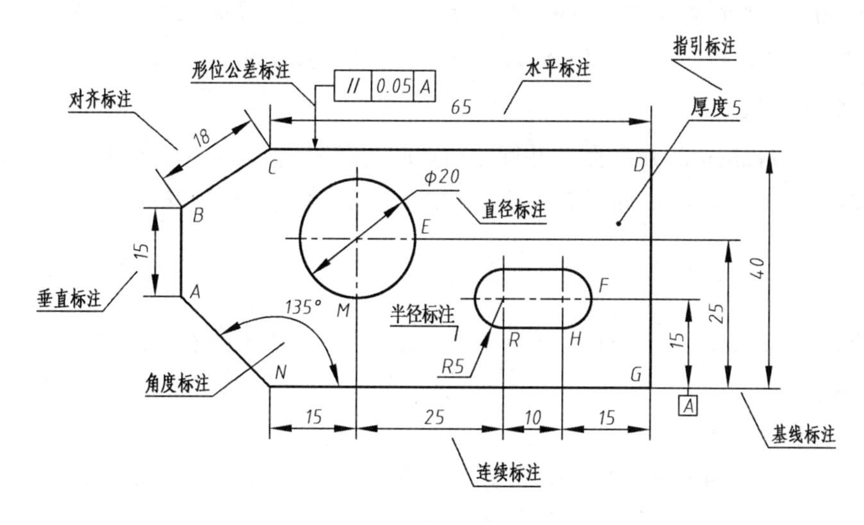

图2.46 尺寸标注举例

1. 线性标注

线性标注(Dimlinear)用于测量并标注当前坐标系 XOY 面上两点间在 X 或 Y 方向的距离。利用该命令可标注图2.46所示的"垂直标注15"和"水平标注65"。

1)执行过程

AutoCAD 提示:	说明:
命令:_dimlinear	
指定第一条尺寸界线原点或<选择对象>:	//捕捉 A 点
指定第二条尺寸界线原点:	//捕捉 B 点
指定尺寸线位置或[多行文字(M)/文字(T)/角度(A)/水平(H)/垂直(V)/旋转(R)]:	//移动鼠标,尺寸线动态出现,在合适的位置上单击左键,确定尺寸线的位置
标注文字=15	系统自动测量 A 点和 B 点之间 Y 方向的距离

用类似的操作完成"水平标注65"。

2)说明

多行文字(M):输入 M 启动多行文字编辑器来注写尺寸文字。编辑器编辑区中的尖括号< >里的数字表示自动测量值。若要替换测量值,则删除,重新输入新文字。

文字(T):在命令行中输入用于替代测量值的字符串。要恢复使用原来的测量值作为标注文字,可再次输入 T 后回车。

角度(A):用于指定标注文字的旋转角度。0°表示文字水平放置,90°表示文字垂直放置。

水平(H)/垂直(V):将尺寸线水平或垂直放置。使用线性标注的默认选项,可用鼠标动态确定尺寸线水平或垂直放置。

旋转(R):指定尺寸线的旋转角度。

注意: AutoCAD 2018 有关联尺寸标注功能,即标注尺寸和被标注对象是关联的。如果尺寸是系统的测量值,改变标注对象的大小,尺寸及尺寸数值也随之改变。如果尺寸数值是通过

“多行文字(M)”或“文字(T)”书写的,则尺寸数值不随标注对象的改变而改变。

在尺寸标注时,应打开对象捕捉模式,以精确捕捉对象的端点。

2. 对齐标注

对齐标注(Dimaligned)用于测量并标注两点间的距离,包括X、Y方向和任意方向的距离,适合于对斜线标注长度尺寸,如图2.46所示的“对齐尺寸18”,标注方法与“线性标注”的标注方法相同。

3. 基线标注

基线标注(Dimbaseline)用于标注具有共同的第一尺寸界线(基线)的一系列尺寸,如图2.46所示。

1)基线标注的步骤

(1)执行“线性标注”命令,第一尺寸界线起点拾取G点,完成线性尺寸“15”的标注。

(2)执行“基线标注”命令,命令行提示如下:

指定第二条尺寸界线原点或[放弃(U)/选择(S)]<选择>:

(3)分别捕捉E点和D点,系统以线性尺寸“15”的第一尺寸界线作为基线,完成“25”和“40”的基线标注。

2)说明

(1)图形中若不存在线性标注或角度标注,则不能进行基线标注。

(2)执行“基线标注”命令,系统默认最后一次创建的线性标注或角度标注的第一尺寸界线作为标注基准线。

(3)如果用户想自行选择基准线,则选择“选择(S)”选项。

(4)基线尺寸间距在尺寸标注样式中确定。

4. 连续标注

连续标注(Dimcontinue)用于标注首尾相接的一系列连续尺寸。先标注或存在一个线性或角度尺寸,执行“连续标注”命令,系统将上一个标注的第二尺寸界线作为后面连续标注的第一尺寸界线,通过鼠标确定第二尺寸界线的起点,完成连续标注,按回车键结束该命令。

连续标注与基线标注的方法类似,不再赘述。

5. 半径标注

半径标注(Dimradius)用于标注圆弧的半径尺寸。

半径标注的步骤如下:

(1)执行半径标注命令,命令行提示:

AutoCAD 提示:	说明:
选择圆弧或圆:	//指定要标注的圆或圆弧
指定尺寸线位置或[多行文字(M)/文字(T)/角度(A)]:	

(2)移动光标,系统会在屏幕上实时地显示尺寸线及标注文字的位置,选择合适的位置,单击鼠标左键,完成半径尺寸“R5”的标注。

注意:半径尺寸标注前一定要设置半径尺寸标注子样式。

6. 直径标注

直径标注(Dimdiameter)用于标注圆的直径尺寸。直径标注方法与半径标注类似,不再赘述。标注直径尺寸前也要设置直径尺寸标注子样式。若选择“文字”输入直径值时,要在数值前加“%%c”,以显示符号“ø”。

7. 角度标注

角度标注(Dimangular)用于测量标注两条直线间的夹角、一段弧的弧度或三点之间的夹角。

1)执行过程

AutoCAD 提示:	说明:
命令:_dimangular	
选择圆弧、圆、直线或 <指定顶点>:	//选择直线 NA
选择第二条直线:	//选择直线 NG
指定标注弧线位置或[多行文字(M)/文字(T)/角度(A)]:	//移动光标,将实时显示尺寸线及标注文字的位置,选择合适的位置,单击鼠标左键
标注文字 =135	系统自动测量两直线间的角度,完成角度尺寸标注

2)说明

执行命令后,若选择圆弧,则尺寸值为圆弧包角;若回车选择“指定顶点”,可标注三点间的夹角,第一点为角度标注的顶点。

提示:当光标在不同侧时,标注的角度值不同。

8. 多重引线标注

多重引线工具可用来标注倒角、公差引线、零部件的编号引线,如图 2.47 所示。

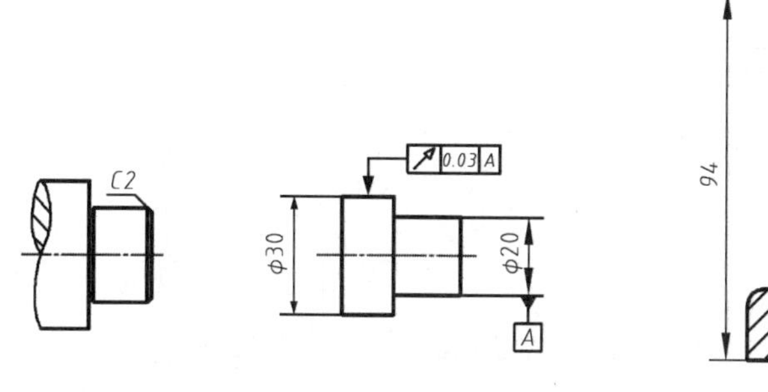

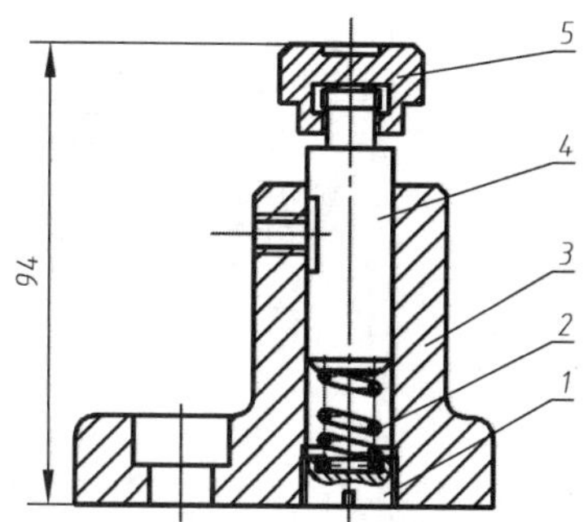

图 2.47　“多重引线”应用

1)命令调用方式

- 功能区:[默认]→[注释]→ 。
- 工具栏:多重引线工具栏 → 。
- 命令:Mleader。

2) 说明

多重引线工具栏如图 2.48 所示，可以添加引线、删除引线、多重引线对齐及多重引线合并。点击图标，打开“多重引线样式管理器”，如图 2.49 所示，可对引线样式进行设置。

图 2.48　“多重引线”工具栏

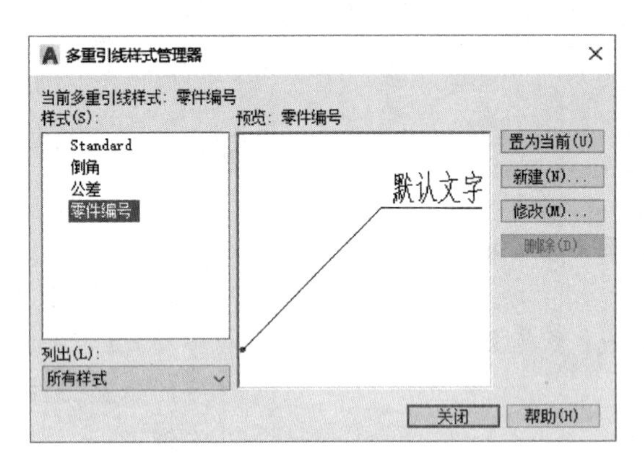

图 2.49　“多重引线样式管理器”对话框

图 2.50、图 2.51、图 2.52 为零件编号引线的各选项设置。对于倒角引线将“引线格式”选项卡中的“箭头”设为无，“内容”选项卡的文字高度设为“3.5”，其余与零件编号引线设置相同。

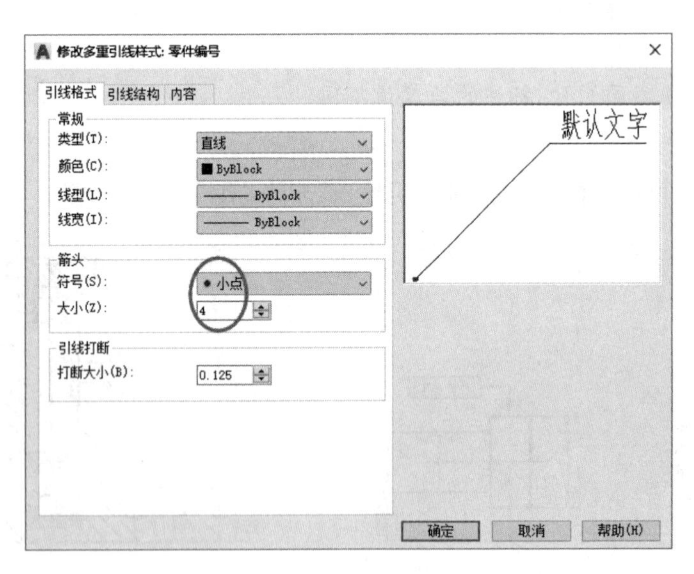

图 2.50　多重引线“引线格式”选项卡

9. 特殊尺寸标注

在工程制图中，为了使尺寸标注清晰，往往将直径尺寸标注在非圆视图上，由于精度要求有些尺寸需要标注尺寸公差，由于采用半剖视图表达使得图形出现不完整现象，其尺寸标注也有所不同，如图 2.53 所示。

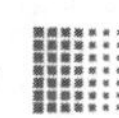

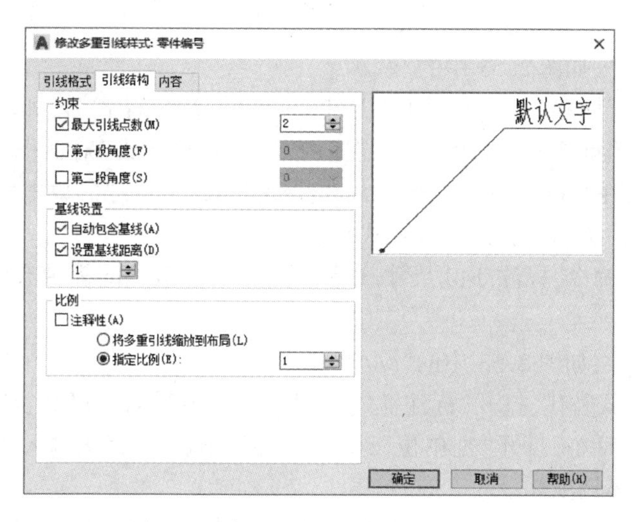

图2.51　多重引线“引线结构”选项卡

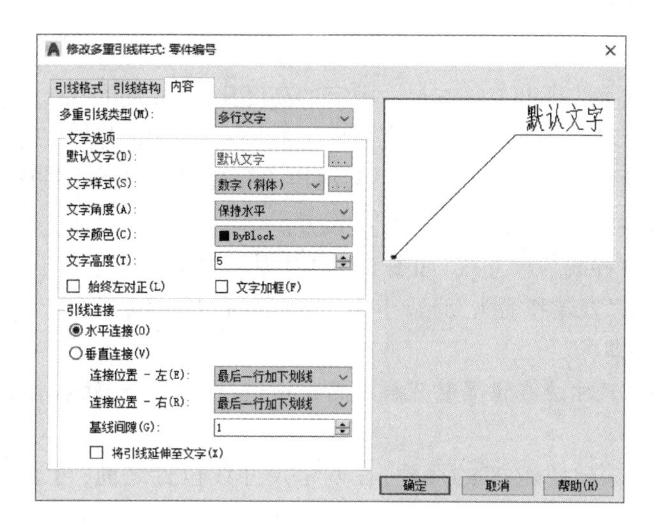

图2.52　多重引线“内容”选项卡

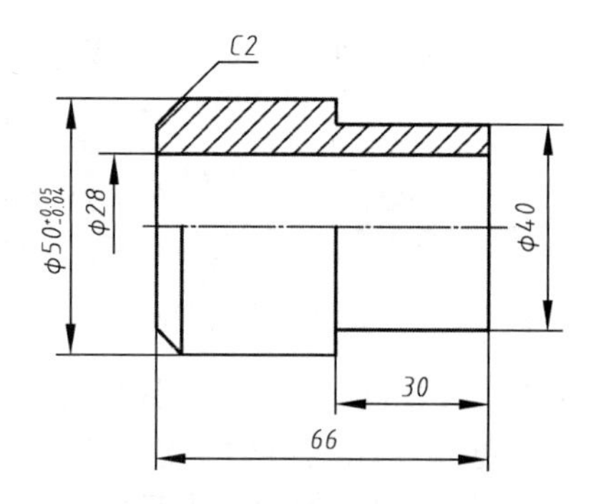

图2.53　特殊尺寸标注举例

如果在尺寸标注父样式中作相应的设置，如加前缀“φ”或在“公差”选项卡中设置相应的尺寸公差，则该图形文件中所有的尺寸数值前都有“φ”，数值后都有相同的尺寸公差，这显然是不行的。在这种情况下，可通过系统提供的尺寸“样式替代”的设置来完成这类特殊尺寸的标注。

(1)带符号的尺寸,如图2.53中的“$\phi 40$”。

打开“标注样式管理器”,选中该图形文件的尺寸标注父样式名,如“工程图”,单击“替代”按钮,进入“替代当前样式”对话框(即前述的“新建标注样式”对话框),单击“主单位”选项卡,若字体为中文,在“前缀”处直接输入“ϕ”,否则输入“%%c”。单击“确定”。返回“标注样式管理器”,再单击“关闭”,完成替代样式的设定。

执行“线性标注”命令,标注ϕ40尺寸,以后再标的尺寸数值前都带有“ϕ”,其他已标注的尺寸不发生变化。

(2)带公差的尺寸,如图2.53中的“$\phi 50^{+0.05}_{-0.04}$”。

若以前设置过样式替代,打开“标注样式管理器”,选中“样式替代”,单击“修改”按钮,进入“替代当前样式”对话框,打开“主单位”选项卡,在“前缀”处直接输入“ϕ”或“%%c”。打开“公差”选项卡,具体选项如下:

方式:偏差注写的形式,若上下偏差对称,则选择“对称”,本例选择“极限偏差”。

精度:指上下偏差值的精度,本例选择“0.00”。

上(下)偏差:输入上下偏差值,系统自动为上偏差加“+”号,为下偏差加“-”号。

高度比例:偏差数字的高度与基本尺寸数字的高度比,一般选取0.5。

垂直位置:偏差相对于基本尺寸在垂直方向上的位置,一般选择“中”。

设置完上述参数后单击“确定”。返回“标注样式管理器”,再单击“关闭”,完成本次替代样式的设定执行“线性标注”命令,标注$\phi 50^{+0.05}_{-0.04}$尺寸。

(3)隐藏部分尺寸界线与尺寸线,如图2.53中的尺寸“$\phi 28$”。

方法与上类似,在“直线和箭头”选项卡中,选择隐藏“尺寸线1”和“尺寸界限1”,“公差”选项卡中公差选“无”即可。

提示:同一类特殊尺寸应在设置替代样式后统一进行标注。标注后将父样式置为当前,则退出样式替代标注模式。

除“样式替代”外,类似“$\phi 40$”的尺寸,在确定尺寸线位置之前,可通过命令提示行输入“T”,手动输入标注文字“%%C40”,其中%%C代表直径符号ϕ;类似公差尺寸“$\phi 50^{+0.05}_{-0.04}$”在确定完尺寸界线后,命令行输入“M”,调出多行文字对话框,通过数值通过“文字编辑器”的堆叠命令,生成公差标注,具体操作如图2.54所示,在堆叠时上、下偏差的小数点位要对齐,不足时可以加空格进行调整。

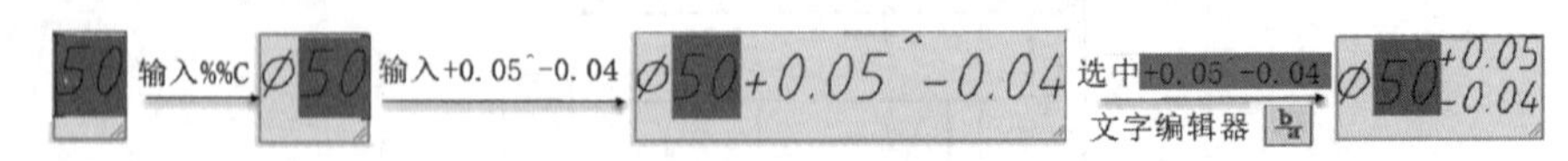

图2.54 “多行文字”标注公差

功能区[注释]面板里的标注,可在同一命令中创建多种类型的标注,将光标悬停在标注对象上时,“标注”命令将自动预览要使用的合适标注类型。支持的标注类型包括垂直标注、水平标注、对齐标注、旋转的线性标注、角度标注、半径标注、直径标注、折弯半径标注、弧长标注、基线标注和连续标注。如果需要,可以使用命令行选项更改标注类型。

2.7.3 修改尺寸标注

当标注布局不合理时,会影响表达信息的准确性,应对标注进行局部调整,如编辑标注文

字、移动尺寸线和尺寸界限的位置等。

1. 修改尺寸标注样式

通过修改“标注样式”对话框中的有关参数和选项来统一修改所标注的尺寸，如统一改变字体、字高、箭头大小、测量单位比例等，但它不能对某个尺寸单独进行编辑修改。要想对单个尺寸进行编辑修改可以使用“特性管理器”进行修改。

2. 修改尺寸数值

双击尺寸数值，进入“文字编辑”窗口，可直接进行编辑。

3. 调整尺寸布局

单击尺寸，通过出现的夹点，对尺寸线及文字位置进行重新布置。

2.8　块与属性

块是一种图形集合体，AutoCAD 2018 把块作为一个单独的、完整的来操作。AutoCAD 2018 可以把一些重复使用的图形定义为块，并随时将块以不同的比例和旋转角插入到当前图形的任意位置。图形中的块可以进行整体移动、旋转、删除和复制等编辑操作，也可“分解”(Explode)以便对其中的某个实体对象进行编辑修改；块可存储到磁盘中，以备其他图形或用户调用；还可给块定义属性，属性随块一起被插入，并且可输入不同的属性值。

2.8.1　块的优点

1. 建立图形库

将一些重复出现的图形(如常用符号、标准件、部件)定义为块，并构建成图形库，在设计过程中直接插入所需的块，可提高设计和绘图效率。

2. 便于图形修改

修改图块后，对块进行重定义，以前插入的所有该图块都将被更新。

3. 节省存储空间

把对象作为块来储存，不必记录重复的对象构造信息，从而大大节省存储空间。

4. 可附带属性信息

属性是从属于块的文字信息，能随块的每次插入而改变，既可以象普通文本一样显示，也可以不显示，还可将数据传给数据库或被提取生成材料表。

2.8.2　块与图层、颜色、线型的关系

块可以由绘制在若干层上的实体组成，每层可以有不同的颜色和线型，系统将这些信息保存在块定义中，插入块时，AutoCAD 2018 有如下约定：

(1)块中位于“0”层上的实体被绘制在当前层上，并具有当前层的颜色和线型。

(2)对于块中其他层上的实体，若当前图形中有与块中图层同名的图层，则块中该层上的实体绘制在图中同名的层上，并按图中该层的颜色与线型绘制；否则，其他层中的实体仍在原来的层上绘出，并给当前图形增加相应的层。

2.8.3 创建块

1. 命令调用方式

- 菜单：[绘图]→[块]→[创建]。
- 功能区：[默认]→[块]→。
- 工具栏：绘图工具栏→ 。
- 命令：Bmake 或 Block。

2. 操作步骤

(1)执行块定义命令，系统将弹出图 2.55 所示的“块定义”对话框。

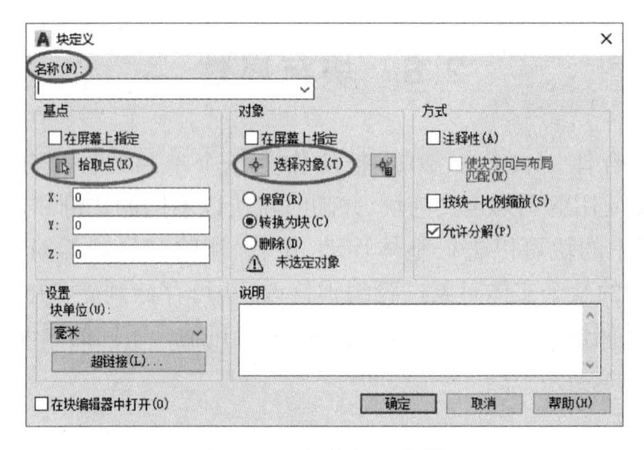

图 2.55 “块定义”对话框

(2)在“名称”框中输入块的名称。若在图形文件中从未定义或使用过块，在“名称”的下拉列表中空白，若定义或使用过，则显示块的名称。

(3)在“基点”区单击“拾取点”按钮，返回图形界面，在屏幕上拾取基点。也可在 X、Y、Z 编辑框中直接输入坐标值。基点是块插入时的基准点，其位置主要根据图形的结构特点进行选择，一般选在块的中心或左下角。在块插入时，块将以“基点”为基准，放在图形中用户指定的插入点位置，且插入的块可围绕该点旋转。

(4)在“对象”区可点击“选择对象”按钮，系统进入图形界面，在屏幕上选取组成块的实体对象，选择完毕后，按回车键或按鼠标右键返回对话框。其他各选项说明如下：

保留(R)：创建块以后，不删除选定的对象，将其保留在图形中。

转换为块(C)：创建块后，将选定的对象转换成图形中的一次块引用。

删除(D)：创建块后，从图形中删除选定的对象。若用户想恢复，执行“Oops”命令即可。

名称(N)、基点、对象是进行块定义时的必选项，其他选项根据需要设置，如图 2.55 所示。单击“确定”，完成块定义。

2.8.4 插入块

插入块命令用于将定义的块以一定的比例和旋转角度插入到当前文件中的指定位置。

1. 命令调用方式

- 菜单：[插入]→[块]。

➔ 功能区:[默认]→[块]→。

➔ 工具栏:绘图工具栏 →。

➔ 命令:Insert。

2. 操作步骤

(1)执行块插入命令,将弹出图 2.56 所示的“插入”对话框。

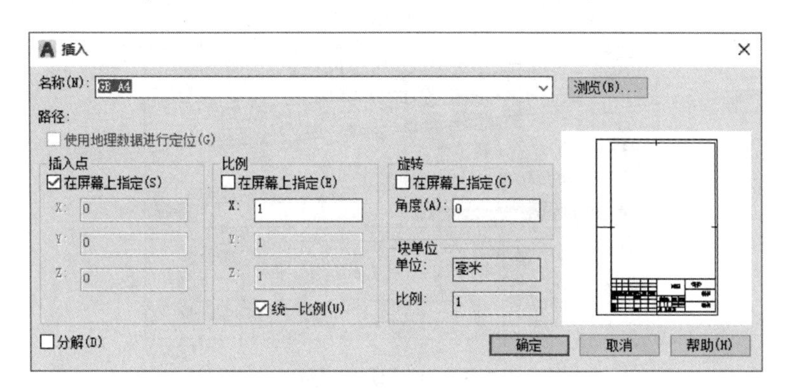

图 2.56　块“插入”对话框

(2)在名称列表中选择要插入的块,也可单击“浏览”按钮,系统将打开标准的“选择图形文件”对话框,用户可选择作为块插入的图形文件名,而后系统将自动在当前图中生成相应的同名内部块,并在“路径:”后显示所选图形文件的路径。

(3)在“插入点”区,选择“在屏幕上指定(S)”,单击“确定”后,系统返回图形界面,在屏幕上用鼠标指定插入点。建议利用该方式选择插入点。当然也可通过在 X、Y、Z 编辑框中输入坐标值确定插入点的位置。

(4)缩放比例:确定块插入后 X、Y、Z 方向的比例因子。比例因子 >1 时,图形放大;0 < 比例因子 <1 时,图形缩小;比例因子 >0 时,图形走向不变;比例因子 <0 时,图形将进行对称变换。

(5)旋转:确定块插入后的旋转角。如果在对话框中勾选“在屏幕上指定(C)”,则确定块插入后,在图形界面进行灵活的动态选择;否则直接在对话框中输入旋转角度值即可。

(6)统一比例:若选择该项,则 X、Y、Z 三个方向的比例因子将取相同值。

(7)分解:选择该项,则块在插入后,将自动分解为单个实体,以便用户修改。此时,X、Y、Z 三个方向的比例因子必须是相等的。

提示:如要使某个图形文件作为块被其他图形或其他用户调用,需预先用 Base 命令或菜单[绘图]→[块]→[基点]为其设置插入基点,否则将以(0,0,0)点为插入基点,插入时非常不便。

2.8.5　存储外部块

当用户使用块命令定义一个图块时,该块只存储在当前的图形文件中,而且只能在该图形文件中使用,这种块称为内部块。为使其他用户和其他图形文件能共享该块,就必须使用 Wblock 命令把块的定义存储到磁盘中,形成一个 *.dwg 文件,称为外部块。

1. 命令调用方式

只能直接输入命令名 Wblock,回车,弹出“写块”对话框,如图 2.57 所示。

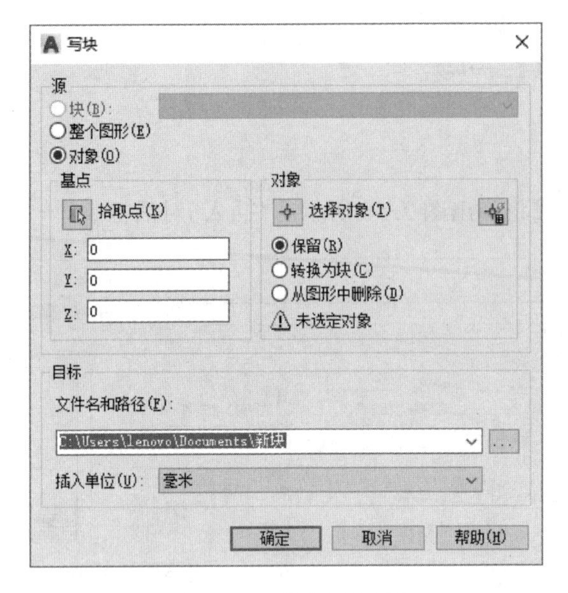

图 2.57　“写块”对话框

2. 说明

(1)用 Wblock 命令定义的外部图块实际就是普通的 dwg 文件。只是用 Wblock 命令将整个图形定义为外部块写入一个新文件时,系统自动删除原文件中未用的层、块、线型等,然后再存储到磁盘中。因此,与原文件相对比,新文件大大减少了所占字节数。

(2)在“源”区,用户可通过三种方式指定要保存为外部图块的实体。

①块:把当前图中已经建立的内部图块保存到图形文件中。

②整个图形:将当前整个图形视为一个块,保存到图形文件中。

③对象:将需要的实体存到图形文件中。此时系统要求用户指定块的基点、选择块所包含的对象。此时的操作过程与 Block 命令类似。

(3)在“目标”区,用户可指定目标文件的名称、位置(或路径)及插入单位。

2.8.6　块的分解

块插入后,是一个复合实体,编辑时,只要点选块中的任一实体,整个块就被选中,便于用户对块进行整体的修改,如平移、旋转、复制等。但用户若想对块中的某个对象进行修改时,就必须先把块分解,这可通过 Explode 命令或 Xplode 命令来完成,也可在插入块时利用“插入”对话框中的“分解”复选框进行。

在命令行输入 Explode 或单击修改工具栏中的图标,可启动分解命令,系统要求“选择对象:”,选择要分解的图块即可。

当分解的块对象是从“随层”对象生成时,它将返回原始层,并具有该层实体的颜色和线型;当分解块的对象是从“随块”对象生成时,将返回到原始层,并显示为白色、实线型的实体;当分解一个嵌套块时,它只能分解最外一层的图块;当分解一个带有属性的块时,任何分配的属性值都将丢失并重新显示属性定义。

2.8.7　编辑块

编辑块命令用于在块编辑器中打开块定义,对块进行修改。

1. 命令调用方式

- 菜单:[工具]→[块编辑器]。
- 功能区:[默认]→[块]→。
- 工具栏:标准工具栏→。
- 命令:Bedit。

2. 说明

执行 Bedit 命令,打开“编辑块定义”对话框,如图 2.58 所示。

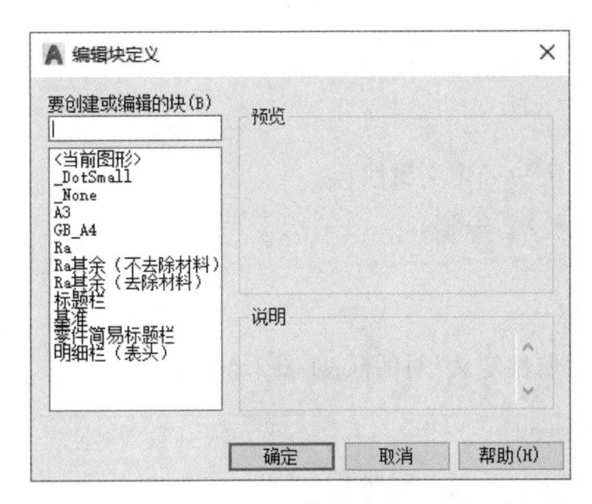

图 2.58　“编辑块定义”对话框

从对话框左侧选择要编辑的块,点击“确定”按钮,AutoCAD 2018 进入块编辑模式,如图 2.59 所示。此时用户可以直接对块进行编辑,编辑块后,单击相应工具栏中“保存块”,对块进行保存,也可直接单击工具栏中“关闭块编辑器”按钮,软件打开“提示信息“框,询问是否将修改保存到该图块。

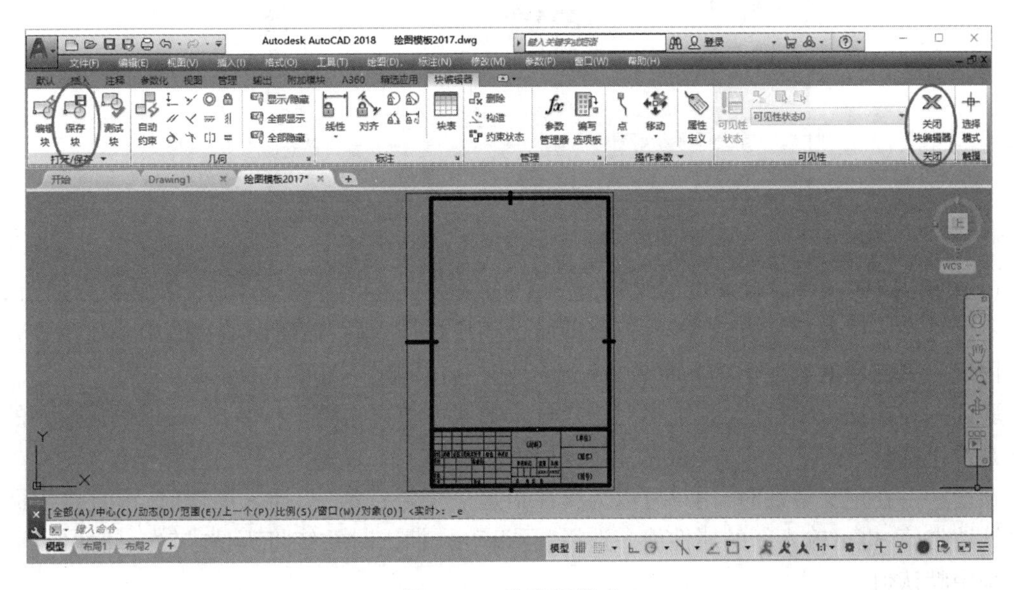

图 2.59　块编辑模式

2.8.8 属性

属性是附加在块上的各种文本数据，当插入图块时，系统将显示或提示输入属性数据。

属性有两种基本作用：

(1)在插入附着有属性信息的块时，根据属性定义的不同，系统自动显示预先设置好的文本字符串，或者提示用户输入字符，为块对象附加各种注释信息。

(2)可以从图形中提取属性信息，并保存在单独的文本文件中，供用户进一步使用。

块根据需要可以附带属性，要先定义属性，再将属性及有关图形一起定义成块，也可只将属性定义成块。

1. 属性定义

1)命令调用方式

- 菜单：[绘图]→[块]→[定义属性]。
- 功能区：[默认]→[块]→。
- 命令：Attdef。

2)说明

执行命令，系统弹出“属性定义”对话框，如图2.60所示。

图2.60 “属性定义”对话框

(1)“模式”区。可设置属性的模式，包括四个复选框，选择各复选框后，其意义分别如下：

不可见——属性显示方式为不可见，即属性随块被插入后，该属性值在图中不显示。

固定——定义的属性值为一常量，在插入块时其值固定不变。

验证——在插入图块时，系统将对用户输入的属性值再次给出校验提示，以确认输入的属性值是否正确。

预设——在定义属性时，用户可以为属性指定一个缺省值，当插入图块时，可直接用回车来默认缺省值，也可输入新的属性值。选择“预设”后，插入时系统将不请求输入属性值，而是自动采用默认值。

(2)“属性”区。设置属性参数，包括标记、提示及默认。

①标记——用户必须设置属性标记,属性标记可以是除空格和感叹号"!"外的任意字符。

②提示——在插入块时,属性提示便于引导用户正确输入属性值。如不设置此项,系统将以属性标记作为提示。

③默认——设置属性的缺省值。

(3)"插入点"区。确定属性文本插入点。用户可在X、Y、Z编辑框中输入点的坐标,一般通过单击"在屏幕上指定"按钮,在绘图区选择。

(4)"文字选项"区。用于确定属性文本的定位方式、文字样式、字体高度及旋转角度等。

2. 将属性附着到块

完成属性定义后,必须将它附着到块上才能成为真正有用的属性。在定义块时将需要的属性一起包含到选择集中,这样属性定义就与块关联了。以后每次插入块时,系统都会提示输入属性值,从而为块赋予不同的属性值。如果定义了多个属性,则选择属性的顺序决定了在插入块时提示属性信息的顺序。

注意:一定要先定义属性,后与图形一起定义为块;也可先定义图形块,在块编辑中对块添加属性。

3. 编辑属性

1)单个属性编辑

- 菜单:[修改]→[对象]→[属性]→[单个]。
- 功能区:[默认]→[块]→。
- 工具栏:修改Ⅱ工具栏→。
- 命令:Eattedit。

执行该命令后,根据提示选择要编辑的属性,系统弹出"增强属性编辑器"对话框,如图2.61所示。可修改属性值、属性文字的特性和文字选项等。

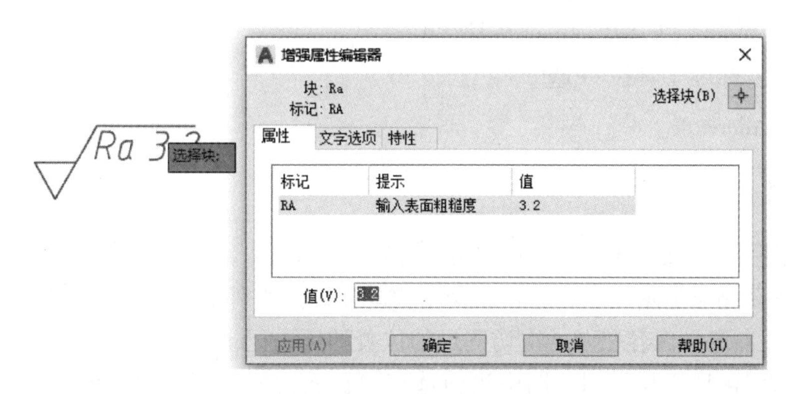

图2.61　"增强属性编辑器"对话框

2)块属性管理器

- 菜单:[修改]→[对象]→[属性]→[块属性管理器]。
- 功能区:[默认]→[块]→。
- 工具栏:修改Ⅱ工具栏→。
- 命令:Battman。

执行该命令,弹出"块属性管理器"对话框,如图2.62所示。可修改属性标记、属性提示、属性值、属性文字选项、属性特性等。

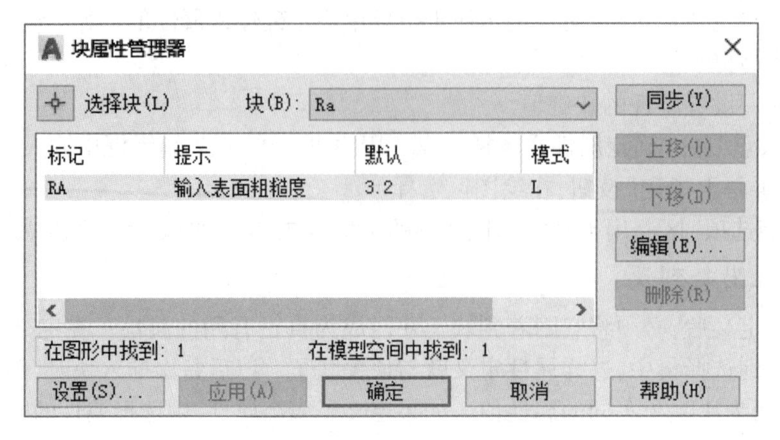

图 2.62 “块属性管理器”对话框

2.9 设计中心

利用 AutoCAD 2018 里的“设计中心”能够方便地将位于本地计算机、局域网或因特网上其他图纸里的“块”、“图层”和“标注样式”等插入或添加到正在设计的图纸。若打开多个图形文件,在这些文件之间可以通过简单的拖放操作实现图形的复制和粘贴,粘贴内容除图形外,还包括相关的图层、线型和字体等。通过这些手段,实现了资源的重复利用和共享,提高了图形管理和图形设计的效率。

2.9.1 命令调用方式

- 菜单:[工具]→[选项板]→设计中心。
- 工具栏:标准工具栏→ 。
- 命令:Adcenter。

2.9.2 说明

命令调用后打开“设计中心”界面,如图 2.63 所示。

“树状图”区用于显示用户计算机或网络驱动器中的文件夹和图形文件的层次结构、打开的图形的列表、自定义内容以及上次访问过的位置的历史记录等。

“项目列表”区用于显示树状图中当前选定项目的内容。若用户在树状图中选定了一个文件夹,则项目列表中将显示文件夹所含文件的图标,如图 2.64(a)所示;若用户在树状图中选定了一个图形文件,则项目列表中将显示其所含的标柱样式、图层、块、外部参照及文字样式等内容的图标,如图 2.64(b)所示;若用户在树状图中选择了某个图形文件的块,则在项目列表中将显示该图包含的所有块的图标。

“预览窗口”用于显示在项目列表中所选对象的预览图像,一般图形文件、块和外部参照可以获得预览图像,而其他项目则没有,此时预览窗口显示为空。

“说明窗口”用于显示在项目列表中所选对象的说明信息,若无说明信息,则为空。

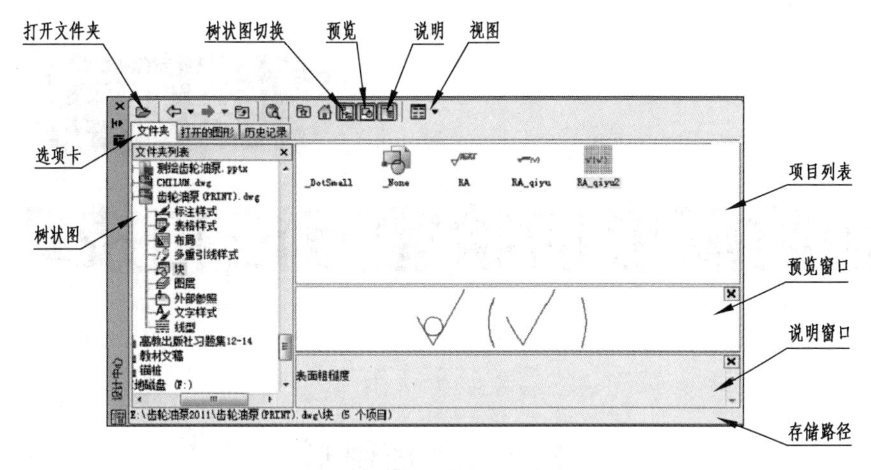

图 2.63　“设计中心”界面

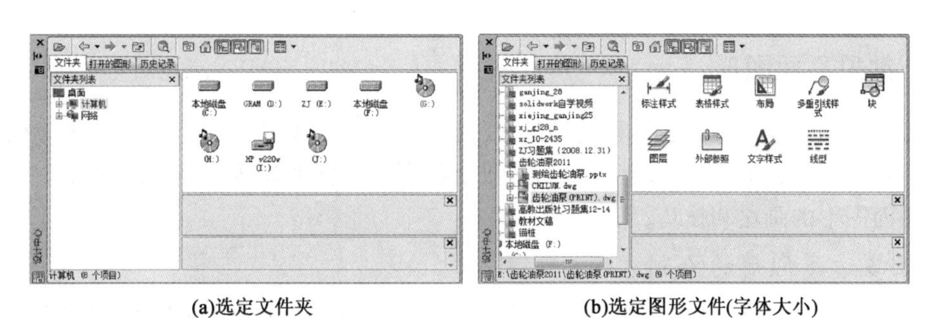

图 2.64　选定不同内容时对应的项目列表

2.9.3　复制命名对象的方法

通过 AutoCAD 2018 设计中心可以将图块、图层、文字样式、标注样式、外部参照等命名对象及用户自定义的其他图形内容复制到当前图中。

首先在树状图中查找到包含所需设置的图形文件,然后在项目列表中选择某项,再通过下述任意一种方法,即可将所选内容添加到当前图中。

(1)双击所选内容。

(2)直接用鼠标拖到当前图中。

(3)单击鼠标右键在快捷菜单中选取“添加”。

(4)单击鼠标右键在快捷菜单中选取“复制”,而后再在当前图中执行“粘贴”。

第3章

各类图形的绘图方法和技巧

3.1　平面图形

3.1.1　常见平面图形

在工程制图中经常要表达各种类型的板,其反映实形的投影一般是具有某些特征的平面图形,如对称图形、环形、矩形或其上分布着数个相同的几何要素等。下面通过几个例子来介绍有关平面图形的画法和技巧。

1. 正多边类似形的绘制

用 AutoCAD 2018 绘制正多边类似形状非常简单,直接用相应的正多边形绘图命令 Polygon 即可,根据提示输入多边形的侧面数、中心位置等参数,再进而构造复杂图形。图 3.1 表示了利用 Polygon 命令绘制五角星的过程。

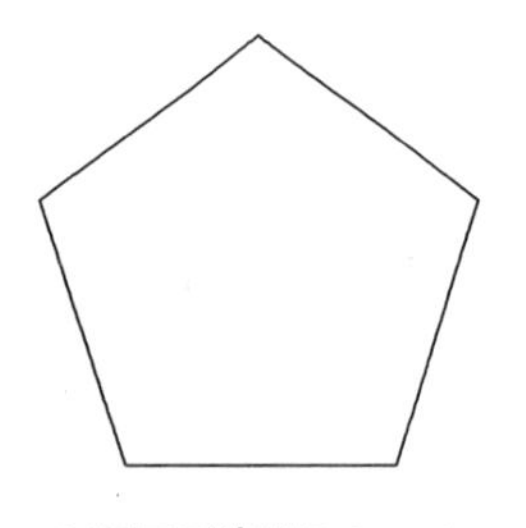

(a)画正五边形(Polygon)

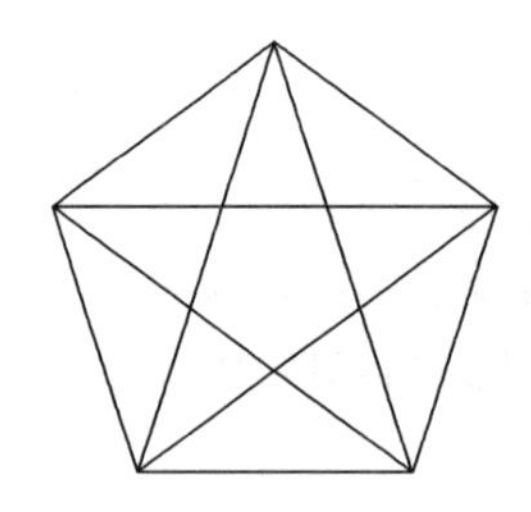

(b)画五条直线(Line)

(c)删除、修剪多余线(Erase、Trim)

图 3.1　五角星的绘图过程

2. 盘状零件的绘制

图 3.2 表示绘制盘状零件的方法。

3. 长方形板的绘制

图 3.3 表示绘制长方形板的方法。

实际上,图 3.3(c)中的另三个小圆及其对称中心线用“镜像(Mirror)”或“阵列(Array)”命令也可完成。因此,用 AutoCAD 绘制一个图形时,往往可采用不同的命令和方法,可行的途径较多,绘图时可多考虑几种方法,力求尽量简便、快速地绘图。

为达到快速、准确、方便的目的,绘图时,应注意利用以下几种技巧:

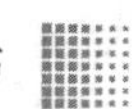

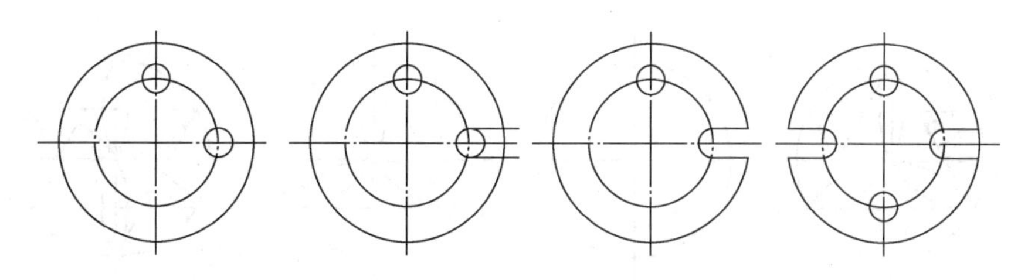

图 3.2　盘状零件的绘图方法

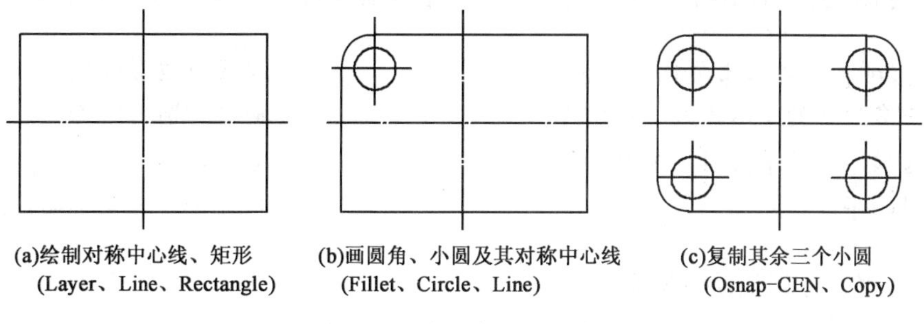

图 3.3　长方形板的绘图方法

(1)当绘制与坐标轴平行的线条时,应在状态行开启“正交”模式或者“极轴追踪”设定为90°。

(2)绘制已知角度的斜线,应在状态行设置并开启“极轴追踪”模式。

(3)绘制平行线时,利用“偏移(Offset)”命令非常方便。

(4)绘制同心圆时,可先画一个圆,然后“偏移”出其他圆或“捕捉”圆心重新画圆。

(5)对称图形可考虑先画一部分,再用“镜像(Mirror)”命令完成全图。

(6)在绘制较复杂图形时,“修剪(Trim)”工作要及时进行。

(7)在图形中有相同的图形要素按行列或环形方式分布,则可考虑用“阵列(Array)”命令来完成。

(8)实体的颜色、线型及线宽特性一般与其所在图层的相应特性一致,绘图时可用两种方法达到此目的:一是绘制实体前,先把它所在的层设为当前层;二是不考虑图层因素,先把实体绘制出来,最后再将其修改至相应图层,从而使实体具有所需的颜色、线宽和线型。

4. 平面图形的绘制

【例3.1】　绘制图3.4(a)所示平面图形。

该图形外轮廓为一整圆,内部由两层内接于该圆的等边三角形组成,等边三角形内部,六条圆弧组成的“叶子”,实际是由三条大圆弧构成,三条圆弧均过大圆的圆心。整个平面图案只给出大圆直径一个尺寸,其他图线均通过与大圆的相互关系间接作出。

具体的操作步骤如下:

(1)基本绘图环境设置。参照图形尺寸设置图形界限为(0,0)-(80,80),绘图单位制(小数)及精度(0),设置图层(0、dhx),颜色随意,线型(Continuous、JIS_08_25)。

(2)在“dhx”层绘制图形的对称中心线(两条细点画线),并在“0”层绘制大圆 ϕ60[图3.4(b)]。

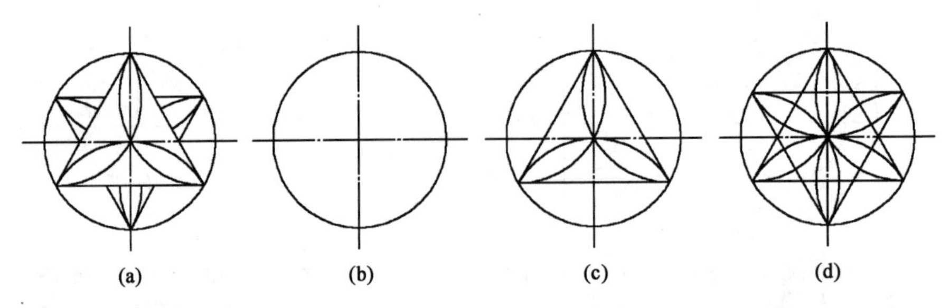

图 3.4　平面图形的绘图方法

(3)绘制中间三角形及三条圆弧[图 3.4(c)]。

单击“绘图”选项卡中的 (多边形)按钮,根据命令行提示,执行如下操作:

```
命令:_polygon 输入侧面数 <4>: 3                //设置多边形边数
指定正多边形的中心点或[边(E)]:                  //捕捉到圆的圆心
输入选项[内接于圆(I)/外切于圆(C)] <I>:          //空响应
指定圆的半径:                                    //指定等边三角形的最上顶点
```

单击,用“三点”法绘制圆弧。

```
命令: _arc 指定圆弧的起点或[圆心(C)]:           //指定等边三角形的最上顶点
指定圆弧的第二个点或[圆心(C)/端点(E)]:          //指定圆心
指定圆弧的端点:                                  //指定等边三角形的左下顶点
```

按此方法绘制出另外两段圆弧。

(4)绘制底层三角形[图 3.4(d)]。

将第(3)步绘制的图形利用“旋转”命令旋转 180°,选择“复制”选项,以保留原图形。

(5)利用“修剪”命令完成图形。

【例 3.2】 绘制图 3.5(a)所示环环相扣图形。

看到这样有规律的图形,马上想到阵列,其中的环形阵列。阵列操作的关键是找到阵列的对象和确定阵列个数及阵列对象的位置。本图的阵列个数为 10,可通过正十边形来确定阵列对象的位置,但列阵的对象则需要仔细分析对比后才能确定,如图 3.5(b)和图 3.5(c)。

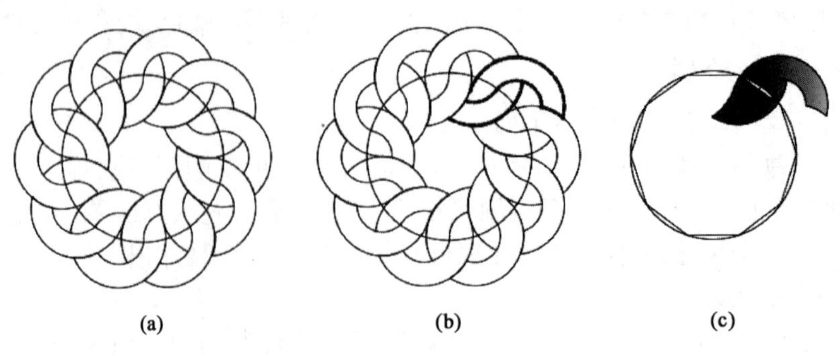

图 3.5　环环相扣图形

具体的操作步骤如下:

(1)用“圆”命令,绘制中间 ф100 的大圆。

(2)绘制圆内接正十边形,如图3.6(a)所示。

命令:_polygon 输入侧面数 <4>:10 //设置多边形边数
指定正多边形的中心点或[边(E)]: //捕捉到圆的圆心
输入选项[内接于圆(I)/外切于圆(C)] <I>: //空响应
指定圆的半径:50 //指定正十边形外接圆半径

(3)用"直线"命令连接圆心与正十边形上方相邻的两个顶点构成等腰三角形。

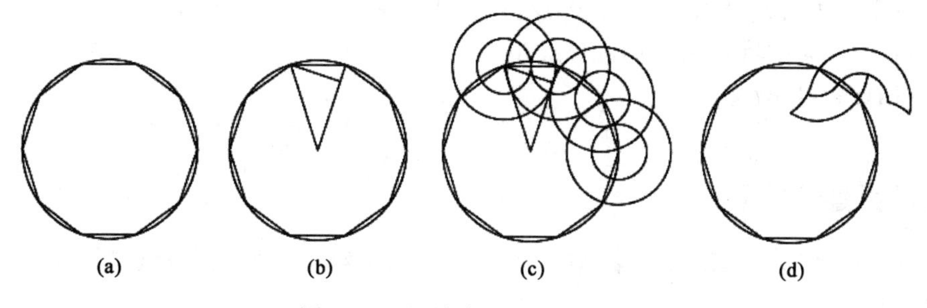

图3.6 环环相扣图形绘图方法

(4)继续用"直线"命令,过三角形左上角点做对边的垂线。垂足可通过"对象捕捉"功能捕捉到垂足,如图3.6(b)所示。

命令:_line 指定第一个点: //选择正十边形左上角点
指定下一点或[放弃(U)]: //按住<Shift>键并在绘图区域内右击,从弹出的快捷菜单中选择"垂直"命令,选择直线

(5)用"圆"命令,以左上角点为圆心,正十边形边长的一半为半径绘制小圆,垂线长度为半径绘制大圆。

(6)利用"复制"命令将大圆和小圆复制到相邻的4个正十边形端点上,并删除之前所绘制的辅助三角形,如图3.6(c)所示。

(7)根据分析所得阵列对象,利用"修剪"命令得到阵列对象,如图3.6(d)所示。

命令:_trim
当前设置:投影=UCS,边=无
选择剪切边...
选择对象或<全部选择>: //空响应(选择全部)
选择要修剪的对象,或按住Shift键选择要延伸的对象,或[栏选(F)/窗交(C)/投影(P)/边(E)/删除(R)/放弃(U)]: //鼠标依次在不需要的图线上单击
选择要修剪的对象,或按住Shift键选择要延伸的对象,或[栏选(F)/窗交(C)/投影(P)/边(E)/删除(R)/放弃(U)]: //空响应,结束命令

(8)环形阵列,删除正十边形。

命令:_arraypolar 找到 6 个
类型 = 极轴　关联 = 是
指定阵列的中心点或[基点(B)/旋转轴(A)]:　　//鼠标捕捉圆的圆心
选择夹点以编辑阵列或[关联(AS)/基点(B)/项目(I)/项目间角度(A)/填充角度(F)/行(ROW)/层(L)/旋转项目(ROT)/退出(X)]:i　　//进入项目设置
输入阵列中的项目数或[表达式(E)]<6>:10　　//阵列的项目总数为 10
选择夹点以编辑阵列或[关联(AS)/基点(B)/项目(I)/项目间角度(A)/填充角度(F)/行(ROW)/层(L)/旋转项目(ROT)/退出(X)]:　　//空响应,结束命令

3.1.2　圆弧连接的画法

圆弧连接的实质是圆弧与圆弧,或圆弧与直线间的相切关系,它一直是制图作业中比较烦琐的一项工作。

以往的学习中,我们知道平面图形的线段分为已知线段、中间线段和连接线段,画图时我们必须要依次按照以上三种线段进行绘制。

当线段为中间线段,采用 AutoCAD 2018 绘图时,要按步骤首先确定连接弧圆心位置,然后再进行绘图。表 3.1 用轨迹方法分析圆相切时的几何关系,得出圆弧连接的原理与作图方法。作图时:(1)根据圆心轨迹,求连接弧的圆心;(2)求切点;(3)画连接圆弧。

表 3.1　圆弧连接的原理与作图方法

类别	与定直线相切的圆心轨迹	与定圆外切的圆心轨迹	与定圆内切的圆心轨迹
图例	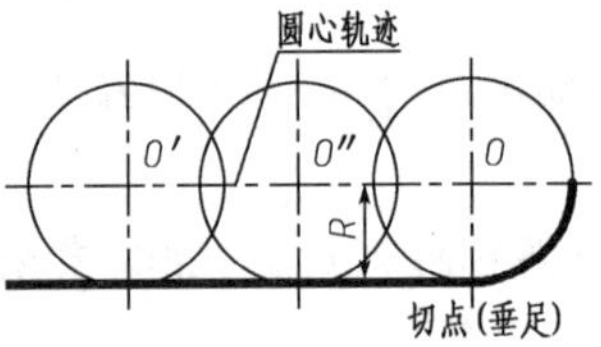 圆心轨迹 O′　O″　O R 切点(垂足)	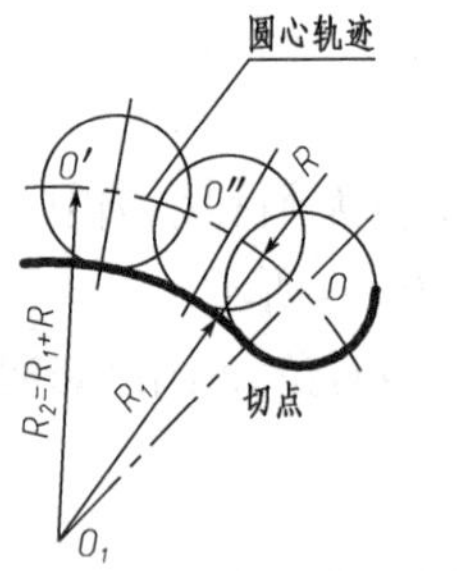 圆心轨迹 O′　O″　R　O $R_2=R_1+R$ R_1 切点 O_1	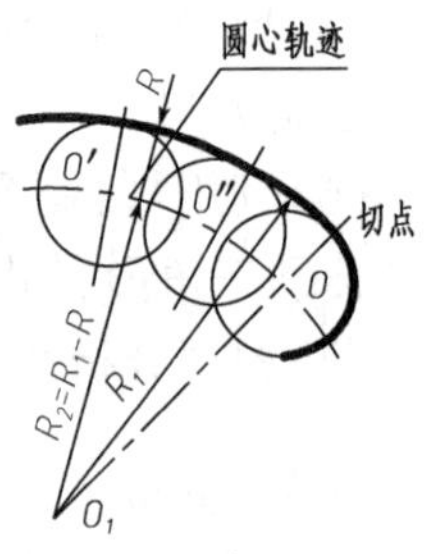 圆心轨迹 R O′　O″　O 切点 $R_2=R_1-R$ R_1 O_1
连接弧圆心的轨迹及切点位置	半径为 R 的连接圆弧与已知直线连接(相切)时,连接弧圆心 O 的轨迹是与直线相距为 R 且平行的直线;切点为连接弧圆心向已知直线所作垂线的垂足	当一个半径为 R 的连接圆弧与已知圆弧(半径为 R_1)外切时,连接圆弧圆心的轨迹是已知圆弧的同心圆弧,其半径为 R_1+R;切点为两圆心的连线与已知圆的交点	当一个半径为 R 的连接圆弧与已知圆弧(半径为 R_1)内切时,连接圆弧圆心的轨迹是已知圆弧的同心圆弧,其半径为 $\lvert R_1-R\rvert$;切点为两圆心的连线与已知圆的交点

而仅仅采用 AutoCAD 2018 绘制连接线段时,由于其具有捕捉切点的功能,使得这项工作变得非常简单、准确、迅速,可以按照以下介绍的方法来进行。

圆弧连接作图通常包括以下两种情况:

1. 直线为连接线段

(1)直线与两已知圆弧相切,求直线[图3.7(a)]。

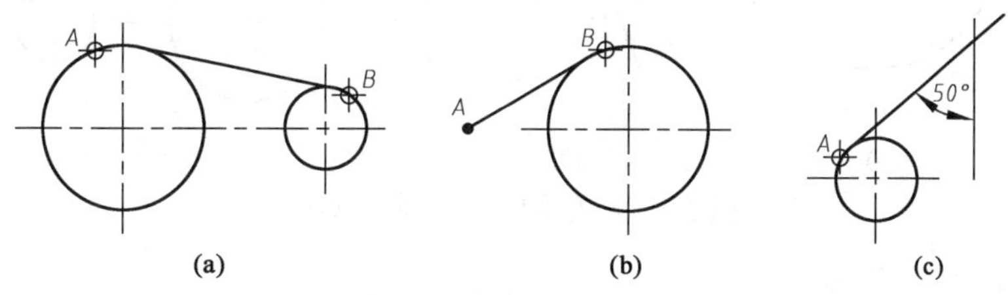

图3.7　直线为连接线段

画连接直线的命令及执行过程如下:

命令:_line 指定第一点:	//画线命令。点取圆A,捕捉直线与该圆相切的切点为线段起点,因直线方向未定,故不能立刻显示该点
指定下一点或[放弃(U)]:	//点取圆B,捕捉直线与该圆相切的切点为线段终点
指定下一点或[放弃(U)]:	//空响应,结束画线命令

(2)直线过一点且与已知圆(弧)相切,求直线[图3.7(b)]。
画连接直线的命令及执行过程如下:

命令:_line 指定第一点:	//画线命令。点取A点为线段起点
指定下一点或[放弃(U)]:	//点取圆B捕捉直线与该圆相切的切点为线段终点
指定下一点或[放弃(U)]:	//空响应,结束画线命令

(3)直线的角度方向为α(如50°)且与已知圆(弧)相切,求直线[图3.7(c)]。
画连接直线的命令及执行过程如下:

命令:_line　指定第一点:	//画线命令。点取圆A,捕捉直线与该圆相切的切点为线段起点
指定下一点或[放弃(U)]:@30 <40	//用相对极坐标给出直线相对前一点的距离(暂定)及直线与X轴正方向逆时针的夹角
指定下一点或[放弃(U)]:	//空响应,结束画线命令

2. 用连接圆弧连接两已知线(直线或圆弧)

(1)连接圆弧连接两直线[图3.8(a)]。
(2)连接圆弧连接一直线、一圆(弧)[图3.8(b)]。
(3)连接圆弧连接两个已知圆(弧)[图3.8(c)]。

如图3.8所示,只要连接圆弧与已知线(直线或圆弧)相外切,上述三种情况中的连接圆弧都可直接用Fillet(圆角)命令画出,以图3.8(a)为例,绘图过程为:

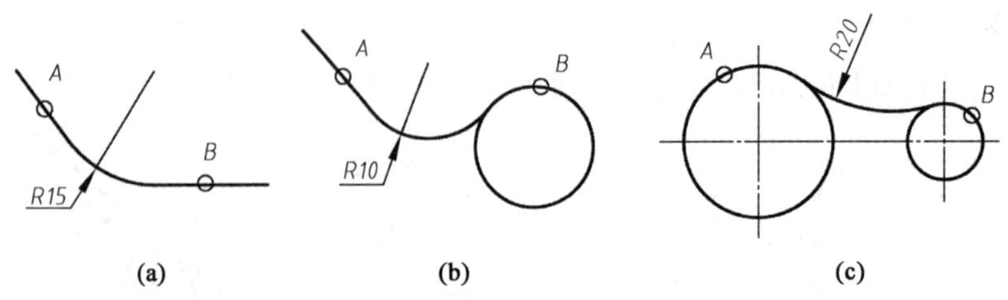

(a) (b) (c)

图 3.8 用连接圆弧连接两已知线

命令：_fillet

当前设置：模式 = 修剪，半径 = 0.0000

选择第一个对象或[放弃(U)/多段线(P)/半径(R)/修剪(T)/多个(M)]:R　　//首先设置连接圆弧半径

指定圆角半径 <0.0000>:15　　//半径为 15

选择第一个对象或[放弃(U)/多段线(P)/半径(R)/修剪(T)/多个(M)]:　　//选取 A 线

选择第二个对象，或按住 Shift 键选择对象以应用角点或[半径(R)]:　　//选取 B 线，绘制连接圆弧，命令结束

如果连接圆弧与一个或两个已知圆弧相内切时，就需要采用“相切、相切、半径(T)”的画圆方式绘制连接圆弧。因为用连接线段连接两个已知圆弧时，相切方式的不同(内切或外切)，切点的位置也不一样，AutoCAD 是按“优先选取距目标选择点最近的切点”的原则来决定切点位置的，所以用户在选择切点时，要根据连接圆弧与两个已知圆弧是内切还是外切，从而推算出切点的大致位置后再进行位置选择。这样所画的连接圆弧才能满足用户的要求。

【例 3.3】 绘制图 3.9(a)所示的图形。

图 3.9(a)中，R30 是连接圆弧，分别与已知圆 ϕ20 相内切、与圆 ϕ10 相外切，其作图过程如下：

(1)基本绘图环境设置。参照图形尺寸设置图形界限为(0,0) - (60,40)，绘图单位制(小数)及精度(0)，设置图层(0、dhx、xsx)，颜色随意，线型(Continuous、JIS_08_25、Continuous)。

(2)在“dhx”层绘制图形的对称中心线，包括水平点画线和左侧竖直点画线；利用“偏移”命令将左侧竖直点画线向右偏移距离 25 得到右侧竖直点画线；在“0”层绘制两圆 ϕ20 和 ϕ10 [图 3.9(b)]。

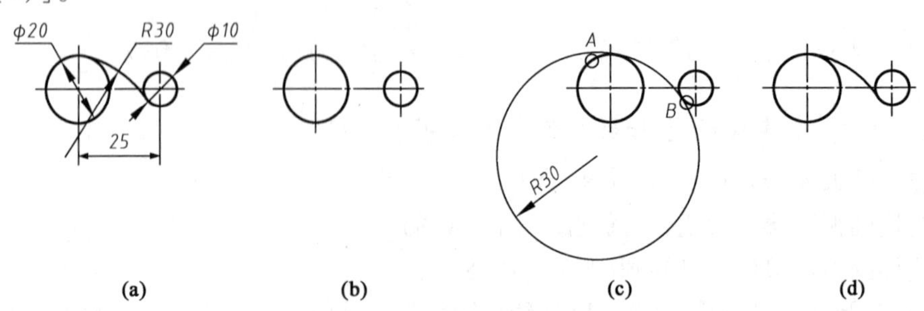

(a) (b) (c) (d)

图 3.9 用连接圆弧连接两已知圆弧

(3)绘制连接圆弧 R30[图 3.9(c)]。

单击“圆”按钮，根据命令行提示，执行如下操作：

```
命令：_circle 指定圆的圆心或 [三点(3P)/
两点(2P)/切点、切点、半径(T)]：T
指定对象与圆的第一个切点：                    //捕捉到 A 点附近切点
指定对象与圆的第二个切点：                    //捕捉到 B 点附近切点
指定圆的半径：30                              //设置连接圆弧半径为 30
```

(4)“修剪”多余圆弧，完成图形[图 3.9(d)]。

```
命令：_trim
当前设置：投影 = UCS，边 = 无
选择剪切边...
选择对象或 <全部选择>： 找到 1 个             //为了从切点处剪切，剪切边选择两圆
选择对象：找到 1 个，总计 2 个                 //空响应，结束剪切边选择
选择对象：
  选择要修剪的对象，或按住 Shift 键选择要      //选择 R30 连接圆弧下方
延伸的对象，或[栏选(F)/窗交(C)/投影(P)/
边(E)/删除(R)/放弃(U)]：
  选择要修剪的对象，或按住 Shift 键选择要      //空响应，结束要修剪的对象选择
延伸的对象，或[栏选(F)/窗交(C)/投影(P)/
边(E)/删除(R)/放弃(U)]：
```

另外，实际上进行圆弧连接时我们也可以完全不采用“Fillet”(圆角)命令，而只采用“相切、相切、半径(T)”，再配合以“修剪”命令来进行，当然，这样就稍显繁杂，同学们可以根据自己的习惯进行选择。

【例 3.4】 试用 AutoCAD 绘制如图 3.10(a)所示平面图形。

(1)图形分析。

该图形由内外三个封闭线框组成，两个内框是直径为 φ10 的圆。外框比较复杂，由五段圆弧构成，其中已知圆弧有 R10、φ30；中间圆弧为 R35；R8、R45 为连接圆弧。连接关系为：中间圆弧 R35 与已知的 R10 相内切，与连接圆弧 R8 相外切，另知 R35 的圆心在距左侧 φ10 圆心为 10 的竖直线上；连接圆弧 R8 与已知的 φ30 相外切；连接圆弧 R45 与两个已知圆弧都是外切。这里注意，中间圆弧 R35 必须按步骤先求出其圆心位置，再绘图，没有其他简便的方法。

(2)绘图步骤。

①基本绘图环境设置。参照图形尺寸设置图形界限为(0,0)-(80,60)，绘图单位制(小数)及精度(0)，设置图层(0、dhx、xsx)、颜色(随意)、线型(Continuous、JIS_08_25、Continuous)。

②绘制图形的定位基线(四条细点画线)及圆 2×φ10、R10、φ30[图 3.10(b)]。

③中间圆弧 R35 与 R10 相内切，根据内切关系的作图原理，绘制圆心轨迹辅助圆 R25(35-10)；以 R25 与竖直线的交点 C 为圆心，35 为半径画中间圆弧 R35[图 3.10(c)]。

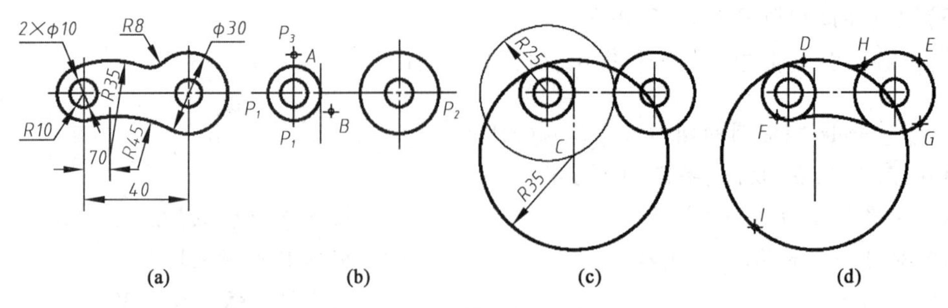

图 3.10　绘制圆弧连接图形

④删除辅助圆 R25；画连接圆弧 R8、R45；修剪中间圆弧 R35、已知圆弧 R10、φ30 的多余部分[图 3.10(d)]。

(3)绘图操作。

命令:_limits	//启动设置图形界限命令
重新设置模型空间界限:	
指定左下角点或［开(ON)/关(OFF)］<0.0000,0.0000>:	//空响应,默认左下角为(0,0)
指定右上角点 <420.0000,297.0000>:80,60	//右上角为(80,60)
命令:_zoom	//显示绘图界限
指定窗口的角点,输入比例因子 (nX 或 nXP),或者[全部(A)/中心(C)/动态(D)/范围(E)/上一个(P)/比例(S)/窗口(W)/对象(O)] <实时>:A	
命令:_units	//设置单位制及精度,因前段已叙述清楚,此处不再赘述
命令:_layer	//设置图层、颜色及线型
命令:_line 指定第一点:	//以 P_1 为起点画水平点画线
指定下一点或［放弃(U)］:	// P_2 为线段终点
指定下一点或［放弃(U)］:	//空响应,结束 Line 命令
命令:_line 指定第一点:	//以 P_3 为起点, P_4 为终点画左侧竖直点画线
指定下一点或［放弃(U)］:	// P_4 为线段终点
指定下一点或［放弃(U)］:	//空响应,结束 Line 命令
命令:_offset	//画 R35 圆心竖直点画线
当前设置: 删除源 = 否　图层 = 源　OFFSETGAPTYPE = 0	

指定偏移距离或［通过(T)/删除/(E)图层(L)］<通过>：10　　//设置平行线间距离为10

选择要偏移的对象,或［退出(E)/放弃(U)］<退出>：　　//点取 P_3P_4 线上任意点

指定要偏移的那一侧上的点,或［退出(E)/多个(M)/放弃(U)］<退出>：　　//取B点方向

选择要偏移的对象,或［退出(E)/放弃(U)］<退出>：　　//空响应,结束命令

命令：_offset　　//画 ϕ30 圆心竖直点画线

当前设置：删除源＝否　图层＝源　OFFSETGAPTYPE＝0

指定偏移距离或［通过(T)/删除/(E)图层(L)］<通过>：40　　//设置平行线间距离为40

选择要偏移的对象,或［退出(E)/放弃(U)］<退出>：　　//点取 P_3P_4 线上任意点

指定要偏移的那一侧上的点,或［退出(E)/多个(M)/放弃(U)］<退出>：　　//点取B点方向

选择要偏移的对象,或［退出(E)/放弃(U)］<退出>：　　//空响应,结束命令

命令：_circle　　//捕捉 P_1P_2、P_3P_4 线交点为圆心,画圆R10

指定圆的圆心或［三点(3P)/两点(2P)/相切、相切、半径(T)］：

指定圆的半径或［直径(D)］<60>：10　　//空响应,结束画圆命令

……　　//用类似操作捕捉圆心,画圆 ϕ30、2×ϕ10

命令：_circle　　//画辅助圆R25

指定圆的圆心或［三点(3P)/两点(2P)/相切、相切、半径(T)］：　　//捕捉R10的圆心

指定圆的半径或［直径(D)］<15>：25　　//空响应,结束画圆命令

* * 拉伸 * *　　//利用特征点编辑命令拉长R35的竖直圆心线使其与R25相交

指定拉伸点或［基点(B)/复制(C)/放弃(U)/退出(X)］：

命令:_circle　　//捕捉交点 C 为圆心,35 为半径画圆

指定圆的圆心或[三点(3P)/两点(2P)/相切、相切、半径(T)]:

指定圆的半径或[直径(D)] <25 >: 35　　//空响应,结束画圆命令

命令:_erase　　//删除辅助圆 R25

选择对象: 找到 1 个　　//点选圆 R25

选择对象:　　//空响应,结束删除命令

命令:_fillet　　//画连接圆弧 R8。首先需设定半径 8

当前设置: 模式 = 修剪,半径 = 0

选择第一个对象或[放弃(U)/多段线(P)/半径(R)/修剪(T)/多个(M)]: R

指定圆角半径 <0 >: 8

选择第一个对象或[放弃(U)/多段线(P)/半径(R)/修剪(T)/多个(M)]:　　//拾取 R35 上任一点 D

选择第二个对象,或按住 Shift 键选择要应用角点的对象:　　//拾取 φ30 上一点 E

命令:_fillet　　//画连接圆弧 R45,方法同上

当前设置: 模式 = 修剪,半径 = 8

选择第一个对象或[放弃(U)/多段线(P)/半径(R)/修剪(T)/多个(M)]: R

指定圆角半径 <8 >:45

选择第一个对象或[放弃(U)/多段线(P)/半径(R)/修剪(T)/多个(M)]:　　//拾取 R10 上任一点 F

选择第二个对象,或按住 Shift 键选择要应用角点的对象:　　//拾取 φ30 上一点 G

命令:_trim　　//修剪 R35 多余部分

当前设置:投影 = UCS,边 = 无

选择剪切边...

选择对象或 <全部选择>: 找到 1 个　　//选取 R10 上的点 F

选择对象: 找到 1 个,总计 2 个　　//选取 R8 上的点 H

选择对象:　　//空响应,结束剪切边的选择

选择要修剪的对象,或按住 Shift 键选择要延伸的对象,或[栏选(F)/窗交(C)/投影(P)/边(E)/删除(R)/放弃(U)]:　　//选取 R35 上被剪去部分的点 I

选择要修剪的对象,或按住 Shift 键选择要延伸的对象,或[栏选(F)/窗交(C)/投影(P)/边(E)/删除(R)/放弃(U)]: //空响应,结束命令

命令:_trim //以类似操作修剪 R10、φ30 上的多余部分。

当前设置:投影=视图 边=无

选择剪切边...

选择对象或 <全部选择>: 找到 1 个 //选取圆弧 R45

选择对象:找到 1 个,总计 2 个 //选取圆弧 R35

选择对象:找到 1 个,总计 3 个 //选取圆弧 R8

选择对象:

选择要修剪的对象,或按住 Shift 键选择要延伸的对象,或[栏选(F)/窗交(C)/投影(P)/边(E)/删除(R)/放弃(U)]: //选取 R10 上被剪去部分

选择要修剪的对象,或按住 Shift 键选择要延伸的对象,或[栏选(F)/窗交(C)/投影(P)/边(E)/删除(R)/放弃(U)]: //选取 φ30 上被剪去部分

选择要修剪的对象,或按住 Shift 键选择要延伸的对象,或[栏选(F)/窗交(C)/投影(P)/边(E)/删除(R)/放弃(U)]: //空响应,结束命令

通过以上操作即得图 3.10(a)所示图形。

【例 3.5】 试用 AutoCAD 绘制如图 3.11(a)所示图形。

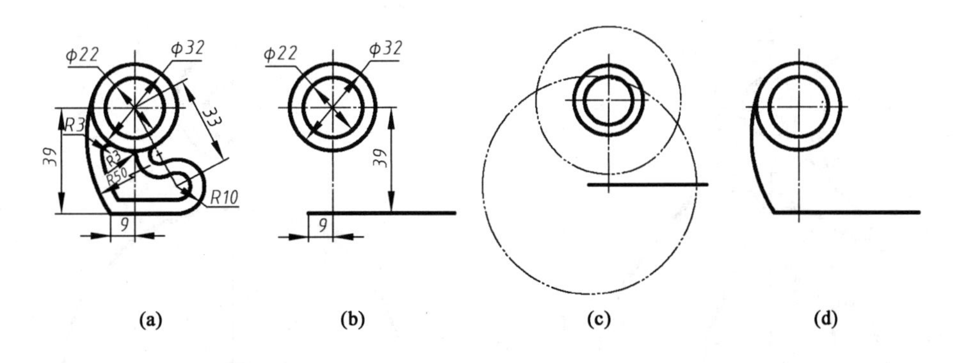

图 3.11 使用偏移命令绘制等距圆弧

(1)图形分析。此题的关键在于找到圆心,应用“圆”命令中的“切点、切点、半径(T)”选项绘制圆弧,并应用“偏移”命令绘制等距圆弧。

(2)绘图步骤。

①绘制中心线,并绘制 φ22 和 φ32 两同心圆,及距圆心 39 的水平线,如图 3.11(b)所示。

②绘制左边的内切连接弧。如图 3.11(c)所示,以同心圆的圆心为圆心,半径 R34(50 − 32/2)画圆;以水平线左端点为圆心,半径 R50 画圆;以上述两圆的右侧交点为圆心,半径 R50

画圆。修剪多余线后的图形如图 3.11(d)所示。

③绘制右下方与水平线相切的圆。如图 3.12(a)所示,以同心圆的圆心为圆心,半径 R33 画圆;将水平线向上偏移 10;以偏移后的直线与圆的交点为圆心,半径 R10 画圆,并修剪多余线。

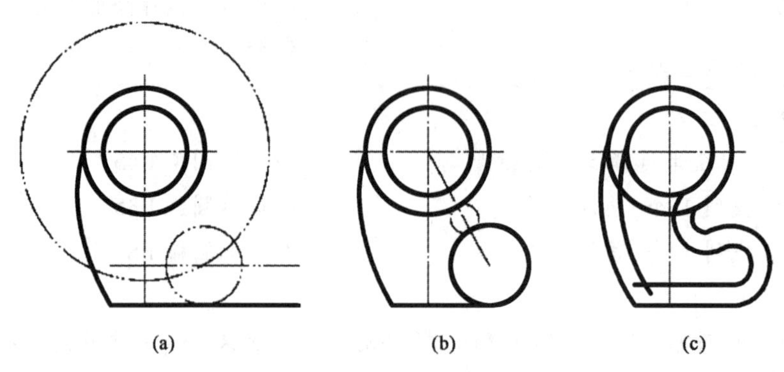

图 3.12　绘制相切的圆弧及偏移

④绘制内切圆。如图 3.12(b)所示,连接两个圆的圆心,单击"圆"命令,系统提示为:

命令:_circle 指定圆的圆心或[三点(3P)/两点(2P)/相切、相切、半径(T)]:2p	//以两点为直径画圆
指定圆直径的第一个端点:	//捕捉直线与上方大圆的交点
指定圆直径的第二个端点:	//捕捉直线与右下方圆的交点

⑤偏移。如图 3.12(c)所示,将外轮廓向内偏移 5,并修剪多余线。

⑥圆角。绘制内边线两圆角 R3,完成图形。

【例 3.6】 试用 AutoCAD 2018 绘制图 3.13(a)所示的大钩。

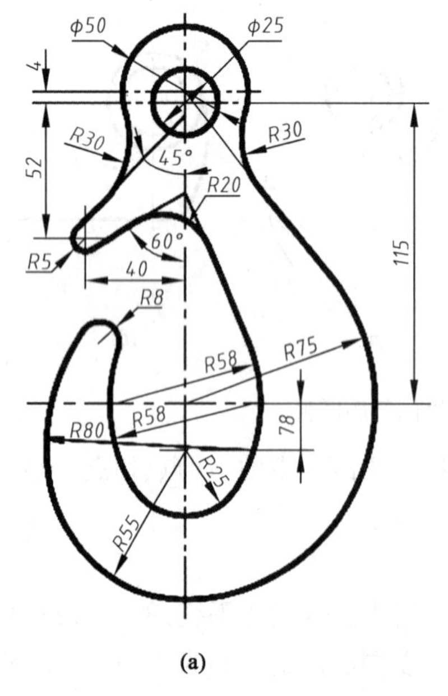

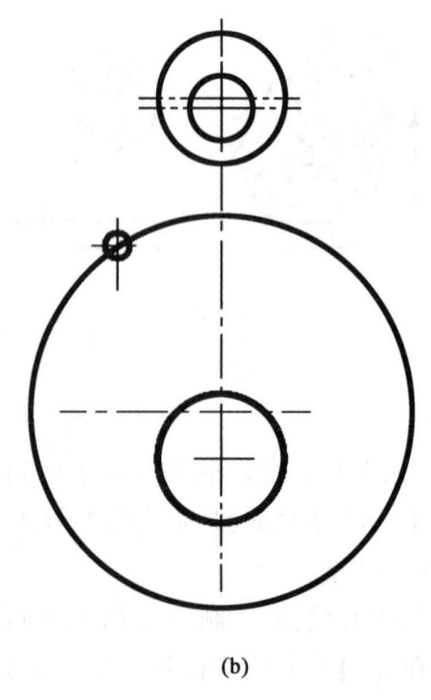

图 3.13

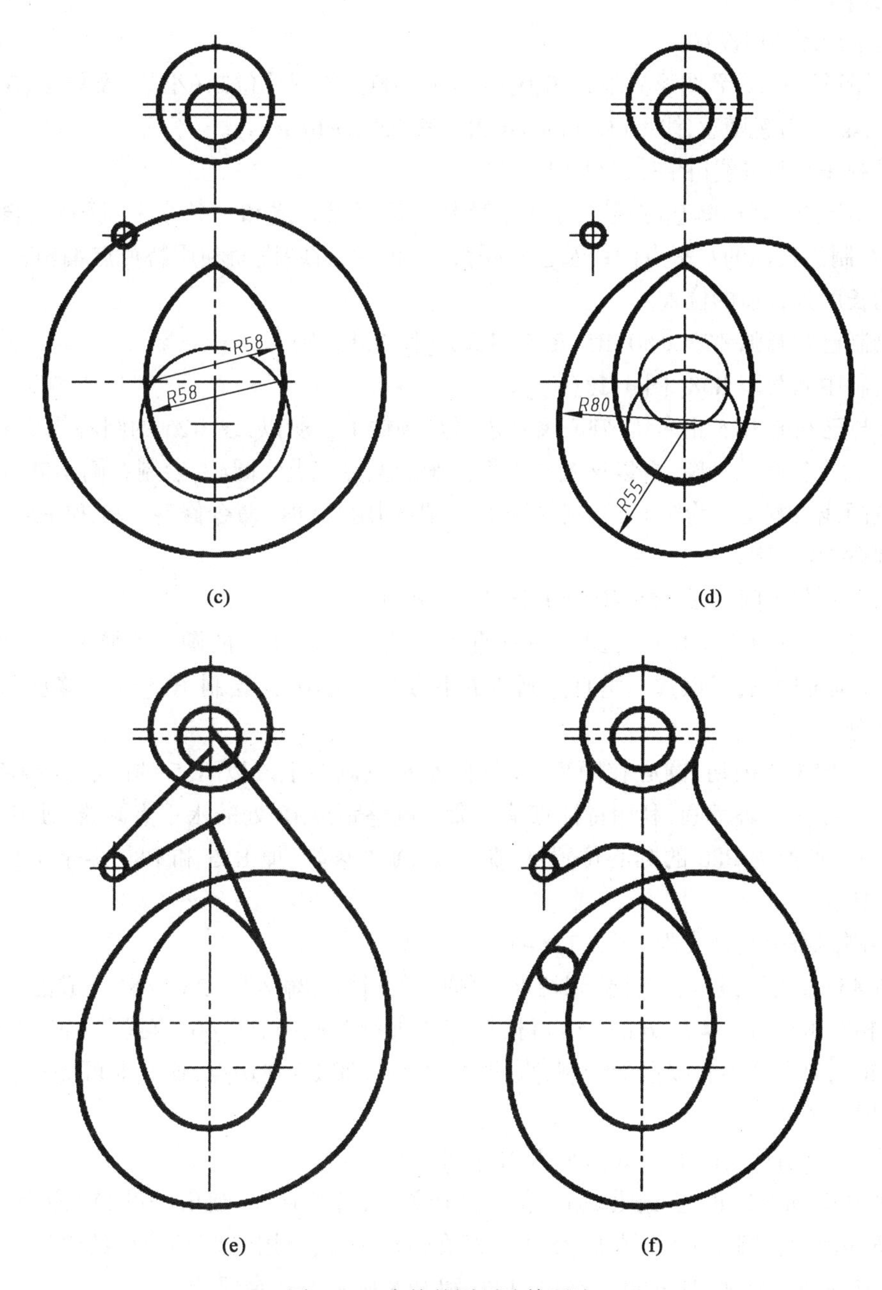

图 3.13　大钩的圆弧连接画法

(1)图形分析。

该图形由内外两个封闭线框组成,内框是直径为 25 的圆。外框比较复杂,共由十六段圆弧和直线相切构成,其中已知圆弧有四个 ϕ50、R5、R75 和 R25;中间圆弧八个,包括四条直线段、两个 R58 圆弧及 R80、R55;连接圆弧四个,包括上部分左右两个 R30、中间的 R20 及 R8。连接关系为:中间圆弧 R58 与已知的 R25 相内切,R55 与已知的 R75 相内切,R80 与 R55 也相内切;另知 R58 的圆心在 R75 圆的水平点画线上,R55 的圆心在 R75 圆的垂直点画线上,R80 的圆心距 R75 圆的水平点画线 18;连接圆弧 R8 与 R80 相内切,与 R58 相外切,其他连接圆弧均是相外切的关系。

(2)绘图步骤。

①基本绘图环境设置。

参照图形尺寸,设置图形界限为(0,0)-(150,200),绘图单位制(小数)及精度(0),设置图层(0、dhx、xsx),颜色随意,线型(Continuous、JIS_08_25、Continuous)。

②绘制作图基准线[图3.13(b)]。

在"dhx"层绘制作图基准线。可首先绘制出垂直点画线和一条水平点画线,再应用"偏移"命令绘制出其他的水平点画线及已知圆弧R5的中心线;进而利用特征点编辑命令调整各中心线的长度到合适的位置。

③绘制已知圆弧ϕ25、ϕ50、R5、R75和R25[图3.13(b)]。

④绘制中间线段R58[图3.13(c)]。

R58与已知的R25相内切,圆心又在水平点画线上。所以,以R25的圆心为圆心,以R33(58-25)为半径画辅助圆;再以该圆与水平点画线左侧交点为圆心,绘制右侧R58圆,以该圆与水平点画线右侧交点为圆心,绘制左侧R58圆;利用"修剪"命令修剪R25和R58的多余部分;再"删除"R33圆。

⑤依次绘制中间线段R55和R80[图3.13(d)]。

R55与已知的R75相内切,圆心在垂直点画线上。以R75的圆心为圆心,以R20(75-55)为半径画辅助圆;以该圆与垂直点画线的下方交点为圆心,绘制R55圆;"修剪"掉R55右侧多余部分。

R80与R55相内切,圆心在距离18处的水平点画线上。以R55的圆心为圆心,以R25(80-55)为半径画辅助圆;利用特征点编辑命令调整距离18处的水平点画线,使其与该圆右侧相交,该交点即为R80的圆心位置,绘制R80圆;"修剪"掉R55和R80多余部分;"删除"R20和R25圆。

⑥绘制四条中间直线段[图3.13(e)]。

绘制45°直线段,是先"捕捉"到切点,再通过相对坐标输入"@25<45"完成的,当然,线段的长度(相对坐标符号@后方的25)可根据需要进行改变;同理,60°直线段相对坐标应输入"@20<30";其他两条直线段的绘制,直接通过"对象捕捉"到切点,连线即可完成;"修剪"掉R75右侧多余部分。

⑦绘制连接圆弧:两个R30、R20及R8[图3.13(f)]。

两个R30和R20的连接圆弧由于都是外切关系,直接通过"圆角(Fillet)"命令绘制即可,这里注意提前设置圆弧半径;圆弧R8由于存在内切关系,要用"圆"命令中的"切点、切点、半径"来完成;最后"修剪"掉ϕ50、R5、R8、R80和R58圆弧的多余部分。

通过以上操作即得图3.13(a)所示图形。

从上面几例的圆弧连接作图中,可见,圆弧连接作图能否准确、光滑相切,关键在于以下几点:

(1)绘图过程中,时刻使用对象捕捉,如画同心圆时捕捉圆心,绘制切线时捕捉切点,交点捕捉、端点捕捉等也都是常用的捕捉方式。

(2)半径计算要准确无误,画圆时圆弧半径要直接用键盘键入准确数值,或用捕捉切点方式捕捉与之相切的已知圆弧,切忌用鼠标拖动取近似值。

(3)图形准确相切后,再用修剪命令Trim修剪到位。如果用Trim不能如愿修剪,说明前面画连接圆弧时,没能准确相切。

3.1.3　斜度和锥度

【例3.7】　画出图3.14所示图形。

如本例中,所绘图形中带有斜度或锥度,其绘图方法应如下:

(1)画上下矩形及肋板,如图3.15所示。

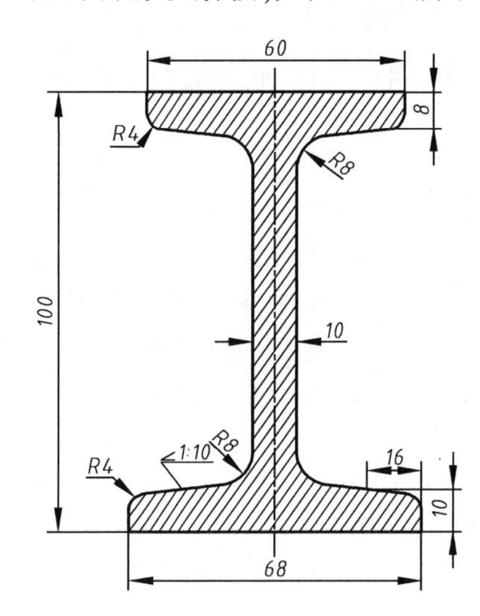

图3.14　带有斜度或锥度的图形

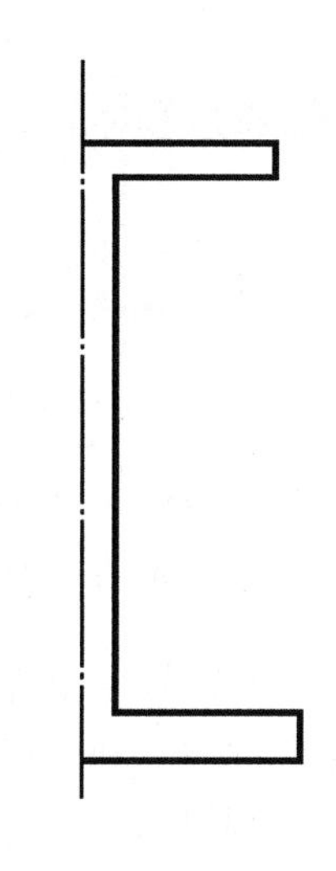

图3.15　画上下矩形及肋板

①在"dhx"层绘制对称中心线。

②在"0"层,按照尺寸,用"直线"命令画出右侧外轮廓,上下斜度线位置先按照水平线绘制。本图形比较简单,故可以根据自己的习惯,采用其他画法。如可以用"矩形"等命令画图。

(2)画斜度线。

下面介绍一种画斜度线的方法:

①用"矩形"命令,以"尺寸"方式,按宽度:长度=1:10(斜度值)的比例画矩形,再用"直线"命令连接矩形的对角线,如图3.16(a)所示。

以"尺寸"方式绘制矩形的步骤如下:

命令:_rectang

指定第一个角点或[倒角(C)/标高(E)/圆角(F)/厚度(T)/宽度(W)]:　　//指定左上角点

指定另一个角点或[面积(A)/尺寸(D)/旋转(R)]:D　　//用尺寸方式,设定矩形的长宽

指定矩形的长度 <8>:40　　//指定长度(任一数值)

指定矩形的宽度 <1>:4　　//指定宽度

指定另一个角点或[面积(A)/尺寸(D)/旋转(R)]:　　//指定图形右下角方向,确定矩形位置

这里只需注意,如果长度尺寸定为某一数值,宽度数值应为其的十分之一。

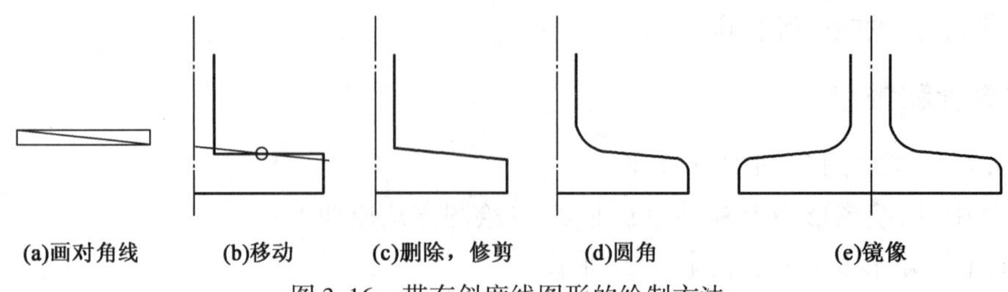

图 3.16　带有斜度线图形的绘制方法

②用“移动”命令将矩形对角线平移到图 3.16(b)圆点位置,此位置为原图斜度线标记通过的位置点。

命令：_move
选择对象：找到 1 个　　　　　　　　　　　　　　//选择直线
选择对象：　　　　　　　　　　　　　　　　　　//空响应,结束选择对象
指定基点或［位移(D)］<位移>：　　　　　　　//选择线段中点
指定第二个点或 <使用第一个点作为位移>：　　//指定目标圆点位置

③用“删除”及“修剪”命令清理图形,如图 3.16(c)所示。

④用“圆角”命令,作 R8 和 R4 圆弧,如图 3.16(d)所示。

圆角 R8 的作图步骤如下：

命令：_fillet
当前设置：模式 = 修剪,半径 = 10
选择第一个对象或［放弃(U)/多段线(P)/半径(R)/修剪(T)/多个(M)］：R　　//指定圆弧半径
指定圆角半径 <10>：8
选择第一个对象或［放弃(U)/多段线(P)/半径(R)/修剪(T)/多个(M)］：　　//选择竖线
选择第二个对象,或按住 Shift 键选择要应用角点的对象：　　//选择斜线

⑤用“镜像”命令,完成另一半图形,如图 3.16(e)所示。

命令：_mirror
选择对象：指定对角点：找到 6 个　　　　　　　　//框选右侧所有粗实线
选择对象：　　　　　　　　　　　　　　　　　　//空响应,结束选择对象
指定镜像线的第一点：　　　　　　　　　　　　　//指定点画线的始末端点
指定镜像线的第二点：
要删除源对象吗?［是(Y)/否(N)］<N>：　　　　//空响应,保留原对象

⑥按以上作图步骤,完成其余斜度部分的图形。此处不再赘述。

(3)画剖面线。

利用“图案填充”命令,选定合适的“样例”和“比例”,通过“添加:拾取点”方式,用鼠标左

键拾取封闭环内的一点，再预览、填充(确定)即可。

3.2　组合体的绘图方法和技巧

用 AutoCAD 2018 绘制组合体视图，仍需按照三视图“长对正、高平齐、宽相等”的投影规律进行绘图。如何确保视图间的“三相等”关系，一般采取三种方法：坐标法、辅助线法和对象捕捉跟踪法。

绘图时为达到快速、准确、方便的目的，应注意采用以下几种基本方法：

(1)根据组合体的具体尺寸设置适当的捕捉间距(Snap)、栅格间距(Grid)，一般栅格间距等于捕捉间距或其整数倍；绘图过程中，还可根据需要适时调整“捕捉间距”及状态。

(2)在执行画线命令时，按动状态行快捷键，使 AutoCAD 2018 切换到“按指定角度限制光标”方式，并设置适当的极轴角参数，便于用户在绘图时实时观察到所画线条的长短、方向。

(3)绘制与坐标轴平行的线条时，可以使“正交限制光标”生效。

(4)绘制一组平行线时，可先用“直线(Line)”命令画一条，然后用“偏移(Offset)”命令画其他几条。

(5)绘制同心圆时，可用两种方法，一是使用“画圆(Circle)”命令先画一个圆，再用“偏移(Offset)”画其他圆；二是都用“画圆(Circle)”命令画，但画后续圆时，使用“对象捕捉(Osnap)”命令捕捉前一个圆的圆心。

(6)实体的颜色、线型及线宽特性一般与其所在图层的相应特性一致，绘图时可用两种方法达到此目的。一是绘制实体前，先把它所在的层设为当前层；二是不考虑图层因素，先把实体绘制出来，然后再通过“图层”下拉列表将其更改至相应图层；或用“特性”选项卡的“特性匹配”将实体变为所需的颜色、线型和线宽。

3.2.1　坐标法

在绘图过程中，应用屏幕的十字光标及视图中各点的准确坐标值，结合捕捉间距(Snap)、栅格间距(Grid)等绘图工具，确保“三相等”投影规律的方法称为坐标法。在绘制一些大而复杂的图形时，为了图面布局及投影关系需要，经常用这种方法绘制出作图基准线，确定各个视图的位置，然后再综合运用其他方法绘制完成图形。

该方法的优点是作图比较准确，然而由于该方法需要计算各点的精确坐标，因此相对来说较为费时。

下面以图 3.17 为例，说明用坐标法绘制组合体的过程。需说明的是，由于每个人的绘图方式及习惯各不相同，在利用 AutoCAD 2018 绘图时，调用的命令及具体操作步骤也会有所不同。因此，本节中所介绍的方法及步骤并不唯一，也谈不上最优，仅供读者学习时参考。

【例 3.8】　用 AutoCAD 2018 绘制图 3.17(a)所示立体的主、俯视图。

(1)图形分析。

图中所示立体可视为由两部分构成：底板和上面的空心圆柱。底板是大圆盘被前后两个平面切割后形成的，其前后平面与圆盘和圆柱都有截交线，绘图时必须保证“长对正”的投影关系；该立体的尺寸数值大部分为偶数，所以，如利用栅格方式绘图，可设置捕捉间距(Snap)和栅格间距(Grid)为 2。

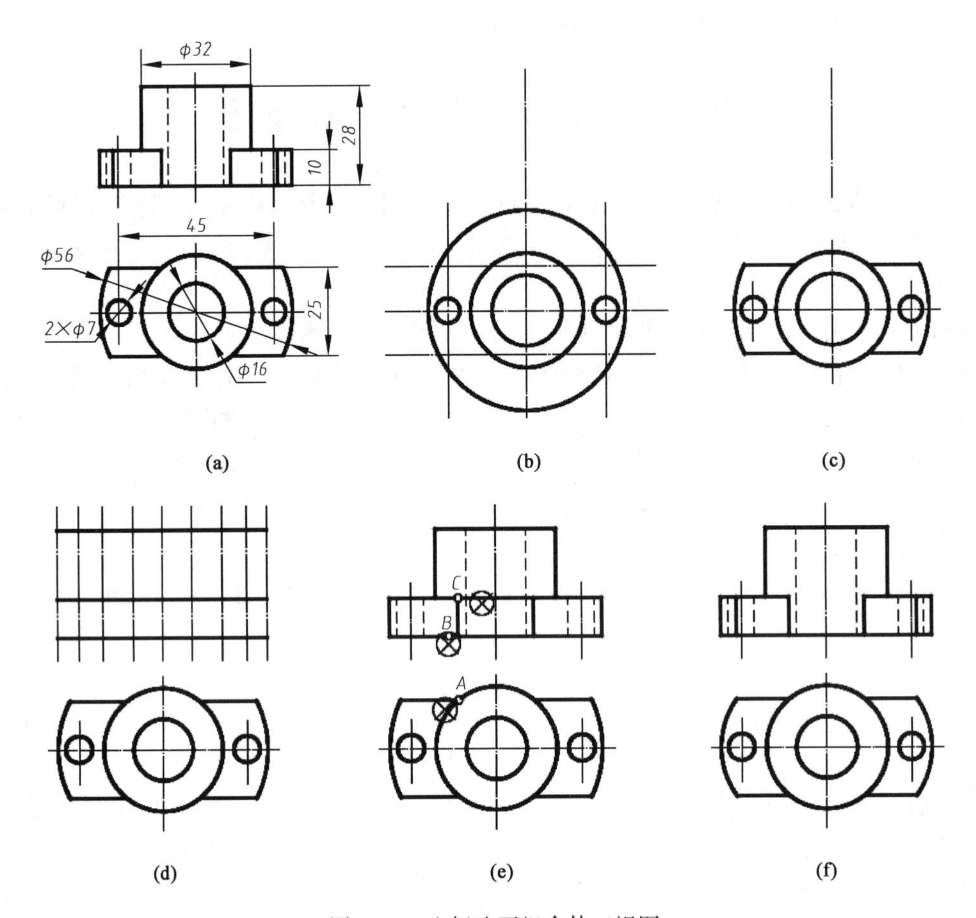

图 3.17　坐标法画组合体三视图

(2)绘图步骤。

①基本绘图环境设置。

根据图形尺寸及上述分析,设置图形界限 Limits 为(0,0) -(150,150),Snap、Grid 间距为2,单位为“小数”、精度为“0”,并设置图层、颜色、线型。

②如图 3.17(b)所示,绘制主、俯视图的定位基线,包括俯视图的两条对称中心线和主视图的对称中心线(Layer、Line);根据标注的尺寸,应用“偏移”命令将俯视图两点画线向上下、左右偏移,至两个小孔的定位基线和底板前后平面的积聚性直线;绘制五个圆(Osnap、Circle)。

③用“修剪”命令修剪掉俯视图的多余图线,修改某些图线的线型(图层控制),并利用特征点编辑调整图线的长短至合适的位置,如图 3.17(c)所示。

④利用“直线”命令,绘制主视图中表示底板底面的图线(Line)并“偏移”得到底板上顶面和圆柱上顶面的轮廓线;用“偏移”命令绘制圆盘、空心圆柱的轮廓线和小孔中心线,如图 3.17(d)所示。

⑤用“修剪”命令修剪掉主视图的多余图线,修改某些图线的线型(图层控制),并利用特征点编辑调整图线的长短至合适的位置;再将小孔的轴线“偏移”、“修剪”并调至虚线层,从而完成内孔轮廓的绘制,如图 3.17(e)所示。

⑥绘制底板前后面与圆柱的截交线。为作图准确,可采用点的过滤方式或结合对象捕捉追踪方式取点,下面以与 A 点相对应的截交线画法为例说明点的过滤方式操作步骤[图 3.17(f)]。

命令:_line 指定第一点:. x //启动画线命令,使用 X 坐标过滤方式

于 //捕捉直线与圆的交点 A,即线段起点的 X 坐标与点 A 相同

于(需要 YZ): //捕捉距目标拾取点最近的底线上点 B,即线段起点的 Y 坐标与点 B 相同

指定下一点或[放弃(U)]: //捕捉所画线与底板上表面相垂直的垂足 C 为线段的终点

指定下一点或[放弃(U)]: //空响应,结束命令

也可用对象捕捉追踪方法(更为简便),画出左侧截交线,然后“镜像”出另外一侧。

⑦同样可采用点的过滤方式绘制出圆盘和底板前后面的截交线,并利用“修剪”命令修剪掉主视图中间水平线段[图 3.17(f)]。

通过以上操作完成图 3.17(a)所示图形。

3.2.2 辅助线法

以水平线、铅垂线及一条 45°斜线为辅助线,来保证视图间“三相等”投影关系,并结合图形绘制及编辑命令的作图方法,称为辅助线法。下面以图 3.18 所示立体为例,说明用辅助线法绘制组合体的过程。

【例 3.9】 绘制图 3.18 所示立体的三视图。

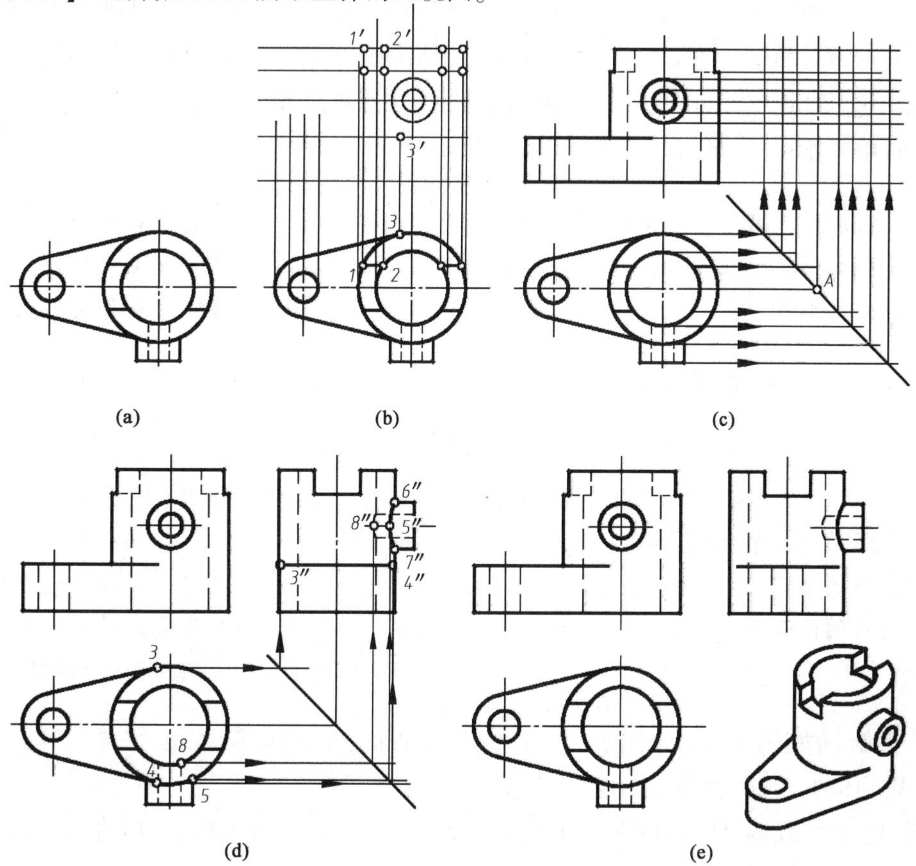

图 3.18 辅助线法画组合体三视图

(1)立体分析。

图中所示立体由底板、主体圆柱及圆形凸台构成。应注意底板前后面与主体圆柱的相切关系、主体圆柱上方切槽后的截交线、凸台与主体圆柱的相贯线的画法,如图3.18(e)所示。

(2)绘图步骤。

①基本绘图环境设置,过程略。

②按线型,在不同图层中绘制立体的俯视图(Line、Osnap、Circle、Offset、Trim、Layer、Control),如图3.18(a)所示。

③绘制主视图从下到上五个高度的水平线(Line、Offset);按照"长对正"的投影规律由俯视图向主视图画竖直辅助线(Ortho、Osnap、Line),可利用"对象捕捉追踪"画竖直线,这里尤其要注意切线上点(3,3′),截交线上点(1,1′)、(2,2′)的对应关系;绘制凸台的投影圆,如图3.18(b)所示。

④用"修剪"命令修剪主、俯视图上的多余图线;调整实体的图层、长短等特性(Break、Layer、Control);按"高平齐"绘制主、左视图间的水平辅助线;过俯视图和左视图对称中心线的交点A(或其他图线的对应点)画与水平倾斜45°的辅助线(可设置"极轴追踪"的增量角为45°,并开启"极轴追踪"),按"宽相等"将立体的宽度尺寸由俯视图经45°辅助线"折射"到左视图中(Ortho、Osnap、Line),如图3.18(c)。尤其注意底板上表面的切点在俯、左视图中的投影对应关系(3,3″)、(4,4″),如图3.18(d)所示。

⑤凸台与主体圆柱的相贯线在左视图中的投影仍可用圆弧代替,圆弧的画法有两种,一是采用"起点、终点、半径"起点,端点,半径(半径等于两相贯圆柱中较大半径)的方式画弧,二是采用"起点、第二点、终点"三点(三点)方式画弧。本题的两段相贯线都是采用的三点法,如图3.18(d)中圆弧6″5″7″的画法。

```
命令:_arc 指定圆弧的起点或[圆心(C)]:            //指定6点作为起点
指定圆弧的第二个点或[圆心(C)/端点(E)]:          //指定5点作为第二点
指定圆弧的端点:                                  //指定7点作为端点
```

用"起点、端点、半径"绘制相贯线的步骤如下,首先必须先要了解相贯中的较大圆柱半径为多少:

```
命令:_arc 指定圆弧的起点或[圆心(C)]:            //指定6点作为起点
指定圆弧的第二个点或[圆心(C)/端点(E)]:e
指定圆弧的端点:                                  //指定7点作为端点
指定圆弧的圆心或[角度(A)/方向(D)/半径(R)]:r     //指定圆弧的半径8
命令:                                            //空响应,结束操作
```

⑥修剪俯、左视图上的多余图线(Trim、Erase);调整实体的图层、长度等特性(Layer、Control),完成立体的三视图,如图3.18(e)所示。

此外,也可由AutoCAD 2018的三维实体造型功能先构造三维实体,然后进行轴向投射来获得三视图。

3.2.3　对象捕捉跟踪法

对象捕捉跟踪法即利用 AutoCAD 2018 提供的对象捕捉追踪功能，来保证视图之间的投影关系，并结合图形绘制及编辑命令完成图形的绘制。在实际绘图过程中，由于不必画很多的辅助线，又不必考虑图形的坐标值，重点只集中在三视图的投影规律上，因此，充分发挥“对象捕捉追踪”的功能，将使绘图效率大大增高。

【例 3.10】 用 AutoCAD 2018 绘制图 3.19(a)所示轴承座的三视图。

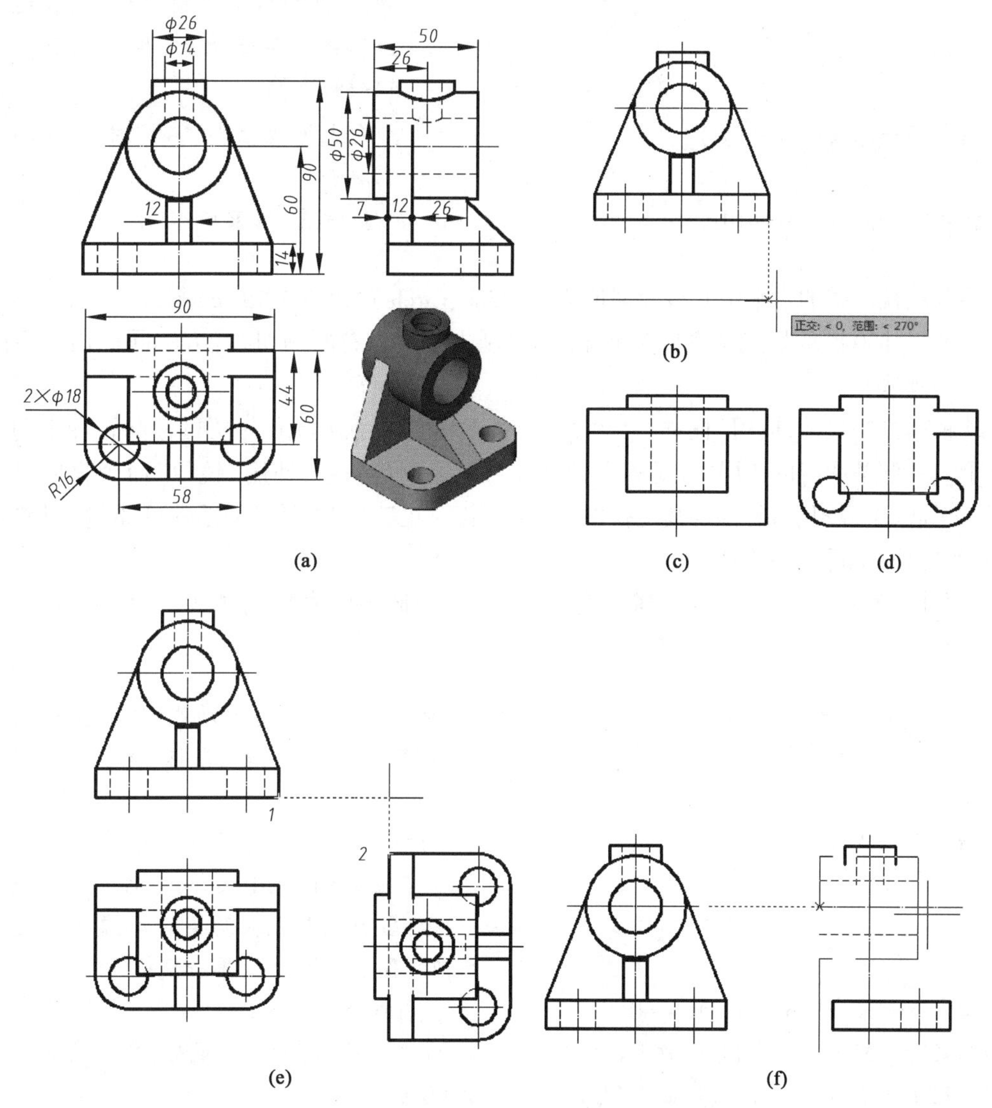

图 3.19　对象捕捉追踪法画轴承座三视图

(1)立体分析。

轴承座我们在制图课程的“组合体视图的画法”中已经详细分析，其立体结构如图 3.19(a)所示，在此不再介绍。

(2)绘图步骤。

①新建“无样板公制”文件，进行基本绘图环境设置，过程略。

②用“直线”命令绘制主视图中轴承座底板轮廓线，绘制左右对称中心线。

命令：_line 指定第一点： <对象捕捉 开> <对象捕捉追踪 开> <正交开> //打开对象捕捉、对象追踪及正交功能，捕捉绘制的底板下边的中点，并向下拖动鼠标，此时出现一条闪动的虚线，并且虚线上有一个小叉随着光标的移动而移动，小叉即代表当前的位置，在适当位置处单击鼠标，确定竖直中心线的下端点

指定下一点或［放弃(U)］： //向上拖动鼠标，确定中心线的上端点

指定下一点或［放弃(U)］： //空响应，结束操作

绘制主视图圆的水平中心线及两同心圆(Line、Circle)，如图3.19(b)所示。

③捕捉 ϕ50 圆的切点及底板左上角点，绘制主视图左右两侧切线(方法同前面介绍的圆弧连接的画法)。

④根据已知尺寸，应用“偏移”、“修剪”命令逐步完成底板上孔、上方圆柱凸台和中间肋板的图形。并调整图线的图层、长短等参数。亦可只绘制出一半，使用“镜像”命令完成另一半图形。至此，主视图绘制完成，其他视图与其的“长对正”、“高平齐”关系都可通过“对象捕捉追踪”来完成，如图3.19(b)所示。

⑤利用“对象捕捉”和“对象捕捉追踪”命令绘制俯视图底板轮廓线、对称中心线，步骤如下：

命令：_line 指定第一点： //利用对象捕捉追踪功能，捕捉主视图底板左下角点，向下拖动鼠标，在适当位置处单击鼠标

指定下一点或［放弃(U)］： //向右拖动鼠标，到主视图中底板右下角点处，在该点出现小叉，向下对齐路径拖动鼠标，当小叉出现在两条闪动虚线的交点处时(图3.19(b))，单击鼠标

指定下一点或［放弃(U)］：60 //鼠标向下，给出方向

指定下一点或［闭合(C)/放弃(U)］： //方法同前，向左拖动鼠标，指定底板左下角

指定下一点或［闭合(C)/放弃(U)］：c //闭合

利用“偏移”命令绘制支撑板前端面、圆柱的前后端面。

利用“对象捕捉追踪”功能，绘制俯视图中圆柱的轮廓线，注意孔的轮廓为虚线，并进行适当“修剪”，结果如图3.19(c)所示。

⑥“圆角(Fillet)”命令绘制底板 R16 圆角；绘制俯视图两个 ϕ18 圆，步骤如下：

命令：_circle 指定圆的圆心或［三点(3P)/两点(2P)/切点、切点、半径(T)］： //捕捉 R16 的圆心

指定圆的半径或［直径(D)］<9.0000>：9 //空响应

命令：_trim //修剪掉圆弧被遮挡部分

当前设置：投影 = UCS，边 = 无

选择剪切边...

...略。

命令：_arc 指定圆弧的起点或［圆心(C)］： //起点、端点、半径方式绘制虚线圆弧，指定下端点为起点

指定圆弧的第二个点或［圆心(C)/端点(E)］：e

指定圆弧的端点： //指定圆弧上端点

指定圆弧的圆心或［角度(A)/方向(D)/半径(R)］：r //指定圆弧的半径 9

捕捉主视图切点，利用“对象捕捉追踪”作辅助线，并修剪支撑板中间部分，如图 3.19(d)所示。

⑦绘制 φ18 圆的中心线；绘制俯视图中间 φ26 和 φ14 圆；利用“对象捕捉追踪”功能，绘制俯视图支撑板的两虚线、肋板的实线及虚线部分，肋板的水平虚线部分，也可通过打断支撑板前端面虚线，再进行平移来实现，如图 3.19(e)所示，步骤如下：

命令：_break 选择对象： //选择支撑板前面虚线

指定第二个打断点 或［第一点(F)］：f

指定第一个打断点： //选择肋板左边与支撑板前边的交点

指定第二个打断点： //空响应，结束操作

...方法同上，将右边也打断。

命令：_move //将中间虚线向前移动

选择对象：找到 1 个 //选择虚线

选择对象： //空响应

指定基点或［位移(D)］<位移>： //指定任一点

指定第二个点或 <使用第一个点作为位移>：26 //鼠标向下，给出方向，回车

⑧绘制左视图可以通过复制并旋转俯视图，以达到与俯视图宽相等的投影规律［图 3.19(e)］。绘制左视图中底板方法可同前（先将光标移到主视图底板上 1 点，然后移到 2 点，向上移动光标到虚线的交点处单击）。

移动旋转的俯视图中的圆柱；并利用“对象捕捉追踪”功能，复制主视图中底板上的圆孔和凸台到左视图中［图 3.19(f)］；调整各线的图层、长度等特性。

绘制左视图中支撑板及肋板；绘制左视图中相贯线，方法同上例。

删除复制的俯视图,完成轴承座三视图的绘制。

3.3 各种视图及剖视图的画图方法

3.3.1 不按投影关系配置的视图和剖视图

不按投影关系配置的视图(即向视图和局部视图)和剖视图的特点是,将视图移动离开了其按投影关系放置的位置。此类图形绘制的步骤一般为:

(1)按投影关系位置绘制视图图形,如图3.20(a)所示。

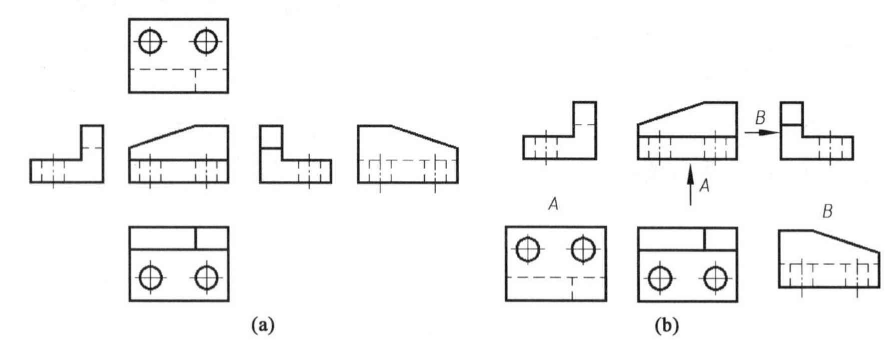

图3.20 不按投影关系配置的视图

(2)使用"移动"命令将视图图形移动到适当的位置上。

(3)使用"多段线"命令绘制向视图的投影方向箭头或剖视图的剖切符号,并在视图上方使用"单行文字"或"多行文字"命令标注视图或剖视图的名称,如图3.20(b)所示。

3.3.2 斜视图和斜剖视图

斜视图和斜剖视图的特点是:其视图图形是倾斜的,绘图时倾斜方向的对正关系不好控制,因此,画图时,就需要画一组倾斜的图线,如图3.21(b)所示,在AutoCAD 2018中可以采用"设置栅格间距(Snap)"的栅格旋转功能快速、准确地画图。绘图的一般步骤为:

(1)使用snap命令,将坐标系调整到X、Y轴与倾斜面平行的位置。

(2)按投影关系位置绘制视图的图形。

(3)使用"多段线"命令绘制向视图的投影方向箭头或剖视图的剖切符号。

【例3.11】 用AutoCAD 2018绘制图3.21(a)所示的图形。

(1)绘制主视图、俯视图的局部视图。其中的波浪线用"样条曲线(Spline)"命令绘制。

(2)用Snap命令旋转栅格,使栅格方向与倾斜结构的方向一致。

```
命令:_snap                                          //启动栅格捕捉命令,旋转栅格
指定捕捉间距或[开(ON)/关(OFF)/纵横向
间距(A)/样式(S)/类型(T)]<5>:R
指定基点 <0,0>:                                     //捕捉斜线端点M为栅格基点
指定旋转角度 <0>:30                                  //给出旋转角或直接捕捉倾斜方向
```

的另一点,确定方向

如果此时 Grid 也处于 ON 态,屏幕上就显示出倾斜的参考网点,如图 3.21(b)所示。

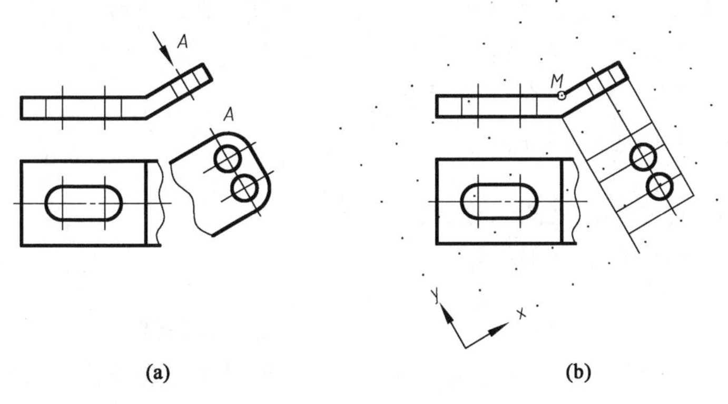

图 3.21　斜视图的画法

(3)按此方法偏移其他 X 轴方向的线;画平行于 Y 轴方向的线。

命令: _line 指定第一点:　　//与原视图长对正,画平行于 Y 轴方向的线

指定下一点或 [放弃(U)]:
指定下一点或 [放弃(U)]:
命令: _circle 指定圆的圆心或 [三点(3P)/两点(2P)/切点、切点、半径(T)]:　　//绘制小圆
指定圆的半径或 [直径(D)]:1.5

(4)绘制斜视图细节及标注。

命令: _fillet
当前设置: 模式 = 修剪,半径 = 0.0000
选择第一个对象或 [放弃(U)/多段线(P)/半径(R)/修剪(T)/多个(M)]: R
指定圆角半径 <0.0000>: 3
选择第一个对象或 [放弃(U)/多段线(P)/半径(R)/修剪(T)/多个(M)]:
选择第二个对象,或按住 Shift 键选择要应用角点的对象:

修剪及删除多余线;修改某些实体的图层、线型特性(Layer),略。
利用"多段线"命令标注斜视图的方向。

命令: _pline
指定起点:　　//指定箭头细实线的端点
当前线宽为 0.0000
指定下一个点或 [圆弧(A)/半宽(H)/长度(L)/放弃(U)/宽度(W)]:
指定下一点或 [圆弧(A)/闭合(C)/半宽　　//设定起点线宽

(H)/长度(L)/放弃(U)/宽度(W)]：H

指定起点半宽 <0.0000>：0.2

指定端点半宽 <0.2000>：0

指定下一点或[圆弧(A)/闭合(C)/半宽　　//指定箭头的始末端点
(H)/长度(L)/放弃(U)/宽度(W)]：

指定下一点或[圆弧(A)/闭合(C)/半宽
(H)/长度(L)/放弃(U)/宽度(W)]：

利用“单行文字”命令标注视图名称，略。

利用“样条曲线”命令绘制波浪线。

命令：_spline　　//绘制波浪线

指定第一个点或[方式(M)/节点(K)/对　　//随意指定样条曲线上的任意3点
象(O)]：

输入下一个点或[起点切向(T)/公差(L)]：

输入下一个点或[起点切向(T)/公差(L)]：　　//空响应，结束取点

通过以上操作完成图3.21(a)所示图形。

不只是在绘制斜视图或斜剖视图，有时在移出断面和重合断面等的绘制过程中，也会遇到倾斜部分的绘制。当然可以通过以上所介绍的“旋转栅格”的方法进行，此外，也可以先正常画，再通过“旋转”倾斜部分的轮廓，或直接将对象“拉伸”或“延伸”的方法[如图3.21(b)Y方向的直线]，从而使其与原图具有对正的特性，再结合以“偏移”命令绘制所需图形即可，此种方法比较常规，也不见得烦琐，绘图方法均为前面介绍过的一般绘图方法，读者可自行操作，根据习惯选择适当的方法。

3.3.3　旋转视图和旋转剖视图

当机件的某一部分倾斜于基本投影面，又具有回转中心时，为表示该部分结构的内外形状，常用旋转视图或旋转剖视图。下面将结合例题介绍用AutoCAD 2018绘制此种视图的方法。

【例3.12】 用AutoCAD 2018按尺寸绘制图3.22(a)所示主、俯视图。

(1)图形分析。

图3.22(a)表示的立体可视为由三个部分构成：主体圆柱、左侧耳板及右侧斜臂。右侧斜臂在俯视图中是真实位置的投影，倾斜部分画图较麻烦；而在主视图中右侧斜臂又是按旋转剖切的表达方法进行投影的，即与俯视图在投影关系上不是直接一一对应关系。为解决上述问题，用AutoCAD 2018绘制斜臂时，可把俯视图先按假想旋转后的位置(与基本投影面*V*面平行)画出，然后按投影关系“长对正”应用对象追踪画出主视图，最后再把俯视图中的斜臂部分旋转回来。此外要注意主、俯视图中剖面线的方向和间隔要一致。

(2)绘图步骤。

①绘制假想旋转后的俯视图。

②用对象追踪法或辅助线法绘制主视图的轮廓线，如图3.22(b)所示。

③用“图案填充(Bhatch)”命令绘制主、俯视图的剖面线。剖面图案选择“ANSI31”，输入

比例参数0.5、角度参数0;通过选择“拾取点”定义封闭边界,图3.22(c)中标识的B、C、D、E、F、G各点是每个封闭线框“内部点”的位置;然后预览、填充(确定)。

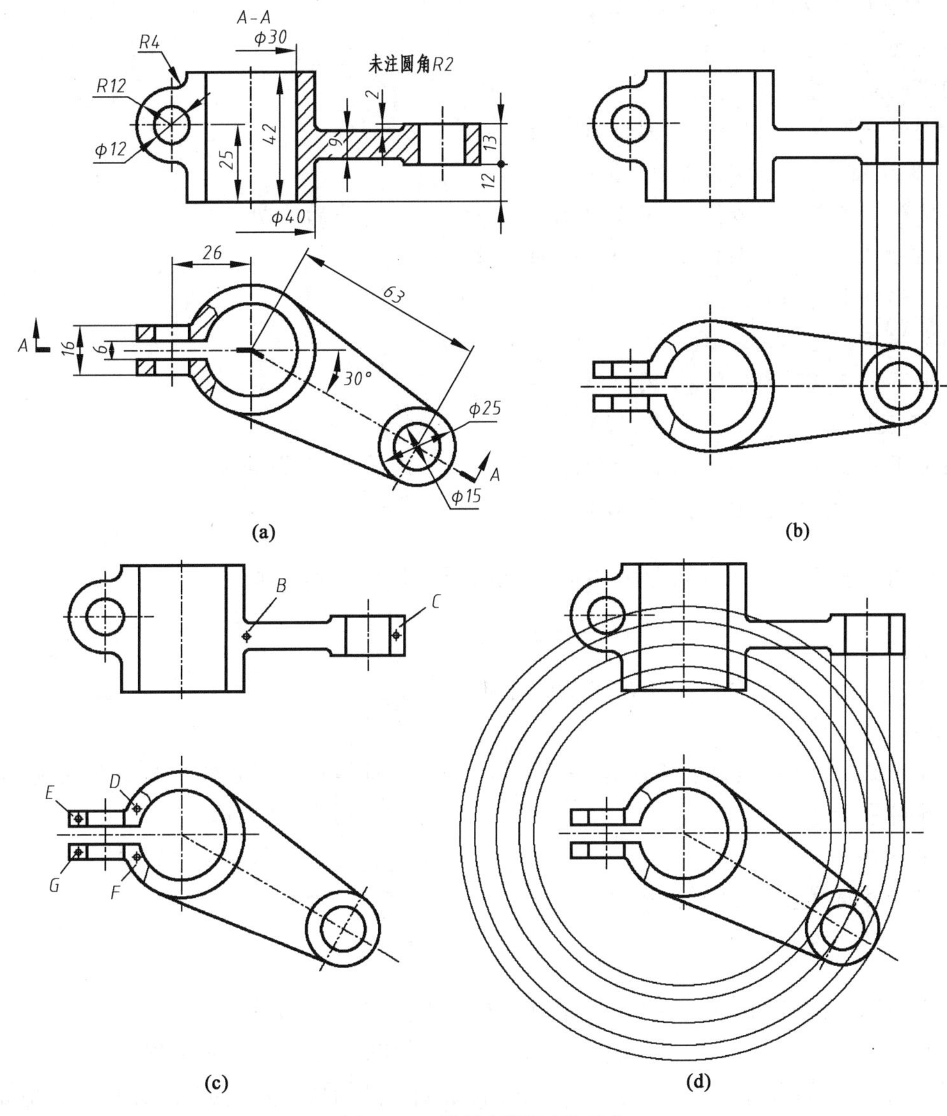

图3.22　旋转剖视图的画法

④将俯视图顺时针旋转30°并标注,如图3.22(c)所示。

命令:_pline　　　　//给剖视图标注剖切位置及箭头

指定起点:

当前线宽为1

指定下一个点或[圆弧(A)/半宽(H)/长度(L)/放弃(U)/宽度(W)]:H　　　　//标注剖切位置(粗实线)

指定起点半宽 <1>:0.5

指定端点半宽 <1>:0.5

指定下一个点或[圆弧(A)/半宽(H)/

长度(L)/放弃(U)/宽度(W)]：

指定下一点或[圆弧(A)/闭合(C)/半宽(H)/长度(L)/放弃(U)/宽度(W)]：H　　//箭头的细实线部分。

指定起点半宽 <1>：0

指定端点半宽 <0>：0

指定下一点或[圆弧(A)/闭合(C)/半宽(H)/长度(L)/放弃(U)/宽度(W)]：

指定下一点或[圆弧(A)/闭合(C)/半宽(H)/长度(L)/放弃(U)/宽度(W)]：H　　//箭头的绘制

指定起点半宽 <0>：0.5

指定端点半宽 <1>：0

指定下一点或[圆弧(A)/闭合(C)/半宽(H)/长度(L)/放弃(U)/宽度(W)]：

指定下一点或[圆弧(A)/闭合(C)/半宽(H)/长度(L)/放弃(U)/宽度(W)]：　　//空响应,结束标注

同样的方法绘制另一侧的标注;中间转折处可直接用粗实线画。

命令：_rotate

UCS 当前的正角方向： ANGDIR = 逆时针 ANGBASE = 0

选择对象：指定对角点：找到 8 个　　//选择俯视图右侧同心圆及直线

选择对象：　　//空响应,结束选择

指定基点：　　//指定左侧同心圆的圆心

指定旋转角度,或[复制(C)/参照(R)] <30>： -30　　//顺时针为“-”

利用“单行文字”命令标注视图名称,略。完成图 3.22(a)所示图形。

当然,以上图形也可以通过绘制辅助圆来完成,如图 3.22(d)所示。先使用“圆”命令在绘图区绘制一系列辅助圆,再按照投影关系位置绘制视图图形,最后,删除辅助圆、调整线型并进行剖切符号的标注。

3.3.4 局部放大图

局部放大图的特点是其采用了比原图大的比例。此类图形绘制的步骤一般为：

(1)使用“复制”命令将需要放大的局部图形复制一份。

(2)按照所需表达方案绘制局部放大图的细节。

(3)使用“缩放”命令将图形放大到所需比例,并使用“移动”命令将图形移动到合适的位置。

(4)在被放大处绘制细实线圆,并根据需要使用“文字”命令标注。

绘图方法比较常规,也不繁琐,均为前面介绍过的一般方法,读者可自行操作,在此不再举例。

3.4　正等轴测图

轴测投影图是模拟三维物体沿特定角度产生的平行投影图,其实质是三维物体的二维投影图,随着软件功能的增加,当然可以通过三维图形投影的方法,方便地转化为二维图形。但如直接在二维空间进行轴测图的绘制,绘图方法上又不同于二维图形的绘制。本节介绍 AutoCAD 2018 中在轴测投影模式下绘制正等轴测投影图的方法。

3.4.1　轴测投影模式介绍

1. 轴测面的介绍

如图 3.23 所示,在轴测投影视图中,仅有 3 个面是可见的,分别被称为左、右和上轴测面。可见轮廓线宜用粗实线绘制,不可见轮廓线一般不绘出,必要时,可用细虚线绘出所需部分。当切换轴测面时,AutoCAD 2018 会自动改变光标的十字线,使其看起来位于当前轴测面内。

图 3.23　正等轴测图

在绘制轴测图时,AutoCAD 2018 提供了 Isodraft 命令,使用户随时能够在正等轴测的各轴测面与正交模式下切换,非常方便。也可应用 F5 键灵活调整所操作的轴测面。

2. 激活轴测投影模式

AutoCAD 2018 绘制正等轴测图实质是利用“草图设置”中的“捕捉和栅格”选项卡(或 Snap 命令)提供的正等轴测方式进行绘图。如图 3.24 所示,在“捕捉和栅格”对话框的左下方,当把捕捉类型设置为“等轴测捕捉”,且使捕捉和栅格皆生效时,单击“确定”后,即可打开等轴测投影模式,此时在绘图区显示的参考网点呈 30°、150°方向分布,即可进行二维等轴测图的绘制。当然,也可直接在状态行中点选“等轴测草图”状态按钮进行开启,进入相应的轴测面。

图 3.24　捕捉和栅格设置

3.4.2 轴测投影图的绘制方法

在轴测投影模式下，长方体的可见边是按相对于水平线30°、90°和150°的角度排列的，这些可见边被称为轴测线，任何平行于可见边的线也都是轴测线。

在轴测投影模式下，可以非常方便地绘制直线、圆、圆弧、文字和尺寸线，然而螺旋线或椭圆则必须用辅助的构造线才能画出。

1. 绘制直线

绘制直线最简单的方法就是使用捕捉、对象捕捉模式及相对坐标。应注意：X方向的直线，极坐标角度为30°或-150°；Y方向的直线，极坐标角度为150°或-30°；Z方向的直线，极坐标角度为90°或-90°。

2. 绘制圆

正交视图中绘制的圆在轴测投影图中将变为椭圆。因此，若要在一个轴测面内画圆，必须画一个椭圆，并且椭圆的轴在此等轴面内。

首先要选择适当的当前等轴测面，然后执行"椭圆"(Ellipse)命令中的"等轴测圆"选项，注意：如不选择等轴测面，将没有如下"等轴测圆"选项：

```
命令：_ellipse                                        //绘制椭圆
指定椭圆轴的端点或[圆弧(A)/中心                      //选择等轴测方式
点(C)/等轴测圆(I)]：I
指定等轴测圆的圆心：                                  //指定圆心位置
指定等轴测圆的半径或[直径(D)]：                      //指定圆的半径
```

图3.23为正方体及三个表面上的圆的正等测投影。

3. 绘制平行线

在轴测投影模式下，"复制"命令主要用于复制图形和绘制平行线。需要特别注意的是，如果使用"偏移"(Offset)命令绘制平行线时，偏移距离为两条平行线之间的垂直距离，而不是沿30°方向上的距离。

4. 绘制圆弧

圆弧在轴测投影视图中以椭圆弧的形式出现，AutoCAD 2018提供了绘制"椭圆弧"的命令。其绘图方法与画圆的步骤相似。

首先要选择适当的当前等轴测面，然后执行"椭圆弧"(Ellipse)命令中的"等轴测圆"选项：

```
命令：_ellipse                                        //绘制椭圆弧
指定椭圆弧的轴端点或[中心点(C)/等                    //选择等轴测方式
轴测圆(I)]：I
指定等轴测圆的圆心：
指定等轴测圆的半径或[直径(D)]：
指定起点角度或[参数(P)]：                            //指定椭圆弧起点位置
```

指定端点角度或[参数(P)/夹角(I)]：　　　　//指定椭圆弧端点位置

5. 绘制外公切线

在轴测图中，常使用轴测圆的外公切线来连接两个不在同一平面内的轴测圆或圆弧。绘制轴测圆的外公切线时需要使用"捕捉到象限点"工具在图形中捕捉象限点。

3.4.3　轴测图中的文字和尺寸的标注

在轴测图中不能直接生成文字的轴测投影，但可以利用旋转和倾斜来将正交视图中的文字转化成其轴测投影。在轴测投影模式下进行尺寸标注时，同添加文字一样，需要进行角度转换以产生其轴测投影。

1. 在轴测图中标注文字

在轴测图中标注文字时，以左轴测面为例，为了使文字看起来像在当前轴测面中，必须使用倾斜角和旋转角来设置文字，且文字倾斜角和文字基线旋转角为30°或-30°。同理，可使用倾斜角和旋转角为(30°,30°)和(-30°,30°)在右轴测面及上轴测面放置文字。

要设置文字的倾斜角度，可以通过定义文字样式来完成，通过设置文字的不同倾斜角度来满足在不同轴测面中的标注要求。

2. 在轴测图中标注尺寸

在AutoCAD 2018中，同样可以使用"标注"工具栏标注轴测图的尺寸，但标注方式与普通平面图形的标注方式不同，需要使尺寸标注与轴测面相协调。

1）轴测图中尺寸标注的特点

在轴测图中标注尺寸时，需要将尺寸线、尺寸界线倾斜一定的角度，使其与相对应的轴测轴平行。同样，标注文字也需要与轴测面相匹配，其特点如下：

在右轴测面中，若标注的尺寸与X轴平行，则标注文字的倾斜角度为30°。

在左轴测面中，若标注的尺寸与Z轴平行，则标注文字的倾斜角度为30°。

在上轴测面中，若标注的尺寸与Y轴平行，则标注文字的倾斜角度为30°。

在右轴测面中，若标注的尺寸与Z轴平行，则标注文字的倾斜角度为-30°。

在左轴测面中，若标注的尺寸与Y轴平行，则标注文字的倾斜角度为-30°。

在上轴测面中，若标注的尺寸与X轴平行，则标注文字的倾斜角度为-30°。

2）标注轴测图尺寸的步骤

(1)创建两种文字类型，其倾斜角度分别为30°和-30°。

(2)如果沿X或Y轴测投影轴画尺寸线，可用"对齐标注"命令画出最初的尺寸标注。如果沿Z投影轴画尺寸线，则"对齐标注"或"线性标注"均可。

(3)标注完成后，可使用"编辑标注"命令的"倾斜(Q)"选项改变尺寸标注的角度。为了绘制位于左轴测的尺寸线，可以把尺寸界线设置为150°或-30°；若想绘制位于右轴测的尺寸线，可以把尺寸界线设置为30°或210°；为了绘制位于上轴测的尺寸线，需将尺寸界线设置为30°、-30°、150°或210°。

(4)如果标注文字是水平方向(而且文字是平行尺寸线的)，使用"编辑标注"的"旋转(R)"选项，旋转标注文字到30°、-30°、90°、-90°、150°或210°，以使文字垂直或平行于尺寸线。

(5)使用“编辑标注文字”命令或“编辑标注”命令的“倾斜(O)”选项,选择标注文字的基线,使之与对应的轴测线平行。

【例3.13】 用AutoCAD 2018绘制图3.25(f)所示立体的正等轴测图。

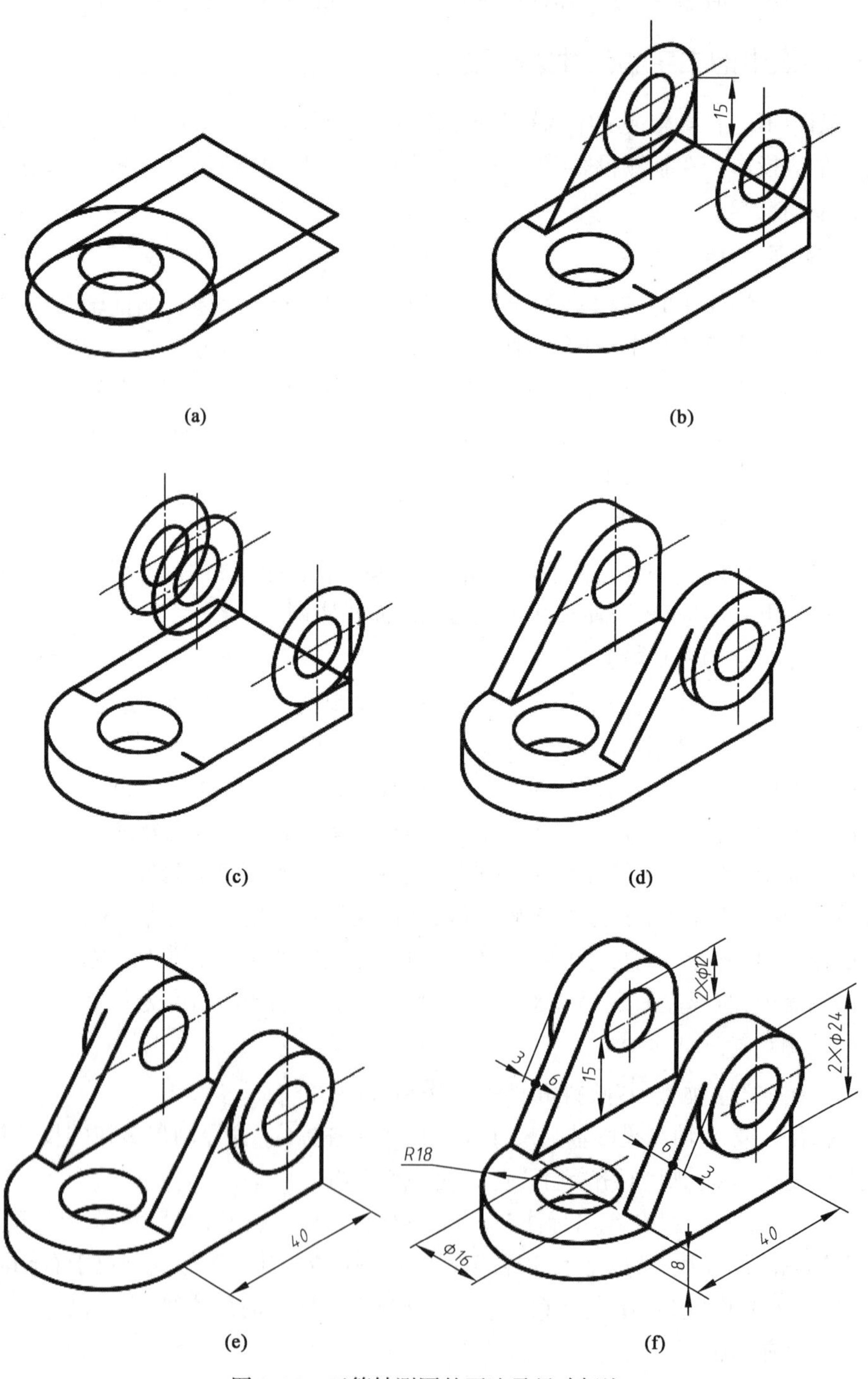

图3.25 正等轴测图的画法及尺寸标注

（1）选择上轴测面为当前等轴测平面，绘制底板长方体上表面的投影；并通过“椭圆”→“等轴测椭圆”绘制两椭圆；整体向下复制到距离 8 处，如图 3.25（a）所示。完善轮廓，修剪掉不必要的图线。这里注意，通过 F5 键灵活调整所操作的轴测面；并且，椭圆的切点是通过象限点捕捉到的。

（2）可在其他位置绘制出右轴测面上的 ϕ24 和 ϕ12 同心椭圆，并平移至与长 15 的竖直线段相切；绘制底板上顶面必要的直线，如图 3.25（b）所示

（3）分别将前后两同心椭圆沿 Y 轴负方向“移动”3mm，和沿 Y 轴正方向“复制”9mm，如图 3.25（c）所示。

（4）绘制与椭圆弧相切的直线，并复制其他直线及椭圆弧到需要的位置；修剪掉被遮挡住的图线，如图 3.25（d）所示。

（5）应用尺寸标注工具栏中的“对齐标注”标注尺寸 40，如图 3.25（e）所示。

（6）使用“编辑标注”中的“倾斜（O）”选项，将尺寸界线倾斜 150°；也可使用“编辑标注文字”，将尺寸数字倾斜适当的角度。最终，使尺寸都具有相应轴测面的立体感。

逐一标注各尺寸，在此不再一一介绍，完成图形。

可以看到，轴测图的绘制及尺寸标注工作量非常大，很烦琐，因此，实际在需要轴测图示意时，经常是利用 AutoCAD 2018 的三维实体造型技术建立三维立体，然后进行等轴测投射，获得立体的等轴测图。在后续章节中，将加以介绍。

3.5　零件图和装配图

3.5.1　零件图的绘制

在机械工程上常用的图样是零件图和装配图，零件图是制造和检验零件的图样。本节通过绘制如图 3.26 所示的阀体零件图，介绍零件图的绘图方法和步骤。

1. 零件图的图形特点

图 3.26 所示“阀体”属于壳体类零件，其结构比较复杂，有阀腔、各螺纹孔和光孔等结构，此外支撑板、安装孔、筋板和轴承孔等结构在零件图中也经常见到。在表达零件形状结构上，除了三视图外，还要结合以一定的剖视图和断面图来表达内部及连接肋板的结构。我们这里采用了一个局部视图表达上方的外形，主视图采用全剖处理。

零件图中除了一组视图外，还应有尺寸标注、技术要求（表面粗糙度、尺寸公差、形位公差等）和标题栏等内容。

2. 零件图的绘图分析

由于零件图的内容较多，为了便于图形管理操作，在绘图前，要进行必要的设置，如设置图层、文字样式、标注样式、图形界限等。

在绘图时，由于各个视图之间独立性较强，可以按照主视图、俯视图、左视图、局部视图和断面图的顺序逐一进行绘制。绘制完成后，再标注尺寸和技术要求。在绘图过程中，应灵活应用掌握的各种绘图、编辑和修改命令及各种辅助绘图工具，提高绘图效率。

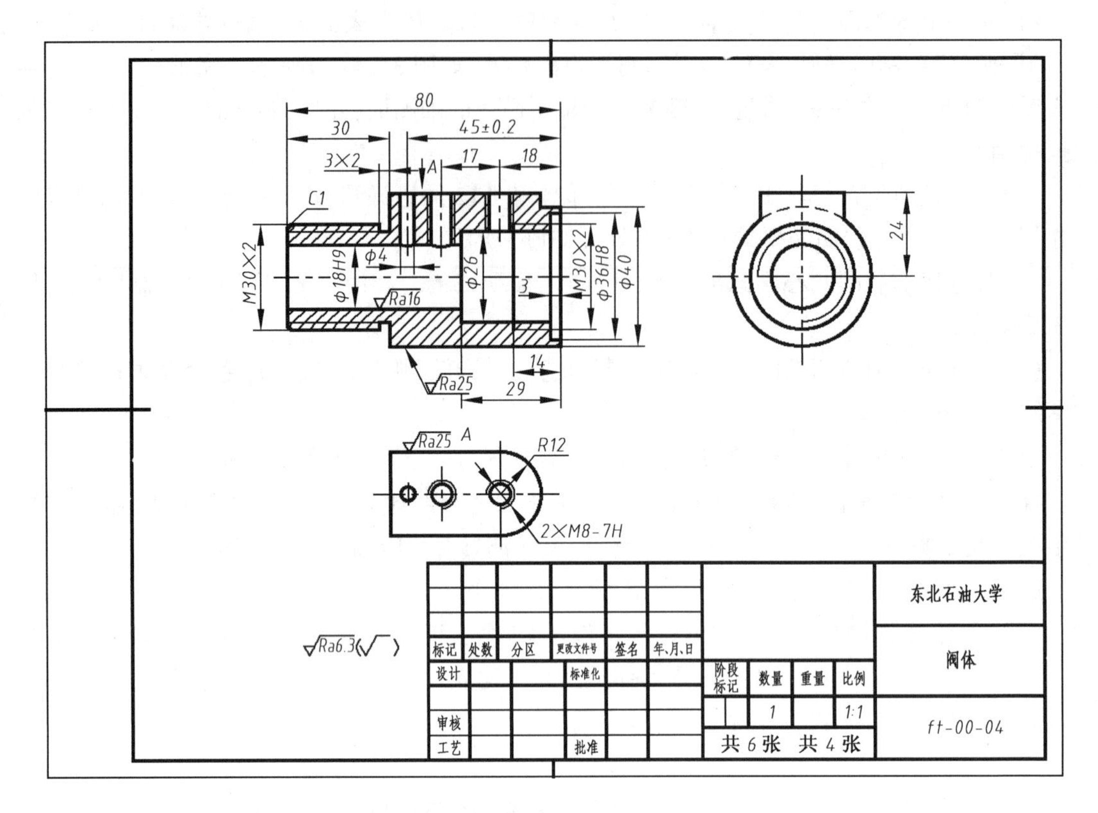

图 3.26 阀体零件图

3. 绘图步骤

1) 设置绘图环境

包括设置绘图界限、单位、创建图层和字体样式、标注样式等。

2) 绘制主视图

如图 3.26 所示,阀体的主视图为全剖视图,表达了主要内外形结构,根据其结构特点和绘图的需要可以先绘制外形轮廓,然后绘制阀腔及螺孔,最后画剖面线的大体顺序进行,如图 3.27 所示。

3) 绘制左视图

绘制左视图时,要注意跟主视图"高平齐",左视图主要由圆构成,再将水平点画线向上"偏移"24,绘制出上方 U 形凸台即可。如图 3.28 所示。

4) 绘制局部视图

A 向局部视图用于表达上方 U 形凸台的外部形状。为了方便绘图,可将 A 向局部视图绘制在主视图下方,并与主视图保持"长对正"的关系。如图 3.28 所示。

5) 绘制断面图

断面图主要用于表达连接肋板的形状和尺寸。绘制断面图时,首先绘制剖切平面符号,然后在剖切符号的延长线上绘制断面图。该阀体零件没有断面图,此部省略。

6)标注尺寸

零件图上的尺寸是加工、检验的重要依据,因此,在标注尺寸前要设置符合国家标准 GB/T14665—2012《机械工程 CAD 制图规则》规定的尺寸标注样式;为确保标注的尺寸完整、清晰、合理,宜采用逐个形体逐个尺寸标注的方法。

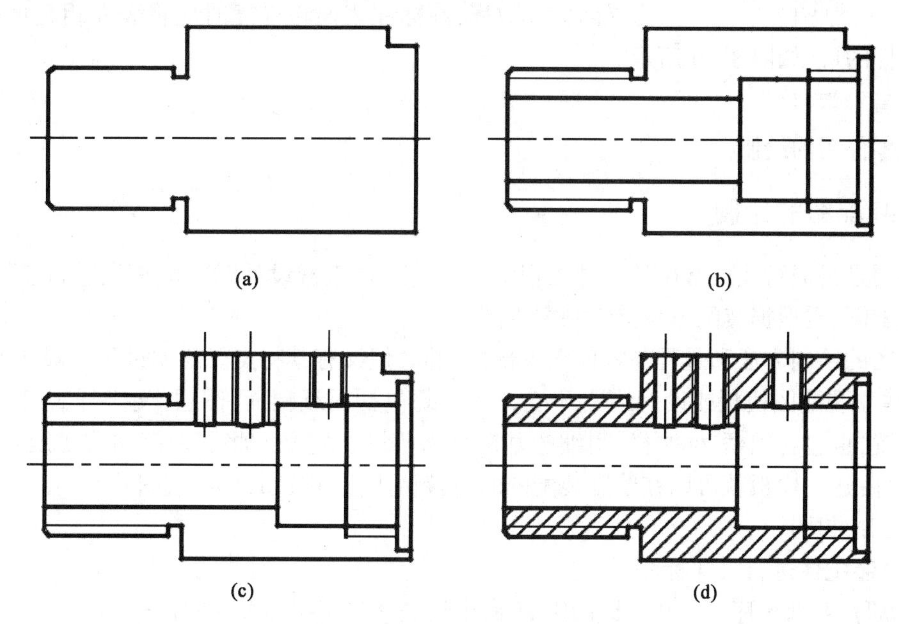

图 3.27 阀体主视图绘图步骤

尺寸公差虽然属于零件的技术要求,但由于其与尺寸数字一体,因此应在该步完成,如图 3.28 所示。

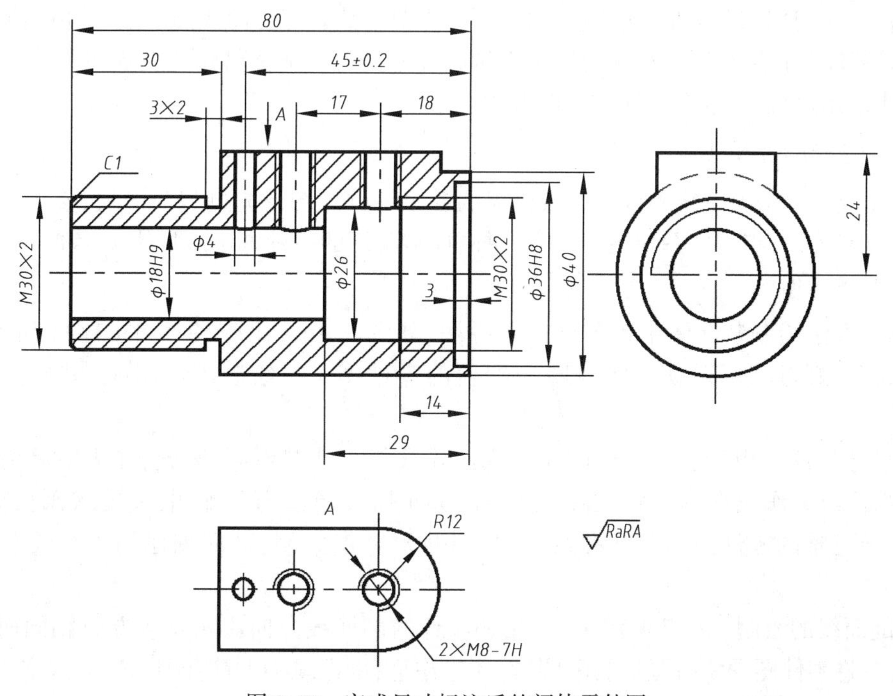

图 3.28 完成尺寸标注后的阀体零件图

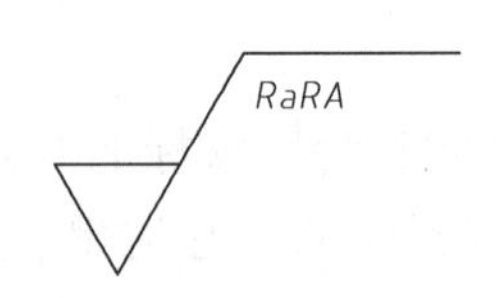

图3.29　表面粗糙度图

7)标注技术要求

零件图上的技术要求有些必须标注在图形中,如表面粗糙度、形位公差和尺寸公差;有些必须用文字的形式注写在图形的下方,如加工要求、检验说明、材料要求等。

为提高标注效率,在标注表面粗糙度时应将表面粗糙度代号创建成带属性的块,如图3.29所示。

8)填写标题栏

完成零件图的绘制。

3.5.2　装配图的绘制

装配图是机械行业最常用的一种工程图样。在进行机械设计时一般是先进行总体设计、绘制出装配图、再根据装配图设计绘制零件图。

装配图的绘制方法和过程与零件图大部分相同,但又有其特点。绘制过程一般如下:

(1)建立装配图模板或设置绘图环境。其中既包括图纸幅面、图层、文字样式、标注样式等基本设置,也包含图框、标题栏、明细栏基础框格等图块定义。将图形存储成扩展名为.dwt的样板文件,建立模板就可以在绘制装配图时直接调用进行绘图,提高绘图效率。

(2)绘制装配图。

(3)对装配体进行尺寸标注。

(4)编写零、部件序号。用“多重引线”命令绘制序号指引线及注写序号。

(5)绘制并填写标题栏、明细栏及技术要求。绘制或直接用表格命令生成明细栏,填写标题栏及明细栏中的文字,注写技术要求。

(6)保存图形文件。

利用AutoCAD 2018绘制装配图可以采用的主要方法有零件图块插入法、零件图形文件插入法、根据零件图直接绘制及利用设计中心拼画装配图等。下面将结合图3.30所示“阀装配图”的具体绘制过程,分别介绍这些绘图方法。

1.零件图块插入法

零件图块插入法就是将组成部件或机器的各个零件的图形先创建为图块,然后再按零件间的相对位置关系,将零件图块逐个插入,拼画成装配图的一种方法。具体步骤如下:

1)绘制零件图

用前述方法绘制装配体中各零件的零件图,如图3.26和图3.31~图3.34所示,分别为阀体、阀芯、螺母、弹簧、O型密封圈和端盖的零件图。在绘制零件图时,需要注意以下问题:

(1)尺寸标注。由于装配图中的尺寸标注要求与零件图不同,因此,如果只是为了拼画装配图,则可以只画出图形,而不必标注尺寸;如果既要求画出装配图,又要求画出零件图,则可以先把完整的零件图画出并存盘,然后再将尺寸层关闭,进而创建用于拼绘装配图的图块。

(2)剖面线的绘制。在装配图中,两相邻零件的剖面线方向应相反或方向相同而间隔不等,因此,在将零件图图块拼画成装配图后,还应注意,剖面线必须符合国标这一规定。如果拼画成装配图后有的相邻零件的剖面线视觉上没有明显的区别,则可以将需调整剖面线的零件图块“分解”，再用“图案填充”命令修改剖面线的有关参数；或者先不画出剖面线，待拼画完装配图后，再按要求补画出剖面线。

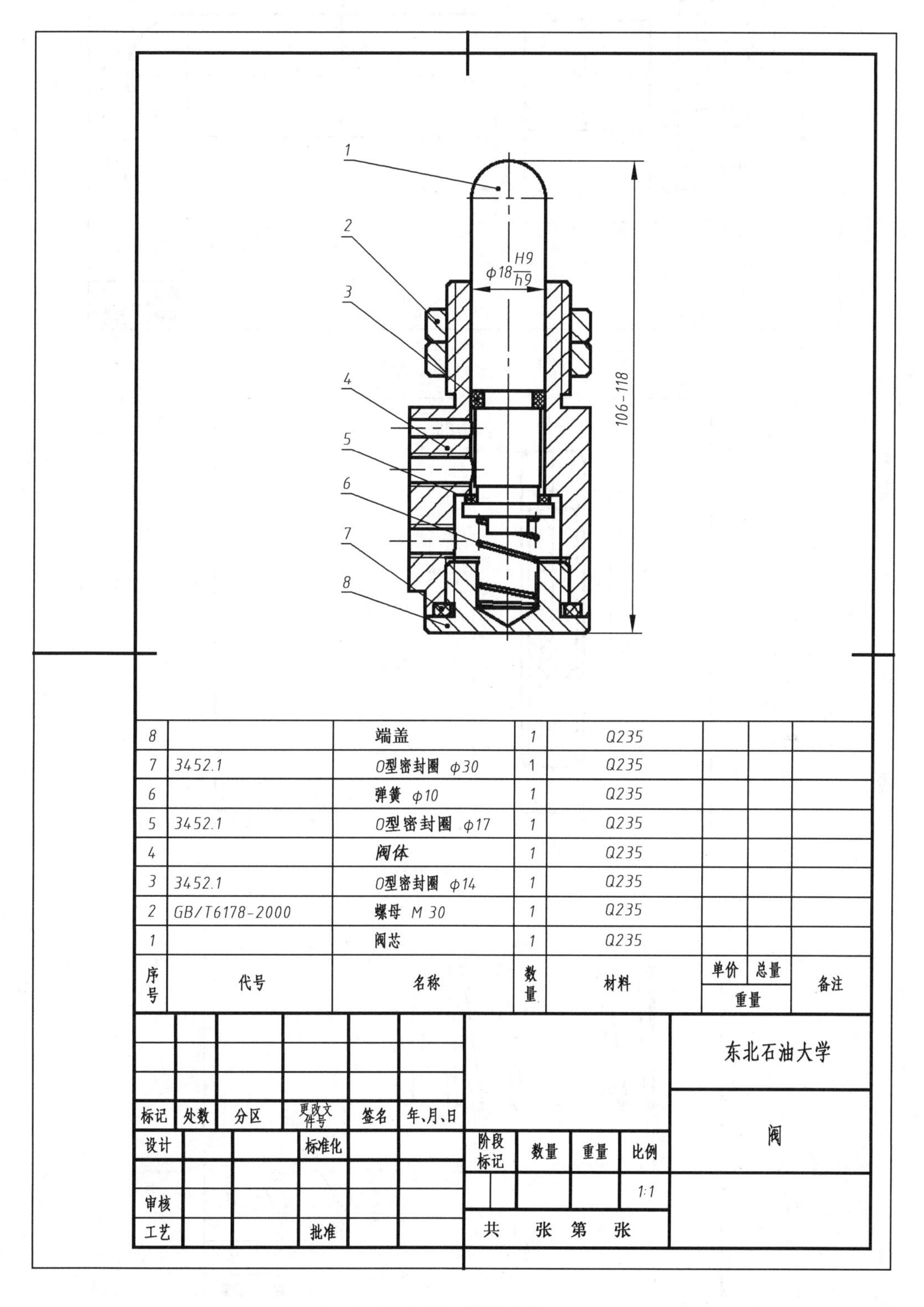

图 3.30　阀装配体

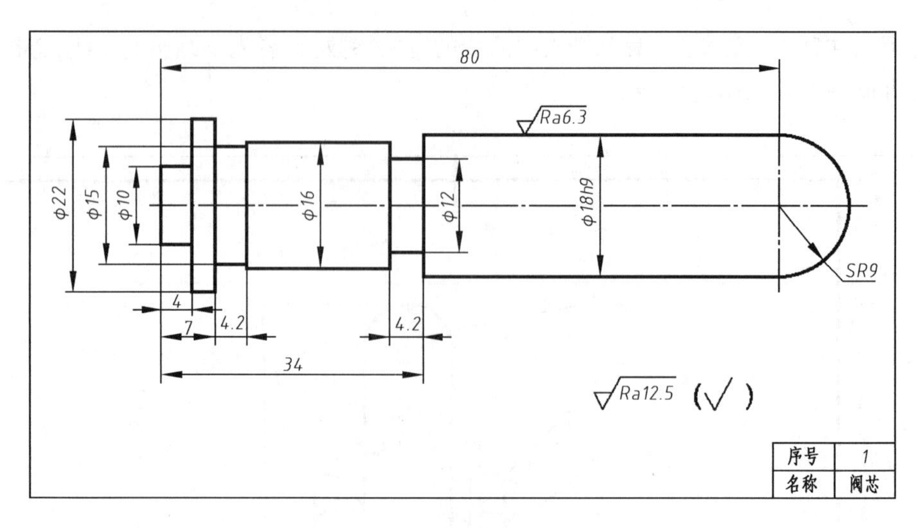

图 3.31　阀芯零件图

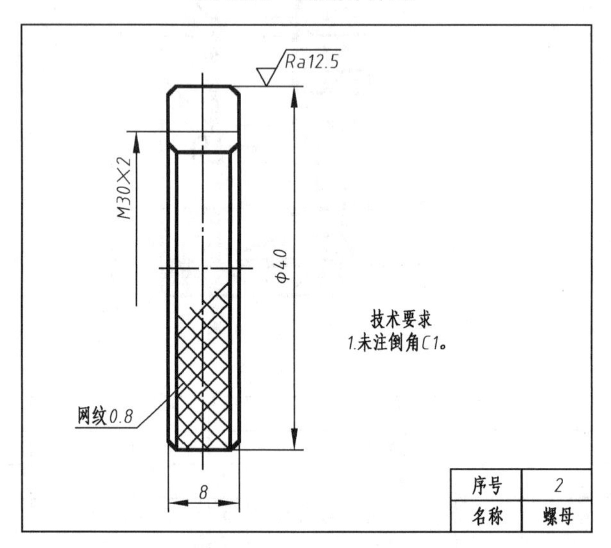

图 3.32　螺母零件图

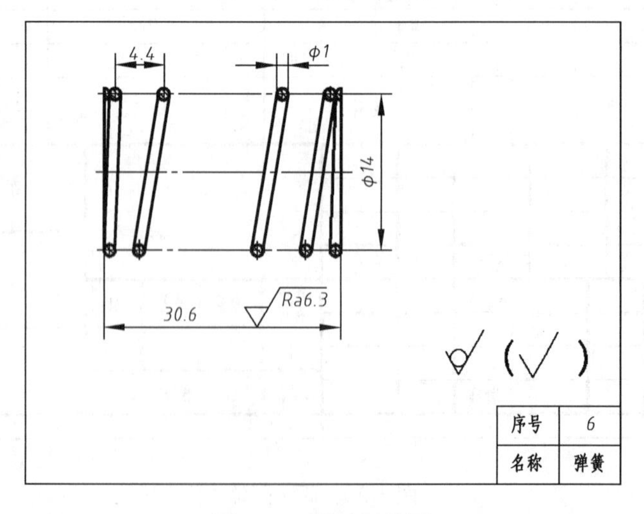

图 3.33　弹簧零件图

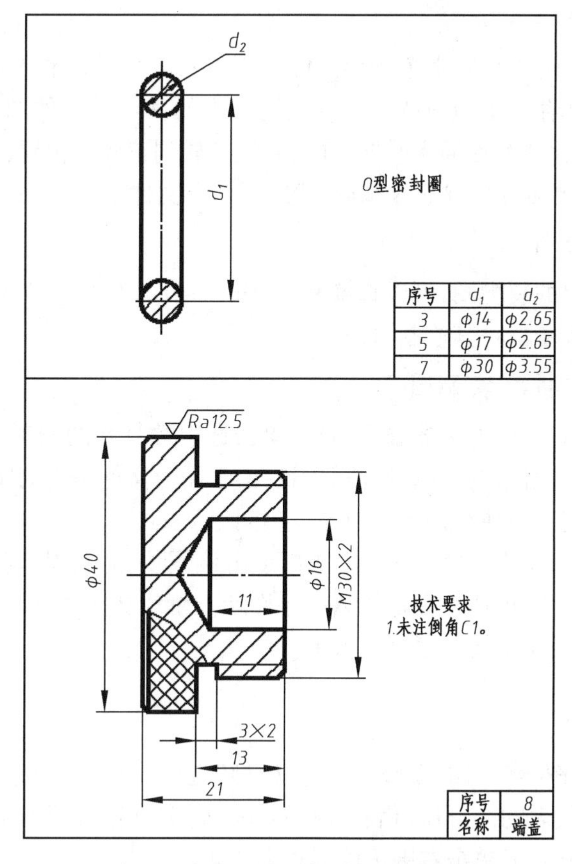

图 3.34　O 型密封圈、端盖零件图

(3)螺纹的绘制。如果零件图中有内螺纹或外螺纹,则拼画装配图时还要加入对螺纹连接部分的处理。由于国标对螺纹连接的规定画法与单个螺纹画法不同,表示螺纹大、小径的粗、细线均将发生变化,剖面线也要重画。因此,为了绘图简便,零件图中的内螺纹及相关剖面线可暂不绘制,待拼画成装配图后,再按螺纹连接的规定画法将其补画出来;或者插入图块后将其"分解",再按规定修改图形及剖面线。

2)创建零件图块

将绘制完成的零件图,用创建图块命令 Wblock 定义为图块,供拼画装配图时调用。

(1)打开绘制的零件图,并将尺寸图层关闭。

如果零件图的视图选择及表达方法有与装配图不一致的地方,则需要对绘制的零件图进行编辑修改,使其与装配图保持一致。

(2)将零件图形定义成块。

为了保证零件图块拼画成装配图后各零件间的相对位置和装配关系,在创建零件图块时,一定要选择好插入基点。

3)由零件图块拼画装配图

(1)根据装配图的大小及绘图比例,调用创建的机械图样样板,在此基础上拼画装配图。

(2)用"插入图块"命令,选择好插入点,依次插入创建的零件图块,如果零件图块的比例与装配图的比例不同,则还需要设定零件图块插入时的比例,以使其满足装配图的要求。

(3)检查拼画完成的装配图,将被遮挡的多余图线删除,并绘制剖面线。

2. 零件图形文件插入法

在 AutoCAD 2018 中,可以将多个图形文件用块插入命令直接插入到同一图形中,插入后的图形文件以块的形式存在于当前图形中。这里插入的基点为零件图形的坐标原点(0,0),因此不利于定位,为了保证图形插入时能准确、方便地放到正确的位置,在绘制完零件图形后,应首先用定义基点命令 Base 设置插入基点,然后再保存文件。

3. 直接绘制装配图

对于一些比较简单的装配图,可以直接利用 AutoCAD 2018 的二维绘图及编辑命令,按照手工绘制装配图的画图步骤将其绘制出来。

4. 利用设计中心拼画装配图

在 AutoCAD 2018 设计中心内容显示窗口,单击选中欲打开的图形文件,按住鼠标左键将其拖到绘图区后松开,此时系统会出现提示信息,由于图形文件是作为图块插入到当前图形中的,因此,系统提示的内容与执行插入图块命令相同。

也可选中图形文件,从中选择"块",用鼠标单击该图块,并将其拖放到绘图区,从而插入该图形文件中定义的图块,但一次只能插入一个图块。图块被插入到图形中后,如果原来的图块被修改,则插入到图形中的图块也随之改变。

3.5.3 图形的输出

在 AutoCAD 2018 图形窗口的底部有一个"模型"选项卡和一个或多个"Layout(布局)"选项卡。"模型"选项卡代表的图形窗口表示模型空间,而"布局"选项卡所代表的图形窗口表示图纸空间。在"布局"标签上单击右键可以创建多个布局。

模型空间是完成对象的造型、绘图和设计工作的空间,是创建和编辑图形的地方。图纸空间用于排列图形和打印输出。对于不太复杂的图形,在模型空间打印输出即可。选择[文件]→[打印],弹出"打印"对话框,如图 3.35 所示。通过该对话框,用户可以选择打印机、设置图纸尺寸、图形打印区域、打印比例、原点(打印偏移)、图形方向、打印份数等。输出前还可通过预览显示全部图形,以便用户检查图形是否出界、图纸利用情况等。

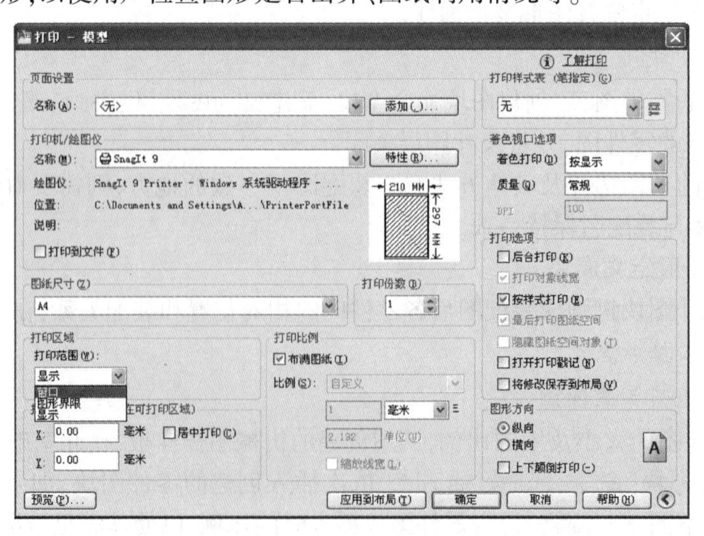

图 3.35 "打印"对话框

在打印范围选项中有以下几种模式:

布局:此项仅在“布局”状态下打印时才出现,它将打印图纸尺寸界限内的所有图形。

图形界限:此项仅在“模型”状态下打印时才出现,它将打印图纸尺寸界限内的所有图形。

范围:用于打印包含图形的当前空间中的所有元素。

显示:用于打印“模型”选项卡中当前视口的图形。

窗口:通过指定一个区域的两个对角点来确定打印区域。该选项是较常用的选项。

3.6 典型化工设备图的绘制

前面几节主要讲述了 AutoCAD 2018 基本绘图命令及编辑命令的有关知识。下面将通过一个工程中典型的化工设备图 φ1800×7000 二次脱水罐(图 3.36)的绘制过程,讲述如何综合利用各种绘图命令来绘制表达化工设备的各种基本视图、局部视图及剖视图等,并介绍尺寸标注的方法和步骤等内容。通过这些内容的学习能够使 AutoCAD 2018 绘图及尺寸标注等各方面得到更深入的综合训练,获得更多的实用技巧。

3.6.1 绘图初始环境设定

1. 图幅尺寸

根据脱水罐的实际大小及结构的复杂程度,选择绘图比例为 1:15,则所需图纸为 A1 号图纸,因此设定图幅尺寸为 A1 号图纸大小。注意:以下绘图尺寸均为缩小后的尺寸。

命令: _limits

重新设置模型空间界限:

指定左下角点或 [开(ON)/关(OFF)] <0.0000,0.0000>: //默认图纸的左下角点坐标为(0,0)

指定右上角点 <420.0000,297.0000>: 841,594 //设定右上角点坐标为(841,594),即 A1 号图纸

2. 显示所设图幅

命令: <栅格 开> //单击右下角状态栏中的栅格按钮,显示栅格

命令: _zoom

指定窗口角点,输入比例因子(nX 或 nXP),或[全部(A)/中心点(C)/动态(D)/范围(E)/上一个(P)/比例(S)/窗口(W)] <实时>: a

正在重生成模型。 //全屏显示所设图幅

3. 设置绘图单位、精度和文字样式

执行 Units 命令,或打开[格式]下拉菜单选择[单位],设定长度类型为“小数”、精度为 0;角度类型为“十进制度数”、精度为 0。

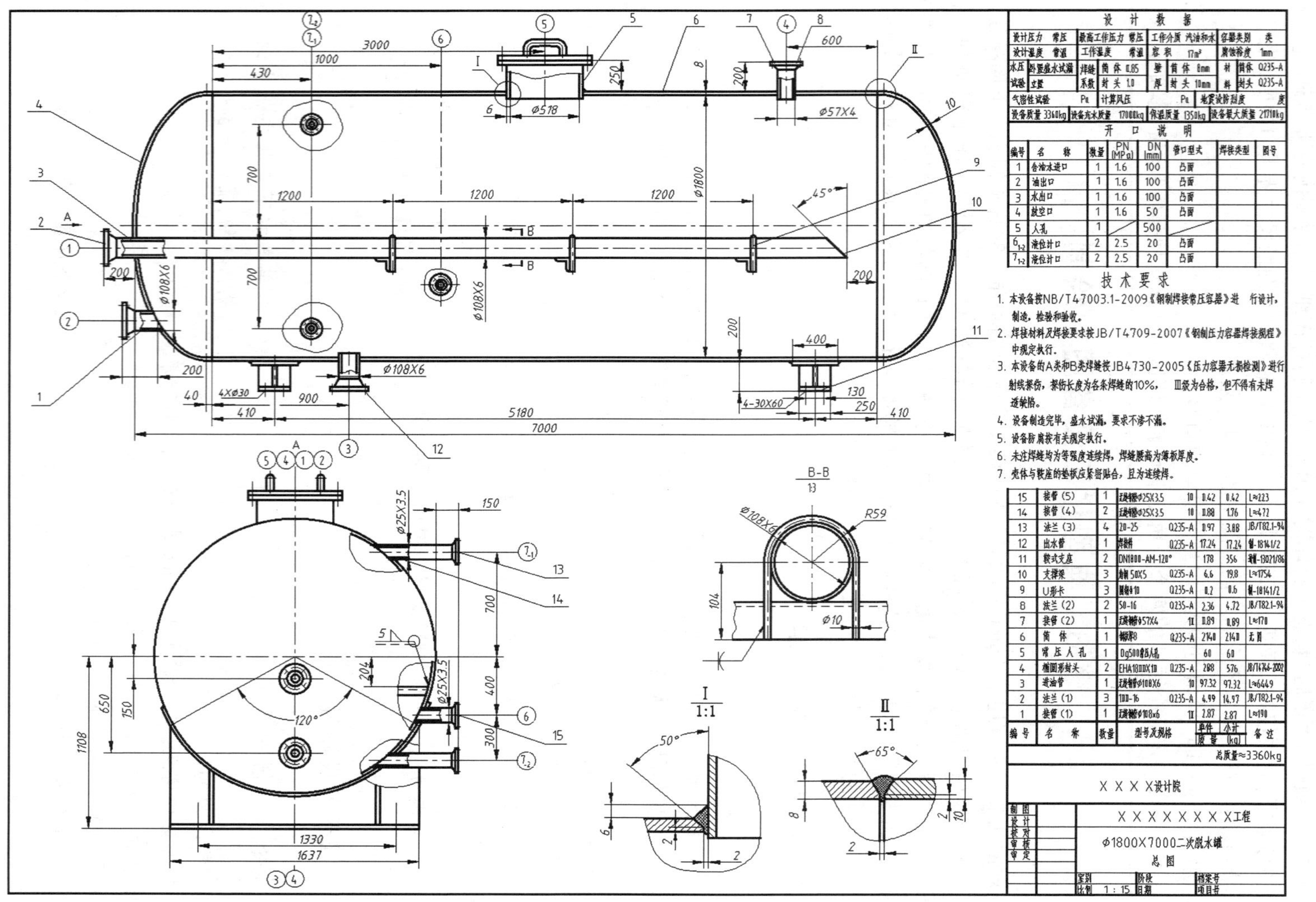

图 3.36 二次脱水罐装配图

执行 Style 命令,或打开[格式]下拉菜单选择[文字样式],设定文字样式为“宋体”,高度为 0。

4. 设置图层、颜色、线型及线宽

执行图层设定命令 Layer,打开图层特性管理器,设定图层特性如下:

图层	颜色	线型	线宽
0	白色	Continuous	0.5 mm
点画线	红色	Center	缺省
双点画线	白色	phantom	缺省
细实线	蓝色	Continuous	缺省
虚线	紫色	dashed	缺省
尺寸线	蓝色	Continuous	缺省
剖面线	白色	Continuous	缺省

3.6.2　绘制图纸边框线和图框线

将细实线层设为当前图层,启动画矩形命令绘制图纸边框线和图框线。

```
命令: _rectang
指定第一个角点或 [倒角(C)/标高(E)/圆角(F)/厚度(T)/宽度(W)]: 0,0      //左下角点坐标为(0,0)
指定另一个角点: 841,594      //右上角点坐标为(841,594)
```

将当前图层置为 0 层,启动画矩形命令绘制图框线。

```
命令: _rectang
指定第一个角点或 [倒角(C)/标高(E)/圆角(F)/厚度(T)/宽度(W)]: from
基点: 0,0      //以坐标原点为基点
<偏移>: 25,10      //图框线的左下角点坐标
指定另一个角点: 831,584      //图框线的右上角点坐标
```

打开极轴追踪、对象捕捉功能,设定对象捕捉方式:端点、交点及垂足。绘制标题栏。

```
命令: _line 指定第一点: from
基点:      //单击图框线的右下角点 B
<偏移>: @ -180,0      //得 A 点
指定下一点或 [放弃(U)]:      //捕捉图框线上边线的垂足,单击鼠标左键
```

细实线的左侧为绘图区域，右侧为书写技术要求、标题栏等区域，如图3.37所示。

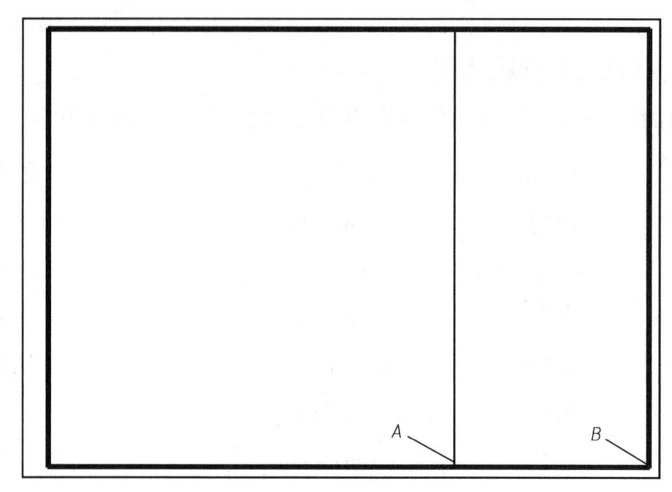

图3.37　图纸边框线和图框线

3.6.3　绘制主视图主要外形轮廓

该脱水罐为常压卧式容器，中间筒体结构为圆柱体，两端为椭圆形封头。主视图基本采用全剖绘制。绘制时应注意筒体和钢板厚度采用夸大画法，为使将来用绘图仪输出时两条粗实线不连在一起，任意两条粗实线间间距不得小于1.4mm。

打开极轴追踪、对象捕捉功能，设定对象捕捉方式：端点、交点、圆心及垂足。将点画线图层置为当前层，启动画线命令Line，绘出中心线A和C，再启动偏移命令Offset，绘出圆柱体转向轮廓线、左椭圆封头的对称中心线B及椭圆的辅助线E、F(线E、F相对于线B左右对称)，启动画椭圆命令Ellipse绘制出椭圆，再用修剪Trim命令修剪掉多余线，启动镜像命令得到右侧封头，如图3.38所示。

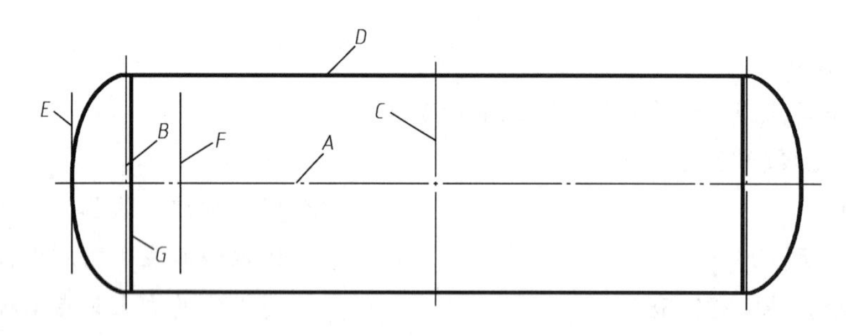

图3.38　脱水罐外轮廓线

```
命令：_line 指定第一点：                              //单击水平对称线的左端点
指定下一点或[放弃(U)]：   <正交 开>                  //单击水平对称线的右端点
指定下一点或[放弃(U)]：                               //按回车键(画出点画线A)
命令：_line 指定第一点：                              //单击竖直对称线的上端点
指定下一点或[放弃(U)]：                               //单击竖直对称线的下端点
指定下一点或[放弃(U)]：                               //按回车键(画出点画线C)
命令：_offset
```

指定偏移距离或［通过(T)］ <302>: 203　　//输入点画线 C 到点画线 B 的距离
选择要偏移的对象或 <退出>:　　//选择点画线 C
指定点以确定偏移所在一侧:　　//在点画线 C 的左侧单击一点
选择要偏移的对象或 <退出>:　　//按回车键(得点画线 B)
命令: _offset
指定偏移距离或［通过(T)］ <203>: 200　　//输入点画线 C 到点画线 G 的距离
选择要偏移的对象或 <退出>:　　//选择点画线 C
指定点以确定偏移所在一侧:　　//在点画线 C 的左侧单击一点
选择要偏移的对象或 <退出>:　　//按回车键

得点画线 G,再将点画线 G 调入 0 图层并修剪,即得粗实线 G。

命令: _offset
指定偏移距离或［通过(T)］ <200>: 60　　//输入点画线 A 到直线 D 的距离
选择要偏移的对象或 <退出>:　　//选择点画线 A
指定点以确定偏移所在一侧:　　//在点画线 A 的上面单击一点
选择要偏移的对象或 <退出>:　　//选择点画线 A
指定点以确定偏移所在一侧:　　//在点画线 A 的下面单击一点
选择要偏移的对象或 <退出>:　　//按回车键(得圆柱体上下轮廓)

得点画线 D,再将点画线 D 调入 0 图层并修剪,即得粗实线 D。

命令: _offset
指定偏移距离或［通过(T)］ <60>: 31　　//输入点画线 B 到直线 E 的距离
选择要偏移的对象或 <退出>:　　//选择直线 B
指定点以确定偏移所在一侧:　　//在直线 B 的左侧单击一点
选择要偏移的对象或 <退出>:　　//选择直线 B
指定点以确定偏移所在一侧:　　//在直线 B 的右侧单击一点
选择要偏移的对象或 <退出>:　　//按回车键(得画椭圆的辅助线 E、F)
命令: _ellipse
指定椭圆的轴端点或［圆弧(A)/中心点(C)］: //单击 A 和 E 的交点
指定轴的另一个端点:　　//单击 A 和 F 的交点
指定另一条半轴长度或［旋转(R)］:　　//单击 B 和 D 的交点
命令: _trim
当前设置: 投影 = UCS 边 = 延伸
选择剪切边 ...　　//单击点画线 B
选择对象: 找到 1 个　　//回车,结束剪切边的选择
选择要修剪的对象或［投影(P)/边(E)/放弃(U)］　　//单击椭圆的右侧线
命令: _mirror

选择对象：找到 3 个　　//选择直线 B、G 和半椭圆弧，回车

指定镜像线的第一点：　　//单击 C 和 D 的交点

指定镜像线的第二点：　　//单击 C 和 A 的交点

要删除源对象吗？[是(Y)/否(N)] <否>　　//按回车键

命令：_offset

指定偏移距离或 [通过(T)] <2>：2　　//输入脱水罐的壁厚，回车

选择要偏移的对象或 <退出>：　　//选择椭圆封头

指定点以确定偏移所在一侧：　　//单击封头内侧，将封头向内偏移

选择要偏移的对象或 <退出>：...　　//分别将脱水罐的外轮廓线向内偏移，形成内轮廓，按回车键，结束命令

利用偏移命令得到脱水罐的内轮廓线，删除多余辅助线，如图 3.39 所示。

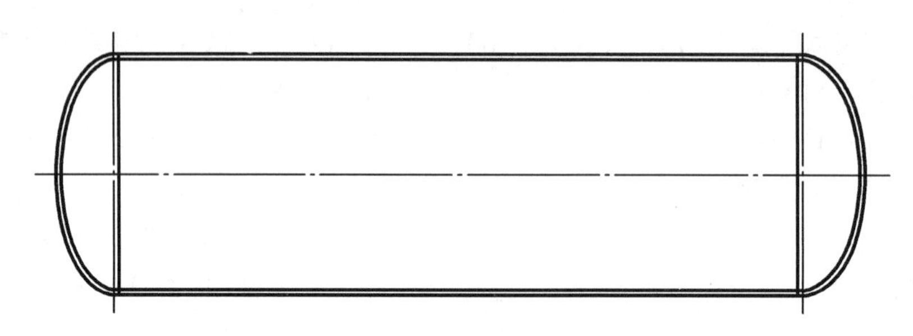

图 3.39　脱水罐体

3.6.4　绘制人孔

(1)直线 A 和直线 B 是罐体的内外轮廓线，利用偏移命令偏移直线 B 和左封头的焊缝线分别绘出人孔的底线 D 和轴线 C(暂时为粗实线)，再利用偏移命令分别绘出其他线条，如图 3.40(a)所示。

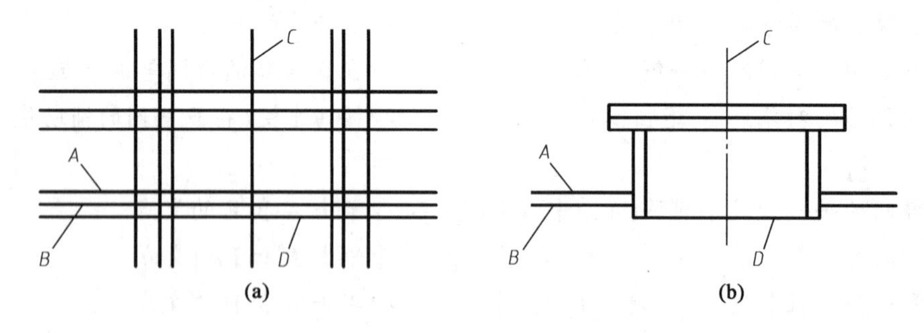

图 3.40　人孔绘制过程(一)

命令：_offset

指定偏移距离或[通过(T)] <2>：200　　//输入封头左焊缝线到人孔轴线的距离

选择要偏移的对象或 <退出>：　　//罐体的左焊缝线

指定点以确定偏移所在一侧：　　//单击左焊缝线右侧

选择要偏移的对象或 <退出>：　　//按回车键(得人孔轴线 C)

```
命令：_offset
指定偏移距离或［通过(T)］ <2>：2            //罐体内轮廓线 B 到人孔底部的距离
选择要偏移的对象或 <退出>：                 //选择直线 B
指定点以确定偏移所在一侧：                  //单击 B 的下面
选择要偏移的对象或 <退出>：                 //按回车键(得人孔的底线 D)
命令：_offset
指定偏移距离或［通过(T)］ <2>：17           //输入人孔内半径
选择要偏移的对象或 <退出>：                 //人孔的轴线 C
指定点以确定偏移所在一侧：                  //单击轴线 C 的左侧
选择要偏移的对象或 <退出>：                 //人孔的轴线 C
指定点以确定偏移所在一侧：                  //单击轴线 C 的右侧
选择要偏移的对象或 <退出>：                 //按回车键(得人孔的内壁)
命令：_offset
指定偏移距离或［通过(T)］ <2>：19           //输入人孔外半径
选择要偏移的对象或 <退出>：                 //人孔的轴线 C
指定点以确定偏移所在一侧：                  //单击轴线 C 的左侧
选择要偏移的对象或 <退出>：                 //人孔的轴线 C
指定点以确定偏移所在一侧：                  //单击轴线 C 的右侧
选择要偏移的对象或 <退出>：                 //按回车键(得人孔的外壁)
命令：_offset
指定偏移距离或［通过(T)］ <2>：17           //A 到人孔上端面的距离
选择要偏移的对象或 <退出>：                 //选择直线 A
指定点以确定偏移所在一侧：                  //单击 A 的上面
选择要偏移的对象或 <退出>：                 //按回车键(得人孔的上端面)
```

(2)利用修剪命令 Trim 修剪图形，且将轴线 C 调入 0 点画线层。按照同样的方法，可绘制人孔法兰盘的轮廓线，在此不再叙述，如图 3.40(b)所示。

(3)可继续利用偏移和修剪命令绘出手柄矩形 E，下面利用另一种方法，即画线命令结合正交偏移捕捉绘出手柄的矩形 E，如图 3.41(a)所示。

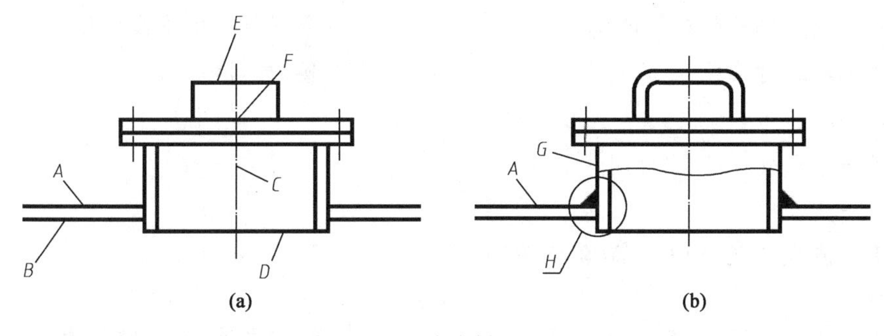

图 3.41　人孔绘制过程(二)

```
命令：_line 指定第一点：from                //使用正交偏移捕捉
```

基点：　　//捕捉交点 F

<偏移>：@ -9,0　　//输入第一点相对坐标

指定下一点或［放弃(U)］：@0,7　　//输入第二点相对坐标

指定下一点或［放弃(U)］：@18,0　　//输入第三点相对坐标

指定下一点或［闭合(C)/放弃(U)］：　　//捕捉垂足，单击左键

指定下一点或［闭合(C)/放弃(U)］：　　//按回车键

(4)利用倒圆角命令为手柄矩形倒圆角，再用偏移命令绘出手柄的内轮廓线；利用画曲线命令绘出波浪线，然后修剪图形；利用画线命令结合正交捕捉和极轴追踪绘出角焊三角形，修剪并利用图案填充命令对三角形涂黑，利用画圆命令绘出圆 H，如图 3.41(b)所示。

命令：_fillet

当前模式：模式 = 修剪，半径 = 10

选择第一个对象或［多段线(P)/半径(R)/修剪(T)］：r

指定圆角半径 <10>：2　　//设定圆角半径为 2

命令：_fillet

当前模式：模式 = 修剪，半径 = 2.0000

选择第一个对象或［多段线(P)/半径(R)/修剪(T)］：　　//选择矩形的左边

选择第二个对象：　　//选择矩形的上边

命令：_fillet

当前模式：模式 = 修剪，半径 = 2.0000

选择第一个对象或［多段线(P)/半径(R)/修剪(T)］：　　//选择矩形的右边

选择第二个对象：　　//选择矩形的上边

命令：_offset

指定偏移距离或［通过(T)］ <2>:2　　//输入手柄内外轮廓线的距离

选择要偏移的对象或 <退出>：　　//分别选择手柄外轮廓各线

指定点以确定偏移所在一侧：　　//分别单击轮廓线内侧

选择要偏移的对象或 <退出>：　　//按回车键

命令：_spline

指定第一个点或［对象(O)］：

指定下一点：

指定下一点或［闭合(C)/拟合公差(F)］ <起点切向>：

指定下一点或［闭合(C)/拟合公差(F)］ <起点切向>：　　//按回车键，结束绘制波浪线

利用 Trim 命令修剪图形如图 3.41(b)所示。

```
命令：_line 指定第一点：from
基点：                                        //选择直线 A 和直线 G 的交点
<偏移>：@ -3,0                                //输入相对于该交点的相对坐标
指定下一点或［放弃(U)］：                       //打开极轴追踪极轴角设为 45 度,输入
                                              另一点
指定下一点或［放弃(U)］：                       //按回车键(修剪成角焊三角形)
命令：_bhatch
选择内部点：正在选择所有对象...                  //选择 solid 图案,单击三角形内任意一点
正在选择所有可见对象...
正在分析所选数据...
正在分析内部孤岛...
选择内部点：                                   //按回车键(完成图案填充)
命令：_mirror
选择对象：指定对角点：找到 2 个                  //选择角焊处图形
选择对象：                                     //按回车键,结束选择
指定镜像线的第一点：                            //单击人孔轴线上第一点
指定镜像线的第二点：                            //单击人孔轴线上第二点
是否删除源对象？［是(Y)/否(N)］<N>：             //按回车键
```

3.6.5　绘制放空孔和油出孔

在图 3.42 中直线 A 和 B 是脱水罐的外壁和内壁的轮廓线,放空孔的轴线 C 和底线 D 分别由右封头焊缝线和罐体内壁轮廓线 B 偏移得到,再根据图纸分别偏移轴线 C 和直线 D 相应的距离,得放空孔的其他线条,然后修剪图形并把各种类型的线放入相应的图层中。作图过程与人孔的画法相似,这里从略。其中图中 H 线的画法是:打开极轴追踪,设定极轴角为 45°,利用画线命令,第一点捕捉直线 E 和 F 的交点单击,第二点追踪 45°线单击,再修剪即可。油出孔(图 3.43)的绘图方法与放空孔一样,在此不再赘述。

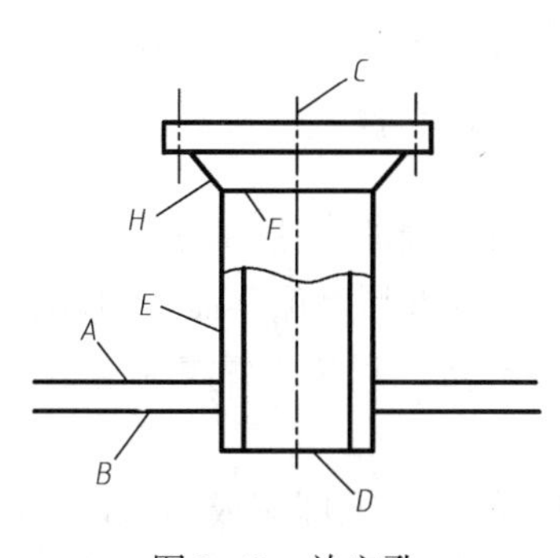

图 3.42　放空孔

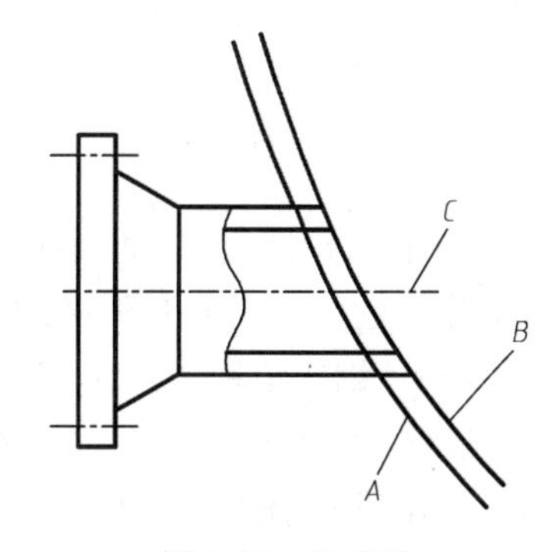

图 3.43　油出孔

3.6.6　绘制含油水进口和出水口

它们的端部与放空孔相似,因此可分别通过对原有图形进行复制、旋转、移动等操作绘图(注意:在作移动时一定要选好基准)。下面详细介绍一下油水进口在罐体内的部分的绘制过

程。由于该管具有细长的特点,按原比例画图形显示不清楚,因此把该管作了变形,其目的是使大家看清楚各部分结构的画法。

(1)在绘制油水进口管时可先利用偏移命令绘出直线A,再利用延伸命令Extend将端部原有的内外壁转向线C和D延伸至直线A;利用画线命令,结合极轴追踪,绘出右端的45°斜线;利用样条曲线命令画波浪线,最后修剪各部分,如图3.44所示。

命令:_extend	
当前设置:投影=UCS 边=延伸	
选择边界的边...	
选择对象:找到 1	//选择A线
选择对象:	//按回车键
选择要延伸的对象或[投影(P)/边(E)/放弃(U)]:	//依次选择C、D右端,则它们分别延长至A
选择要延伸的对象或[投影(P)/边(E)/放弃(U)]:	//按回车键

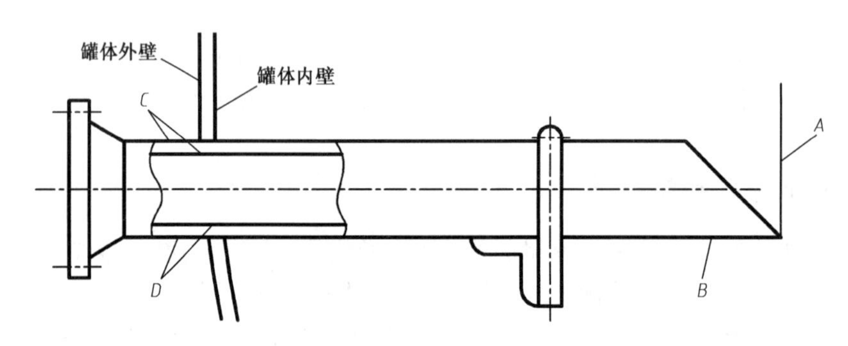

图3.44　含油水进口

打开极轴追踪,设定极角为45°,打开对象捕捉。

命令:_line 指定第一点:	//单击A和B的交点
指定下一点或[放弃(U)]:	//追踪135°极轴追踪线,单击
指定下一点或[放弃(U)]:	//按回车键

关闭极轴追踪和对象捕捉,启动画样条曲线Spline命令画波浪线,修剪。

(2)利用偏移命令画出三个U形卡的对称中心线,之后再利用偏移命令、画圆命令及剪切命令绘制U形卡和角钢。角钢的圆角部分是四分之一圆弧。利用多重复制绘出其他两个U形卡和角钢,复制时一定要选好基准。具体步骤从略。

(3)复制放空孔图形,旋转180°,再将其移动至相应的位置上即完成出水口图形。

3.6.7　绘制B-B放大图

选择合适的位置绘出圆的对称中心线,利用画圆命令绘出圆A,同样的方法分别绘出其他三个同心圆,偏移直线B得直线C,利用画线命令绘出直线D的左半部分,利用拉长命令绘出右半部分,偏移直线D得E,利用画线命令绘出直线F及其他与之平行的线,利用打断命令打断圆 G 、H 和直线 D,画出波浪线,修剪如图 3.45 所示,最后写出文字。

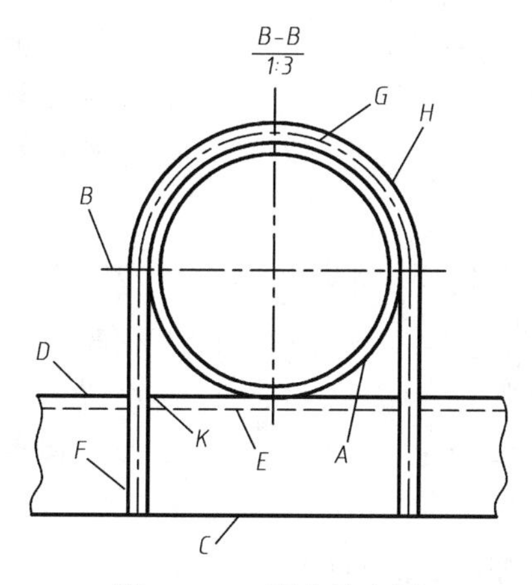

图 3.45 U 形卡放大图

注意:U 形卡和两处焊缝均为局部放大图,绘图时,要按照各图示比例相应尺寸绘制。

下面是主要的绘图过程。

命令: _circle 指定圆的圆心或 [三点(3P)/两点(2P)/相切、相切、半径(T)]: //单击点画线交点

指定圆的半径或 [直径(D)] <2.7000>: 18

命令: _offset

指定偏移距离或 [通过(T)] <通过>: 35 //输入 B 到 C 的距离

选择要偏移的对象或 <退出>: //单击直线 B

指定点以确定偏移所在一侧: //单击 B 的下面

选择要偏移的对象或 <退出>: //按回车键

命令: _line 指定第一点: //单击圆 A 的下象限点

指定下一点或 [放弃(U)]: //在左侧单击一点

指定下一点或 [放弃(U)]: //按回车键

命令: _lengthen

选择对象或 [增量(DE)/百分数(P)/全部(T)/动态(DY)]: DY

选择要修改的对象或 [放弃(U)]: //单击直线 D 的右端

指定新端点: //在右侧合适的位置单击一点

选择要修改的对象或 [放弃(U)]: //按回车键

命令: _break 选择对象:

指定第二个打断点 或 [第一点(F)]: F //重新指定第一打断点

指定第一个打断点: //圆 G 的左象限点(必须先选择左象限点)

指定第二个打断点: //圆 G 的右象限点(G 的下半圆被剪掉)

命令：_break 选择对象：
指定第二个打断点 或［第一点(F)］：F　　//重新指定第一打断点
指定第一个打断点：　　//选择 D 与 F 的交点
指定第二个打断点：　　//选择 K 点
命令：_offset
指定偏移距离或［通过(T)］ <35.0000>：2　　//输入 D 到 E 的距离
选择要偏移的对象或 <退出>：　　//选择 D
指定点以确定偏移所在一侧：　　//单击 D 的下面得直线 E
选择要偏移的对象或 <退出>：　　//按回车键
命令： _dtext
当前文字样式:Standard 文字高度:3.0000
指定文字的起点或［对正(J)/样式(S)］：　　//在放大图上方合适位置上单击一点
指定高度 <2.0000>：3　　//文字高度
指定文字的旋转角度 <0>：　　//回车默认0°
输入文字：B－B
输入文字：1:3
输入文字：　　//按回车键

3.6.8 绘制另一放大图 I

这里重点讲解焊口形状的画法和剖面线的填充,如图 3.46 所示。

(1)绘出内外壁轮廓线后,焊口的形状可用多种方法绘出,现在我们用画线命令结合正交偏移捕捉的方法画焊口形状。

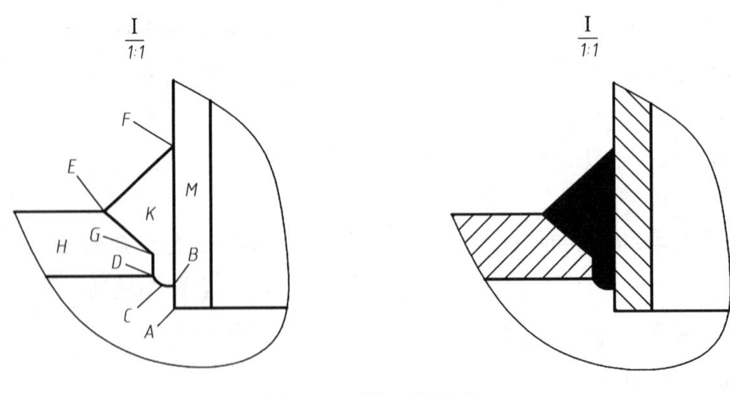

图 3.46　焊口的画法

打开正交、对象捕捉、对象追踪。

命令：_line 指定第一点：from　　//使用正交偏移捕捉
基点：　　//单击 A 点

<偏移>：@ 0,1　　//输入B点相对于A点的相对坐标，得B点

指定下一点或［放弃(U)］:1　　//向左追踪，输入点A到点B的距离，得C点

指定下一点或［放弃(U)］:　　//打开极轴，设极轴角45°，利用极轴追踪和对象追踪捕捉D点单击

指定下一点或［闭合(C)/放弃(U)］:2　　//向上追踪，输入点D到点G的距离，得G点

指定下一点或［闭合(C)/放弃(U)］:　　//设极轴角140°，利用极轴追踪和对象追踪捕捉E点单击

指定下一点或［闭合(C)/放弃(U)］:　　//设极轴角45°，利用极轴追踪和对象追踪捕捉F点单击

指定下一点或［闭合(C)/放弃(U)］:　　//按回车键

(2)填充剖面线。

命令：_bhatch　　//在填充图案对话框中选择ANSI31图案，角度0°，单击拾取点

选择内部点：　　//单击H内一点

正在选择所有对象...

正在分析所选数据...

正在分析内部孤岛...

选择内部点：　　//按回车键，返回对话框，单击预览

<按 Enter 键或单击鼠标右键返回对话框>　　//预览填充效果，按回车键，返回对话框，单击确定

命令：_bhatch　　//在填充图案对话框中选择ANSI31图案，角度90°，单击拾取点

选择内部点：　　//单击M内一点

正在选择所有对象...

正在分析所选数据...

正在分析内部孤岛...

选择内部点：　　//按回车键，返回对话框，单击预览

<按 Enter 键或单击鼠标右键返回对话框>　　//预览填充效果，按回车键，返回对话框，单击确定

命令：_bhatch　　//在填充图案对话框中选择SOLID图案，角度0°，单击拾取点

选择内部点：　　//单击K内一点

正在选择所有对象...

正在分析所选数据...

正在分析内部孤岛...
选择内部点：　　　　　　　　　　　　　//按回车键，返回对话框，单击预览
<按 Enter 键或单击鼠标右键返回对话框>　　//预览填充效果，按回车键，返回对话框，单击确定

A 向视图和其他局部放大图的画图方法与前面介绍的方法相同，在此不再叙述，读者可自行绘制。

3.6.9　尺寸标注

AutoCAD 2018 绘图软件的适用范围非常广泛，它不仅适用于机械设计，在建筑、电子等行业也广泛应用，因此在对机械图样标注尺寸前要创建新的尺寸标注样式。具体创建方法前面已详述，在这里要强调的是，在绘图时应按尺寸和比例准确作图，在创建新的标注样式时将比例因子设为绘图比例的倒数，例如绘图比例为 1∶15，则标注尺寸的比例因子取 15。如果不准确作图，在标注尺寸时每一个都将重新输入尺寸数字，非常麻烦。

将新建尺寸样式置为当前。打开对象捕捉，设置捕捉类型为：端点、交点、圆心。下面仅通过对 A 向视图（图 3.47）和 B – B 放大图（图 3.48）的典型尺寸进行标注，详述各类尺寸的标注方法。

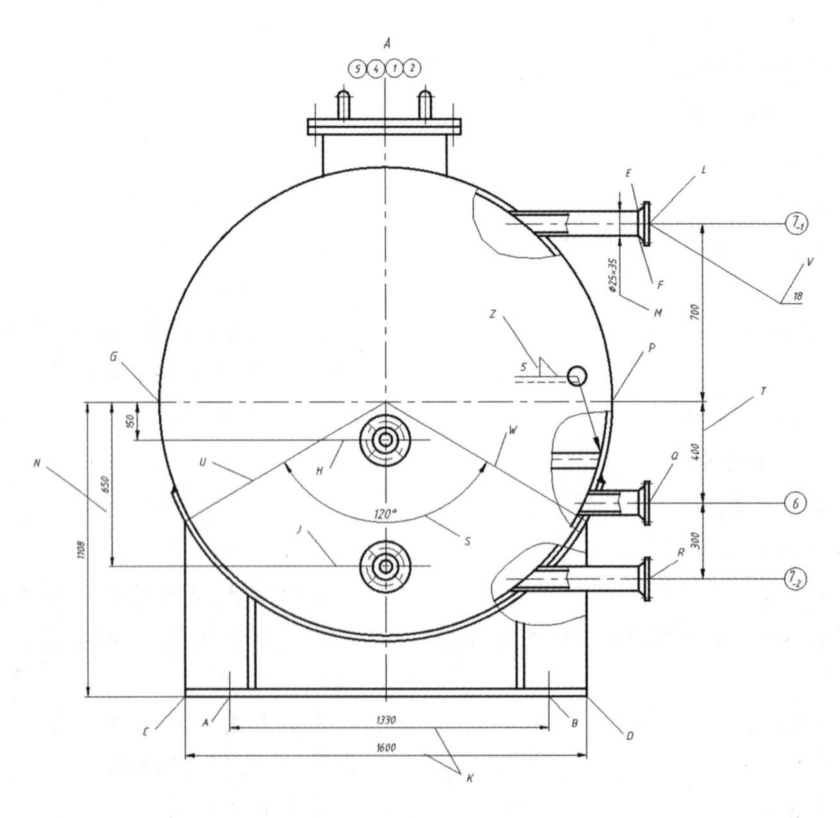

图 3.47　脱水罐的 A 向视图的尺寸标注

1. 线性标注——标注尺寸 K、M

命令：_dimlinear

指定第一条尺寸界线原点或 <选择对象>：　　//单击 A 点

指定第二条尺寸界线原点：　　//单击 B 点

指定尺寸线位置或[多行文字(M)/文字(T)/角度(A)/水平(H)/垂直(V)/旋转(R)]:t　　//重新输入尺寸数字

输入标注文字 <1300>：1330　　//输入正确尺寸

指定尺寸线位置或[多行文字(M)/文字(T)/角度(A)/水平(H)/垂直(V)/旋转(R)]：　　//选择合适的位置单击

标注文字 =1330

命令：_dimlinear

指定第一条尺寸界线原点或 <选择对象>：　　//单击 C 点

指定第二条尺寸界线原点：　　//单击 D 点

指定尺寸线位置或[多行文字(M)/文字(T)/角度(A)/水平(H)/垂直(V)/旋转(R)]:t　　//重新输入尺寸数字

输入标注文字 <1637>：1600　　//输入正确尺寸

指定尺寸线位置或[多行文字(M)/文字(T)/角度(A)/水平(H)/垂直(V)/旋转(R)　　//选择合适的位置单击

标注文字 =1600

命令：_dimlinear

指定第一条尺寸界线原点或 <选择对象>：　　//单击 E 点

指定第二条尺寸界线原点：　　//单击 F 点

指定尺寸线位置或[多行文字(M)/文字(T)/角度(A)/水平(H)/垂直(V)/旋转(R)]:t　　//重新输入尺寸数字

输入标注文字 <96>：ϕ25×35　　//输入正确尺寸

指定尺寸线位置或[多行文字(M)/文字(T)/角度(A)/水平(H)/垂直(V)/旋转(R)]：　　//选择合适的位置单击

2. 基线标注——标注尺寸 N

命令：_dimlinear

指定第一条尺寸界线原点或 <选择对象>：　　//单击 G 点

指定第二条尺寸界线原点：　　//单击 H 点

指定尺寸线位置或[多行文字(M)/文字(T)/角度(A)/水平(H)/垂直(V)/旋转(R)]：　　//选择合适位置单击

标注文字 =150

命令：_dimbaseline

指定第二条尺寸界线原点或［放弃(U)/选择(S)］<选择>：　　//单击J点

标注文字 =650

指定第二条尺寸界线原点或［放弃(U)/选择(S)］<选择>：　　//单击C点

标注文字 =1108

指定第二条尺寸界线原点或［放弃(U)/选择(S)］<选择>：　　//按回车键

3. 连续标注——标注尺寸T

命令：_dimlinear

指定第一条尺寸界线原点或 <选择对象>：　　//单击L点

指定第二条尺寸界线原点：　　//单击P点

指定尺寸线位置或[多行文字(M)/文字(T)/角度(A)/水平(H)/垂直(V)/旋转(R)]：　　//选择合适的位置单击

标注文字 =700

命令：_dimcontinue

指定第二条尺寸界线原点或［放弃(U)/选择(S)］<选择>：　　//单击Q点

标注文字 =400

指定第二条尺寸界线原点或［放弃(U)/选择(S)］<选择>：　　//单击R点

标注文字 =300

指定第二条尺寸界线原点或［放弃(U)/选择(S)］<选择>：　　//按回车键

选择连续标注：　　//按回车键

4. 角度标注——标注角度尺寸S

命令：_dimangular

选择圆弧、圆、直线或 <指定顶点>：　　//单击直线U

选择第二条直线：　　//单击直线W

指定标注弧线位置或［多行文字(M)/文字(T)/角度(A)］：　　//选择合适位置单击

标注文字 =120

5. 直径和半径的标注

直径和半径的标注如图3.48所示。

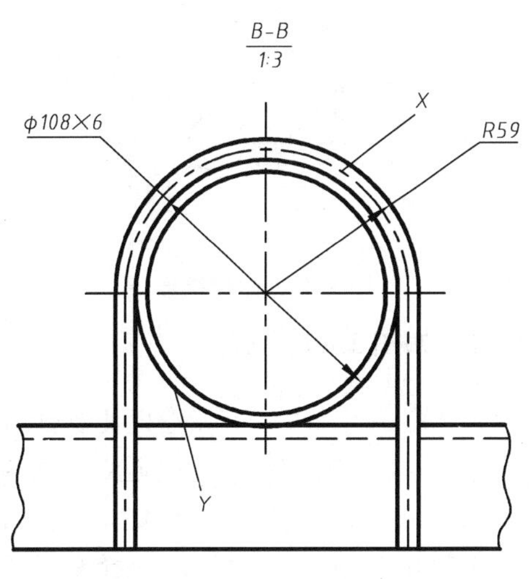

图 3.48　U 形卡的尺寸标注

命令：_dimdiameter
选择圆弧或圆：　　　　//单击圆 Y
标注文字 =108
指定尺寸线位置或［多行文字(M)/文字(T)/角度(A)］:t　　　　//重新输入直径尺寸
输入标注文字 <108>：φ108×6
指定尺寸线位置或［多行文字(M)/文字(T)/角度(A)］：　　　　//选择合适位置单击
命令：_dimradius
选择圆弧或圆：　　　　//单击半圆 X
标注文字 =59
指定尺寸线位置或［多行文字(M)/文字(T)/角度(A)］：　　　　//选择合适位置单击

6. 引线标注——标注序号 V 和焊接符号 Z

引线标注如图 3.47 所示。

命令：_qleader
指定第一条引线点或［设置(S)］<设置>：　　　　//按回车键设置引线标注的样式
指定第一条引线点或［设置(S)］<设置>：　　　　//单击 L 点
指定下一点：　　　　//单击 V 点
输入注释文字的第一行 <多行文字(M)>：18　　　　//输入序号
输入注释文字的下一行：　　　　//按回车键

在化工设备图中经常需要标注焊接符号，为了避免重复性工作，可以把该符号画出将其定义成块或带属性的块，保存起来，需要时应用块插入即可，非常方便。下面我们就以焊接符号

Z 为例讲述块操作的过程。

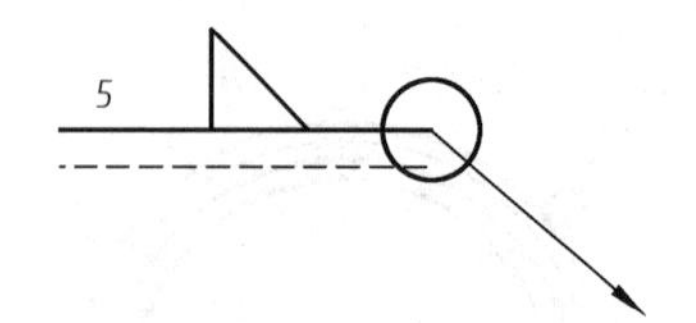

图 3.49　焊接符号

现将焊接符号 Z 的图形绘出，如图 3.49 所示。

```
命令：_attdef                          //定义属性
起点：                                 //定义焊缝参数 5 为属性
命令：_block 指定插入基点：             //定义块，单击圆心点
选择对象：指定对角点：找到 6 个         //选择全部图形
选择对象：                             //按回车键
命令：_wblock                          //写块（保存块）
命令：_insert                          //将块插入所需图形中
```

最后，画标题栏、明细表、数据表和开口说明表，在表内填写文字，且书写技术要求。

第4章 AutoCAD 2018三维绘图

随着计算机应用技术的发展,三维造型设计越来越广泛地应用于各类工程设计中。虚拟制造技术、工艺过程数值模拟、有限元分析、仿真技术等都是以三维设计为基础的。在机械行业,像数控加工、加工中心等现代化的加工方法,其应用也要建立在三维实体模型的基础上。

AutoCAD 2018 为用户提供了比较完善的三维绘图功能,三维对象通过模拟表面(三维厚度)来表示物体,创建三维对象的过程称为三维建模。从二维或三维空间中使用二维绘图命令绘制的图形大多可以转换为三维图形。三维绘图既可以在“二维草图与注释”环境下创建三维模型,也可以在“三维建模”环境下创建三维模型。一般在“三维建模”环境下创建三维模型更加方便,本章内容均在此模型环境下运行。

本章主要介绍三维实体模型的创建、编辑、观察方法和技巧。

4.1 用户坐标系

AutoCAD 2018 二维平面绘图时,通常只使用世界坐标系(WCS 即三维笛卡儿坐标系)的 XY 平面,很少有进行坐标变换的必要。但在绘制三维图形时,坐标变换则是必须掌握的基本技能。用户可根据需要定义一个任意的坐标系,称为用户坐标系(UCS),其原点可在世界坐标系(WCS)的任意位置,其坐标轴可随用户的选择任意旋转和倾斜。用户坐标系的 X 轴、Y 轴和 Z 轴之间的相对关系仍和世界坐标系一样由右手规则确定。

AutoCAD 2018 的大多数绘图编辑命令取决于 UCS 的位置和方向。在缺省情况下,二维实体对象绘制在当前 UCS 的 XY 平面上;用拉伸(Extrude)命令构建三维实体时,二维对象的拉伸方向沿 UCS 的 Z 轴进行;创建三维实体(长方体、圆锥体、圆柱体、球体、圆环体和楔体)的位置也与 UCS 的设置相关。

点击“视图”菜单中“显示”菜单或“视图”功能菜单下的“UCS 图标”,“View Cube”,“导航栏”等图标,可隐藏或显示三种图标。如图 4.1 所示或在命令行输入“UCS”命令。

为使绘制的三维实体在空间按用户希望的位置和方向布置,可行的途径之一就是设置用户坐标系的位置和方向,其常用方法是“工具”下拉菜单“新建 UCS”菜单或利用“常用”功能菜单下的“坐标”工具栏或“可视化”功能菜单下的“坐标”工具栏(图 4.2)或在命令行输入“UCS”命令。

在命令行输入“UCS”命令,执行过程如下:

命令:UCS
当前 UCS 名称:*没有名称*

指定 UCS 的原点或［面(F)/命名(NA)/对象(OB)/上一个(P)/视图(V)/世界(W)/X/Y/Z/Z 轴(ZA)］<世界>：

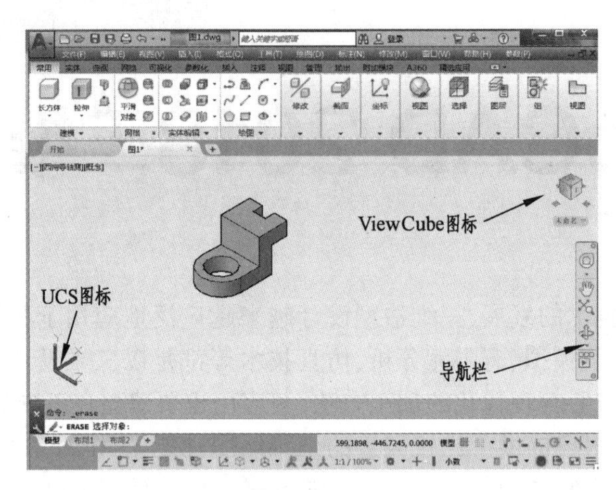

图 4.1　图标的显示

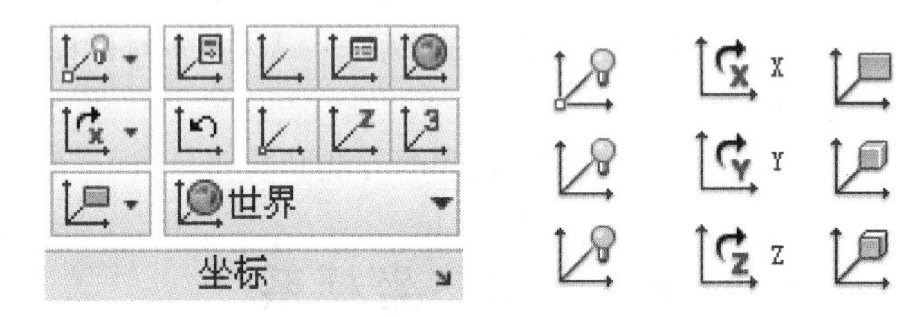

图 4.2　“坐标”工具栏

下面对常用的 UCS 选项加以说明：

(1)在原点处显示 UCS 图标：在当前 UCS 的原点 (0,0,0) 处显示该图标。如果原点超出视图，它将显示在视口的左下角。

(2)显示 UCS 图标：显示 UCS 图标。

(3)隐藏 UCS 图标：关闭 UCS 图标的显示。

(4)UCS 图标特性：控制 UCS 图标的样式、大小和颜色。

(5)UCS ：执行“UCS”命令，和在命令行输入“UCS”命令功能相同。

(6)命名 UCS(U) ：列出、重命名和并恢复先前定义的用户坐标系，并控制视口的 UCS 和 UCS 图标设置。

(7)世界(W)：将 UCS 设置为世界坐标系，返回系统的初始状态。

(8)X/Y/Z ：分别绕 X、Y、Z 轴旋转当前 UCS。旋转角度可以为正值，也可以为负值，AutoCAD 2018 用右手定则来确定绕该轴旋转的正角度方向。通过指定原点和一次或多次绕 X、Y 或 Z 轴的旋转，可以定义任意的 UCS。

(9)UCS 上一个 ：恢复上一个用户坐标系。可以再当前任务中逐步返回最后 10 个 UCS 设置。对于模型空间和图纸空间，UCS 设置单独存储。

(10)UCS 的原点：原点 UCS。通过移动当前 UCS 的原点，保持其 X、Y 和 Z 轴方向不变，从而定义新的 UCS。

(11)Z 轴(ZA)：Z 轴矢量 UCS。用特定的 Z 轴正半轴定义 UCS。此时需要指定两点：

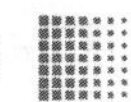

第一点为新原点,第二点决定了 Z 轴的正向,XY 平面垂直于新的 Z 轴。

(12)三点(3)：三点 UCS。指定新 UCS 原点及其 X 和 Y 轴的正方向,Z 轴由右手定则确定。可以使用此选项指定任意可能的坐标系。

(13)视图：将用户坐标系的 XY 平面与垂直于观察方向的平面对齐。原点保持不变,但 X 轴和 Y 轴分别变为水平和垂直。

(14)对象：将用户坐标系与选定的对象对齐。UCS 的正 Z 轴与最初创建对象的平面垂直对齐。

(15)面：将用户坐标系与三维实体上的面对齐。通过单击面的边界内部或面的边来选择面。UCS X 轴与选定原始面上最靠近的边对齐。

4.2　创建三维实体

AutoCAD 2018 提供了两种创建三维实体的方法:根据基本实体命令(长方体、圆柱体、圆锥体、球体、棱锥体、楔体和圆环体)创建实体;沿路径“拉伸”二维对象或者绕轴“旋转”二维对象来创建实体。第一种方法适合创建基本立体,而形状复杂些的实体根据结构特征(是拉伸体还是回转体)选择第二种方法。当然基本体也可用第二种方法创建,因此,利用“拉伸”或“旋转”二维对象来创建三维实体是常用的有效方法。

4.2.1　创建基本三维实体

在“绘图”下拉菜单的“建模”菜单中或在“常用”功能菜单“建模”工具栏中或在“实体”功能菜单“图元”工具栏中 7 个工具图标是分别用来创建长方体、圆柱体、圆锥体、球体、棱锥体、楔体和圆环体,以上基本形体从 XY 面沿 Z 轴拉伸, 如图 4.3 所示。

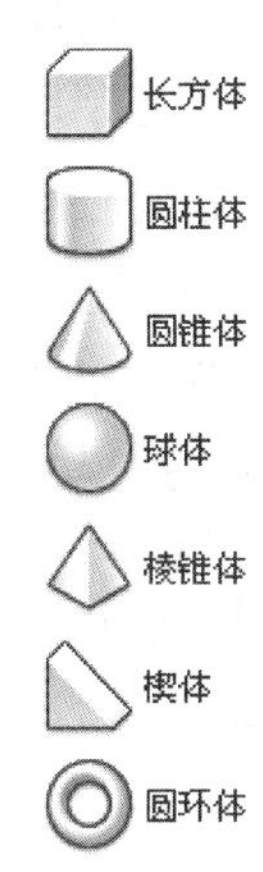

图 4.3　“建模”工具栏

说明:以上三维实体均在“西南等轴侧”方向上创建。

1. 长方体

“长方体”命令用于创建长方体模型或立方体模型,如图 4.4、图 4.5 所示。

1)命令调用方式

- 菜单:[绘图]→[建模]菜单→长方体。
- 功能区:[常用]→[建模]面板→长方体或[实体]→[图元]面板→长方体。

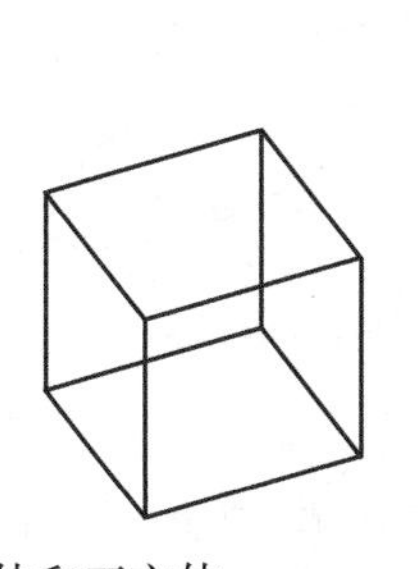

图 4.4　绘制的长方体和正方体

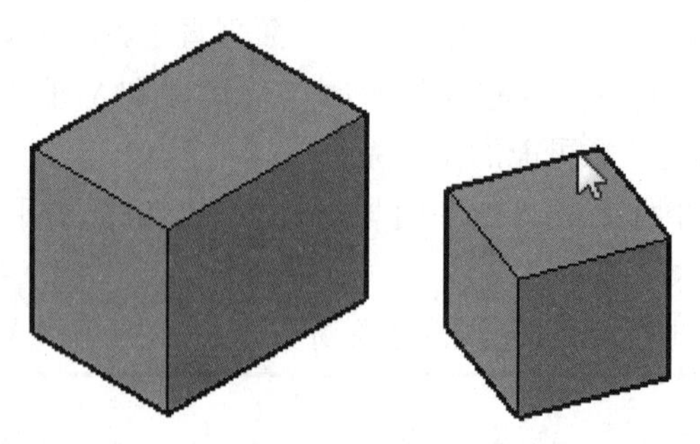

图4.5　执行“概念”显示命令的长方体和正方体

➡ 命 令:Box。

2)执行过程

命令: _box

指定第一个角点或[中心(C)]: 0,0,0　　//输入底面第一个角点坐标

指定其他角点或[立方体(C)/长度(L)]: 50,35,0　　//输入对角线坐标

指定高度或[两点(2P)] <50.0000>: 40　　//输入长方体高度

命令: _box

指定第一个角点或[中心(C)]:　　//在绘图区拾取一点

指定其他角点或[立方体(C)/长度(L)]: c　　//选择C绘制正方体

指定长度: 30　　//输入正方体长度

3)说明

(1)立方体(C)——用于创建长宽高都相等的立方体。

(2)中心点(C)——用于根据长方体的正中心位置进行创建长方体。

(3)长度(L)——用于直接输入长方体的长、宽和高。

2.圆柱体

圆柱体命令用于创建圆柱体模型或椭圆柱体模型,如图4.6、图4.7所示。

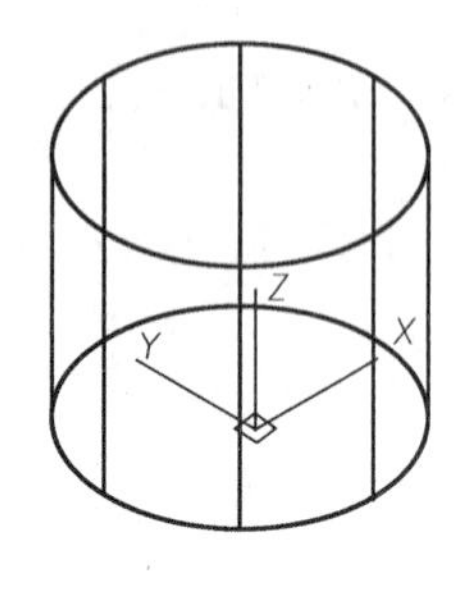

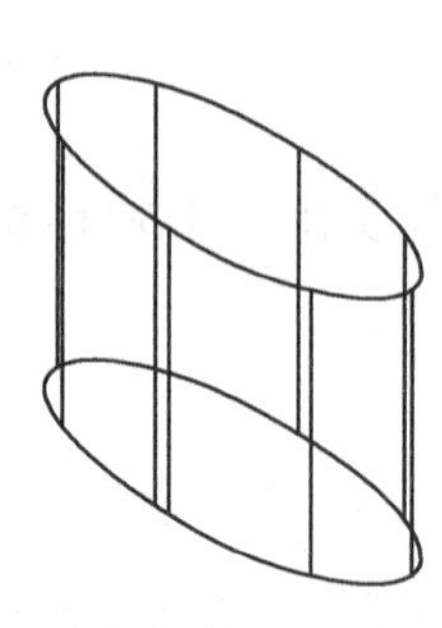

图4.6　绘制的圆柱体和椭圆柱体

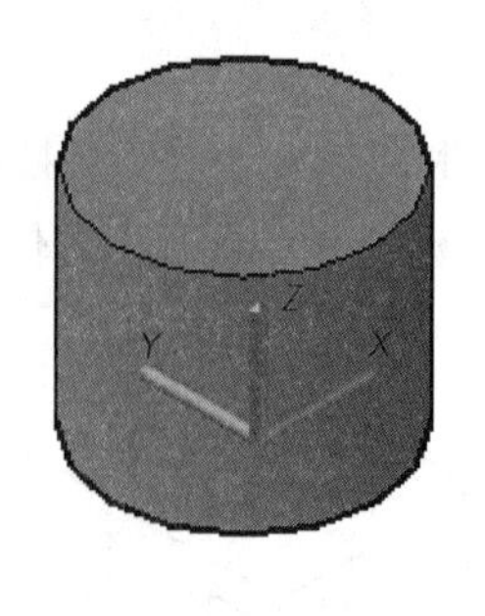

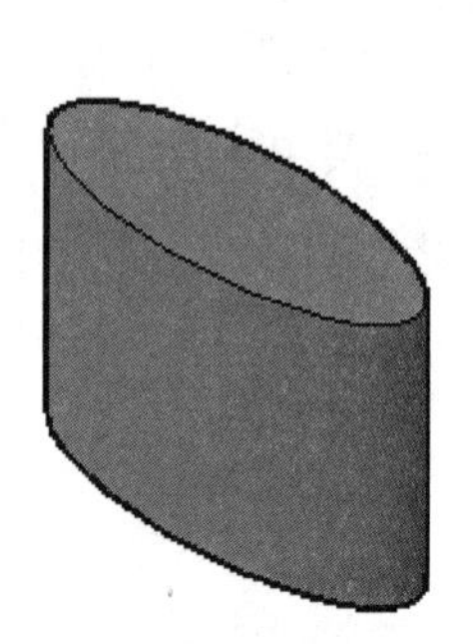

图4.7　执行“概念”显示命令的圆柱体和椭圆柱

1)命令调用方式

➡ 菜单:[绘图]→[建模]菜单→圆柱体。

➡ 功能区:[常用]→[建模]面板→圆柱体或[实体]→[图元]面板→圆柱体。

命令:Cylinder。

2)执行过程

命令：_cylinder(绘制圆柱体)

指定底面的中心点或［三点(3P)/两点(2P)/切点、切点、半径(T)/椭圆(E)］：　　//在绘图区拾取一点

指定底面半径或［直径(D)］：30　　//输入底面圆半径

指定高度或［两点(2P)/轴端点(A)］<30.0000>：50　　//输入圆柱体高度

命令：_cylinder(绘制椭圆柱体)

指定底面的中心点或［三点(3P)/两点(2P)/切点、切点、半径(T)/椭圆(E)］：e　　// 绘制椭圆柱体

指定第一个轴的端点或［中心(C)］：　　//在绘图区拾取一点

指定第一个轴的其他端点：@30,0　　//输入椭圆长轴长度

指定第二个轴的端点：@0,40　　//输入短轴的长度

指定高度或［两点(2P)/轴端点(A)］<50.0000>：　　//输入椭圆高度

3)说明

(1)三点(3P)——用于指定圆上的3个点定位圆柱体的底面。

(2)两点(2P)——用于指定圆上的2个端点定位圆柱体的底面。

(3)切点、切点、半径(T)——用于绘制与已知两对象相切的圆柱体。

(4)椭圆(E)——用于绘制底面为椭圆的椭圆柱体。

3.圆锥体

圆锥体命令用于创建圆锥体模型、圆台模型或椭圆锥体模型,如图4.8、图4.9所示。

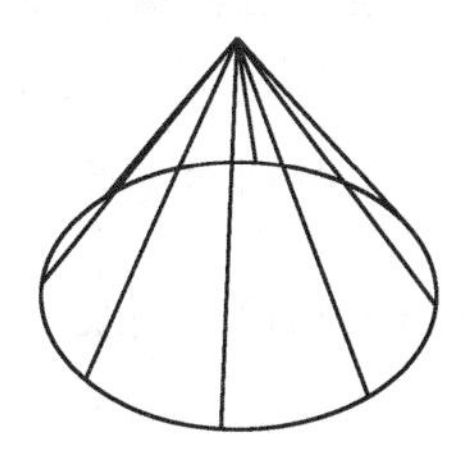
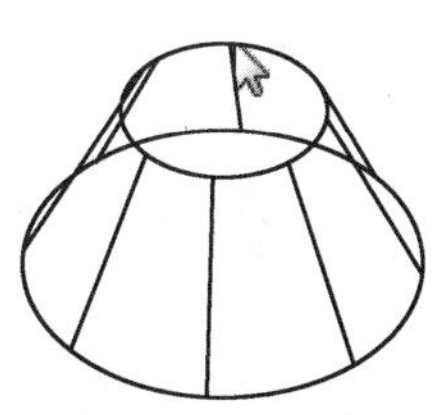

图4.8　圆锥体、圆台体和椭圆锥体

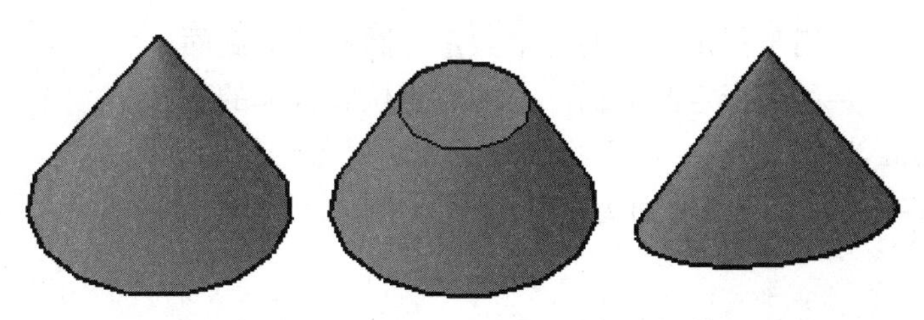

图4.9　执行“概念”显示命令的圆锥体、圆台体和椭圆锥体

1)命令调用方式

- 菜单:[绘图]→[建模]菜单→圆锥体。
- 功能区:[常用]→[建模]面板→圆锥体或[实体]→[图元]面板→圆锥体。
- 命令:Cone。

2)执行过程

命令: _cone(绘制圆锥体)

指定底面的中心点或[三点(3P)/两点(2P)/切点、切点、半径(T)/椭圆(E)]: //在绘图区拾取一点

指定底面半径或[直径(D)]: 30 //输入底面圆半径

指定高度或[两点(2P)/轴端点(A)/顶面半径(T)] <30.0000 >: 50 //输入圆锥体高度

命令: _cone (绘制圆台体)

指定底面的中心点或[三点(3P)/两点(2P)/切点、切点、半径(T)/椭圆(E)]: //在绘图区拾取一点

指定底面半径或[直径(D)] <30.0000 >: //输入底面圆半径

指定高度或[两点(2P)/轴端点(A)/顶面半径(T)] <50.0000 >: t

指定顶面半径 <0.0000 >: 15 //输入顶面圆半径

指定高度或[两点(2P)/轴端点(A)] <50.0000 >: 30 //输入圆锥体高度

命令: _cone(绘制椭圆锥体)

指定底面的中心点或[三点(3P)/两点(2P)/切点、切点、半径(T)/椭圆(E)]: e // 绘制椭圆锥体

指定第一个轴的端点或[中心(C)]: c //指定椭圆的中心

指定中心点: //在绘图区拾取一点

指定到第一个轴的距离 <30.0000 >: 30 //指定椭圆长轴长度

指定第二个轴的端点: 15 //指定椭圆短轴长度

指定高度或[两点(2P)/轴端点(A)/顶面半径(T)] <53.6889 >: 50 //指定椭圆锥高度

3)说明

(1)三点(3P)——用于指定圆上的3个点定位圆锥体的底面。

(2)两点(2P)——用于指定圆上的2个端点定位圆锥体的底面。

(3)切点、切点、半径(T)——用于绘制与已知两对象相切的圆锥体。

(4)椭圆(E)——用于绘制底面为椭圆的椭圆锥体。

4. 球体

球体命令用于创建三维球体模型,如图4.10、图4.11所示。

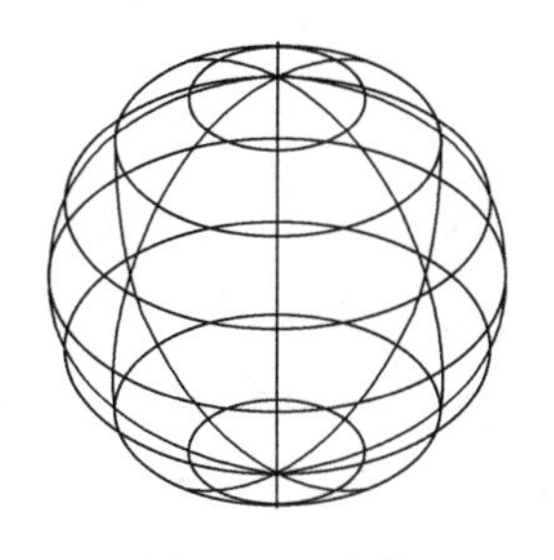

图4.10　球体

图4.11　执行“概念”显示命令的球体

1)命令调用方式

- 菜单:[绘图]→[建模]菜单→球体。
- 功能区:[常用]→[建模]面板→球体或[实体]→[图元]面板→球体。
- 命令:Sphere。

2)执行过程

```
命令: _sphere
指定中心点或 [三点(3P)/两点(2P)/切点、      //在绘图区拾取一点
切点、半径(T)]:
指定半径或 [直径(D)] <30.0000>: 40          //输入球体半径
```

3)说明

(1)三点(3P)——用于指定球体上的 3 个点。

(2)两点(2P)——用于指定球体上的 2 个端点。

(3)切点、切点、半径(T)——用于绘制与已知两对象相切的圆球体。

5. 棱锥体

棱锥体命令用于创建三维实体棱锥体,如底面为三角形、四边形、五边形等多面棱锥体,如图 4.12、图 4.13 所示。

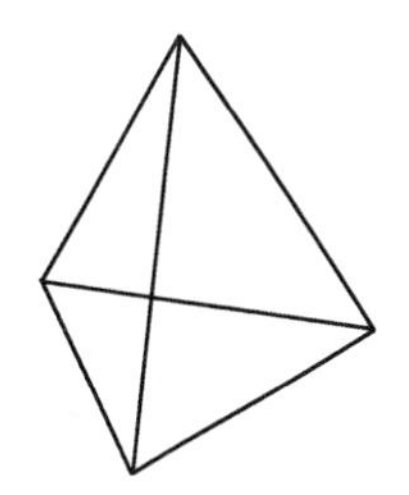

图 4.12　绘制的棱锥体

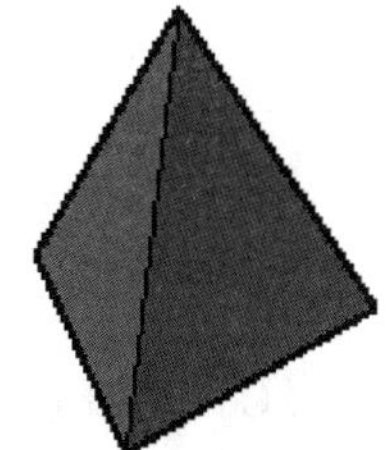

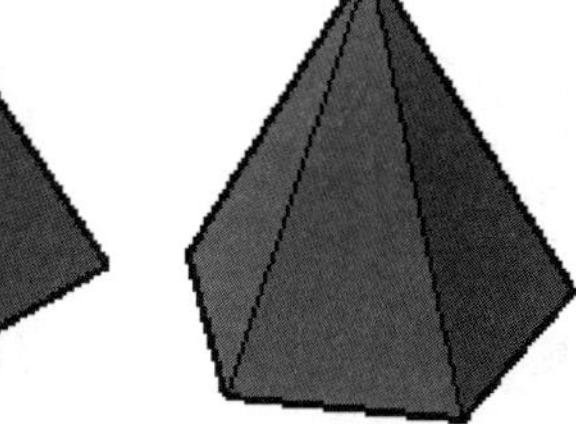

图 4.13　执行“概念”显示命令的棱锥体

1)命令调用方式

- 菜单:[绘图]→[建模]菜单→棱锥体。
- 功能区:[常用]→[建模]面板→棱锥体或[实体]→[图元]面板→棱锥体。
- 命令:Pyramid。

2)执行过程

命令：_pyramid
5 个侧面　外切
指定底面的中心点或［边(E)/侧面(S)］：s　　　//输入侧面，改变边数
输入侧面数 <5>：5　　　//绘制 5 边形
指定底面的中心点或［边(E)/侧面(S)］：　　　//在绘图区拾取一点
指定底面半径或［内接(I)］<49.4427>：40　　　//创建底面半径为 40
指定高度或［两点(2P)/轴端点(A)/顶面半径(T)］<60.0000>：　　　//输入棱锥体高度

3)说明

(1)边(E)——用于指定棱锥底面边长。

(2)侧面(S)——用于指定棱锥底面的边数。

6. 楔体

楔体命令用于创建三维实心楔体，如底面为三角形、四边形、五边形等多面棱锥体，如图 4.14、图 4.15 所示。

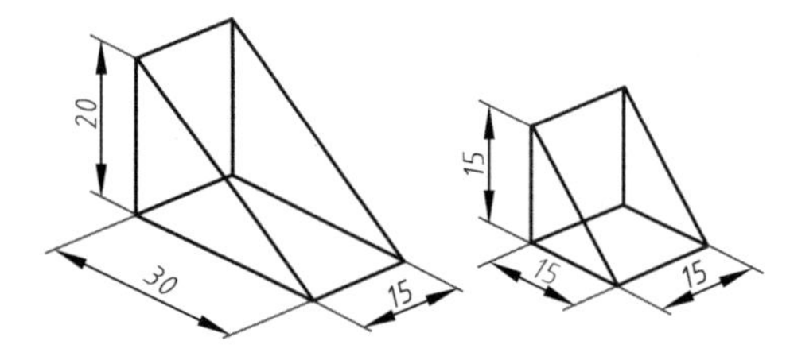

图 4.14　绘制的楔体

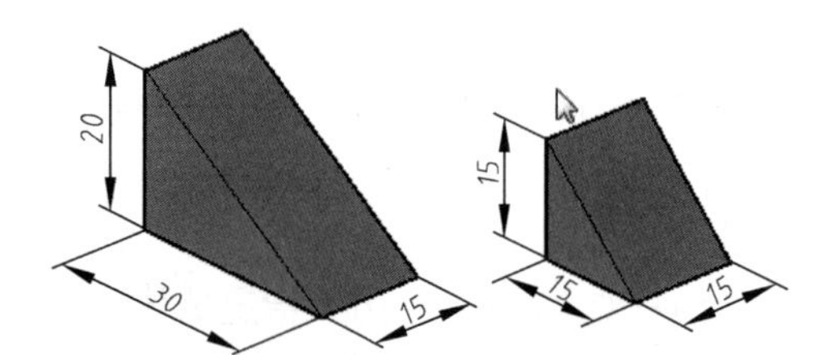

图 4.15　执行“概念”显示命令的楔体

1)命令调用方式

- 菜单：［绘图］→［建模］菜单→楔体。
- 功能区：［常用］→［建模］面板→ 楔体或［实体］→［图元］面板→楔体。
- 命令：Wedge。

2)执行过程

命令：_wedge
指定第一个角点或［中心(C)］：　　　//在绘图区拾取一点
指定其他角点或［立方体(C)/长度(L)］：@30,15　　　//输入底面长度和宽度
指定高度或［两点(2P)］：20　　　//输入高度
命令：_wedge
指定第一个角点或［中心(C)］：　　　//在绘图区拾取一点
指定其他角点或［立方体(C)/长度(L)］：c　　　//选择立方体
指定长度 <15.0000>：15　　　//长、宽、高都是 15

3)说明

(1)立方体(C)——用于绘制长、宽、高都相等的棱锥体。

(2)长度(L)——用于指定棱锥底面的长度、宽度和高度。

7. 圆环体

圆环体命令用于创建三维圆环体,通过圆环体的圆心及半径和圆管的半径创建圆环体,如图4.16、图4.17所示。

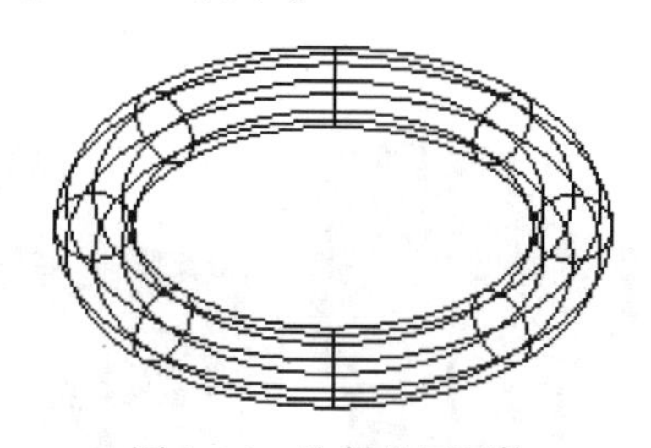

图4.16 绘制的圆环体

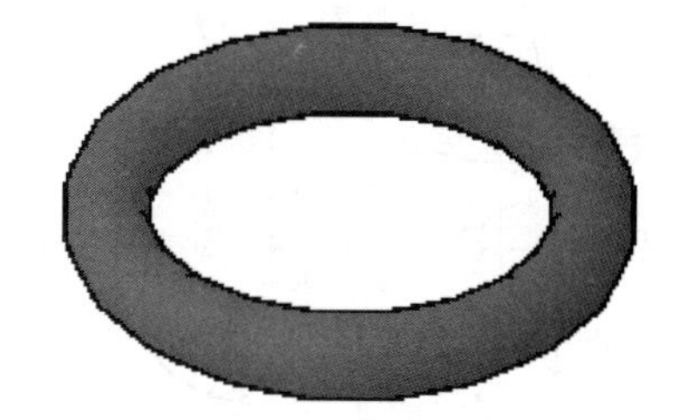

图4.17 执行"概念"显示命令的圆环体

1)命令调用方式

- 菜单:[绘图]→[建模]菜单→圆环体◎。
- 功能区:[常用]→[建模]面板→圆环体◎或[实体]→[图元]面板→圆环体◎。
- 命令:Torus。

2)执行过程

命令: _torus

指定中心点或 [三点(3P)/两点(2P)/切点、切点、半径(T)]: //在绘图区拾取一点

指定半径或 [直径(D)] <40.0000>: 60 //输入圆环半径

指定圆管半径或 [两点(2P)/直径(D)] <20.0000>: 10 //输入圆管半径

3)说明

(1)三点(3P)——用于指定圆环上的3个点。

(2)两点(2P)——用于指定圆环上的2个端点。

(3)切点、切点、半径(T)——用于绘制与已知两对象相切的圆环体。

4.2.2 创建形状复杂的三维实体

对于形状复杂的形体,可以先绘制直线和曲线,通过拉伸、旋转、扫描或放样等命令创建三维实体。该命令在"绘图"下拉菜单的"建模"工具栏,如图4.18所示。

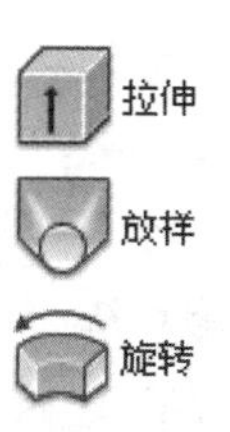

图4.18 "建模"工具栏

1. 拉伸

拉伸命令通过拉伸选定对象来创建创建实体或曲面。这些要拉伸的对象可以是直线、圆弧、椭圆弧、二维多段线、二维样条曲线、二

维多段线、多边形、矩形、圆、椭圆、闭合的样条曲线、圆环和面域等。不能拉伸具有相交或自相交、自交线段的多段线,以及包含在块中的对象。

如果拉伸闭合对象,则生成的对象为实体或曲面;如拉伸的对象为非闭合的对象,则生成的对象为曲面。

可以沿路径拉伸对象,也可以指定高度值和斜角。图4.19为平面图形,图4.20为生成的实体及曲面。

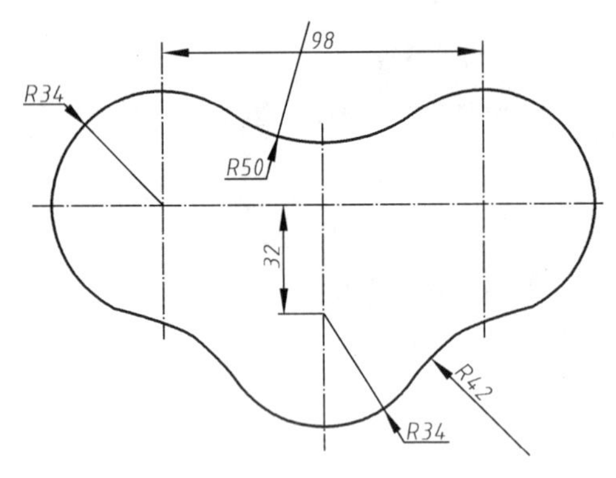

图4.19　绘制的拉伸体底面实形

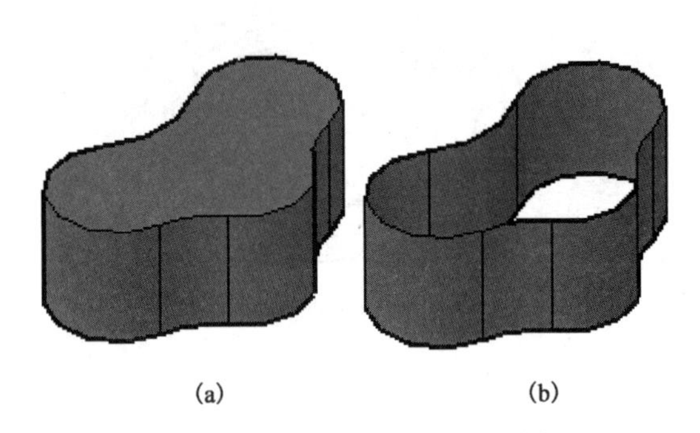

图4.20　执行"概念"显示命令的拉伸体及曲面

图4.21　定义边界对话框

用画线命令或圆弧命令画出的封闭图形,直接拉伸为曲面如图4.20(b)所示;拉伸为实体,必须将其定义成多段线或面域,再拉伸或旋转。

1)定义多段线

选择下拉菜单[绘图]→[边界]命令或功能区菜单[常用]→[绘图]→[边界],弹出"边界创建"对话框,在"对象类型"的下拉列表中选择"多段线"(也可在此通过选择"面域"来定义一个面域),单击边界集中"新建"按钮,返回图形界面,选择图4.21中所有圆弧确定即可。

2)定义面域

命令:_region
选择对象:找到1个
选择对象:找到1个,总计2个
选择对象:找到1个,总计3个
选择对象:找到1个,总计4个
选择对象:找到1个,总计5个
选择对象:找到1个,总计6个
选择对象:　　　　//空响应结束命令
已提取1个环。
已创建1个面域。

3)命令调用方式

➜ 菜单:[绘图]→[建模]菜单→拉伸。

➜ 功能区:[常用]→[建模]面板→拉伸 或[实体]→[实体]面板→拉伸。

➜ 命令:Extrude。

4)执行过程

命令: _extrude

当前线框密度: ISOLINES =4,闭合轮廓创建模式 =实体

选择要拉伸的对象或 [模式(MO)]: _MO 闭合轮廓创建模式 [实体(SO)/曲面(SU)] <实体>: _SO

选择要拉伸的对象或 [模式(MO)]: 找到 1 个　　　　//选择面域

选择要拉伸的对象或 [模式(MO)]:

指定拉伸的高度或 [方向(D)/路径(P)/倾斜角(T)/表达式(E)]: 50　　　　//输入拉伸柱体高度

5)说明

(1)方向(D)——可以通过给定两个点来指定拉伸的长度和方向。

(2)路径(P)——可以将对象指定为拉伸的路径,则沿选定路径拉伸选定对象的轮廓以创建实体或曲面。拉伸实体始于轮廓所在的平面,止于在路径端点处与路径垂直的平面。

(3)倾斜角(T)——为拉伸实体添加倾斜角。在沿 Z 轴拉伸二维对象时,倾斜角度必须大于 -90°且小于 90°,其初始默认值为 0。如果设置正角度则从基准对象逐渐变细拉伸,而负角度则从基准对象逐渐变粗地拉伸。

(4)表达式(E)——输入公式或方程式以指定拉伸高度。

2. 旋转

旋转命令用于将闭合二维图形绕旋转为三维实心体或曲面,将非闭合图形绕轴旋转为曲面。可以选择当前 UCS 的 X 轴或 Y 轴、直线和两个指定的点作为回转轴。能旋转的二维闭合对象可以是多段线、多边形、矩形、圆、椭圆和面域。旋转命令常用于创建一些回转体结构的模型。图 4.22 为平面图形,图 4.23 为生成的实体。

1)命令调用方式

➜ 菜单:[绘图]→[建模]菜单→旋转。

➜ 功能区:[常用]→[建模]面板→旋转或[实体]→[实体]面板→旋转。

➜ 命令:Revolve。

2)执行过程

首先绘制图 4.22 的所示回转体的截面轮廓(图 4.24),再用"边界"中"拾取点"命令创建面域(图 4.25),最后用回转体命令创建回转体实体。

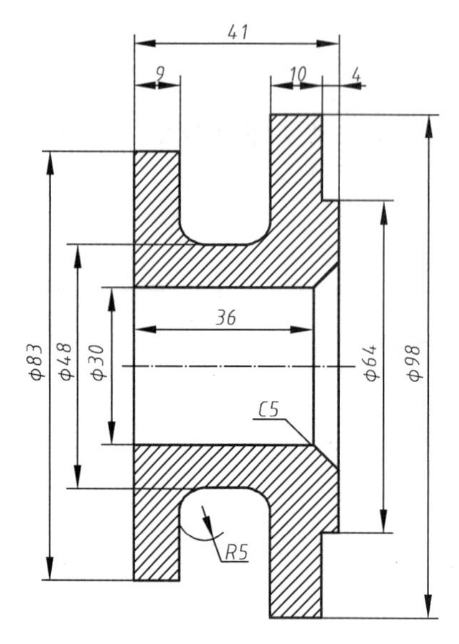

图 4.22　绘制的拉伸体二维图形

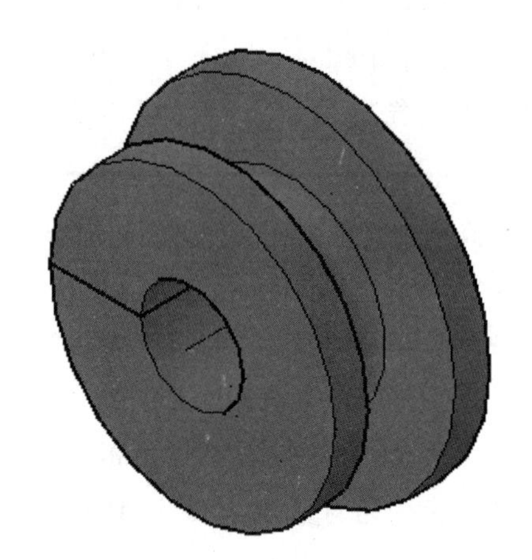

图 4.23　绘制的回转体实形

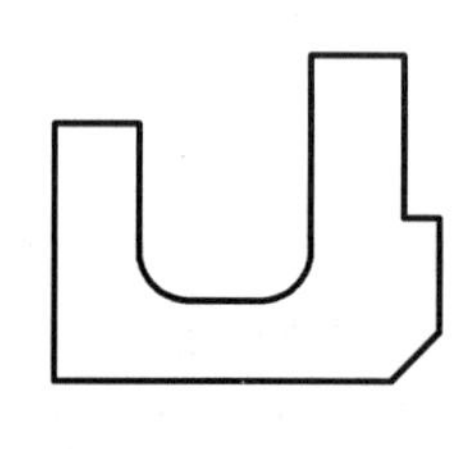

图 4.24　绘制的拉伸体二维图形

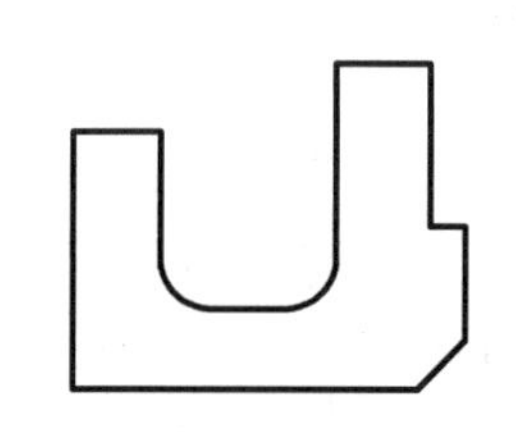

图 4.25　绘制的拉伸体面域

命令：_revolve

当前线框密度：　ISOLINES = 4，闭合轮廓创建模式 = 实体

选择要旋转的对象或［模式(MO)］：_MO 闭合轮廓创建模式［实体(SO)/曲面(SU)］<实体>：_SO

选择要旋转的对象或［模式(MO)］：找到 1 个

选择要旋转的对象或［模式(MO)］：

指定轴起点或根据以下选项之一定义轴［对象(O)/X/Y/Z］<对象>：

指定轴端点：　　　　//选择回转体中心线

指定旋转角度或［起点角度(ST)/反转(R)/表达式(EX)］<360>：

3）说明

指定旋转轴的起点和端点，正确方向是从起点到端点的方向。用户也可以根据实际情况选择“对象（O）”、“X”、“Y”或“Z”选项之一来定义回转轴，根据右手定则判定旋转的正方向。

3. 扫略

扫略命令可以通过沿开放或闭合的二维或三维路径扫掠开放或闭合的平面曲线（轮廓）创建新实体或曲面。扫略沿指定的路径以指定轮廓的形状绘制实体或曲面。可以扫略多个对象，但是这些对象必须位于同一平面中。扫略的轮廓应在路径的垂直面上。

选择要扫略的对象时，该对象将自动与用作路径的对象对齐。

图4.26为扫略的轮廓和路径，图4.27为生成的实体。

图4.26 扫略的轮廓和路径

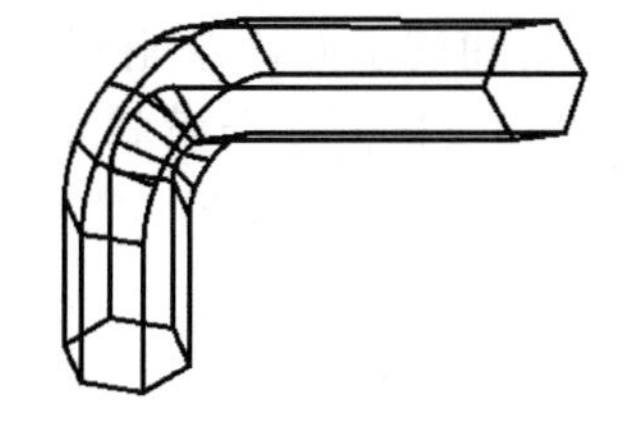

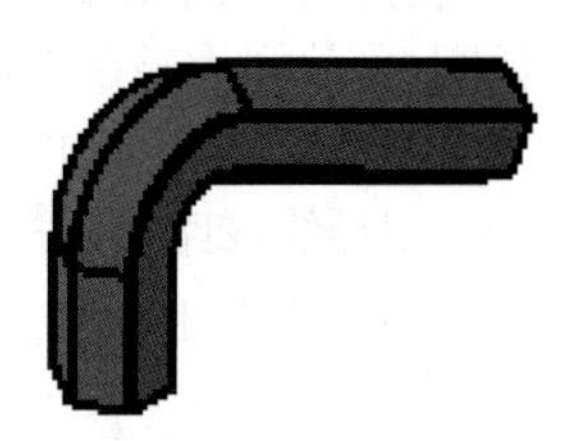

图4.27 扫略后的实形

1）命令调用方式

- 菜单：[绘图]→[建模]菜单→扫略。
- 功能区：[常用]→[建模]面板→扫略或[实体]→[实体]面板→扫略。
- 命令：Sweep。

2）执行过程

首先绘制图4.26所示扫描体的轮廓正六边形，再改变坐标系使XY面垂直截面轮廓，绘制扫描路径。用“修改”用合并“合并”命令转换为1条多段线。

```
命令：_join（合并）
选择源对象或要一次合并的多个对象：找到 1 个
选择要合并的对象：找到 1 个，总计 2 个
选择要合并的对象：找到 1 个，总计 3 个            //选择轮廓中直线和圆弧
选择要合并的对象：                               //回车确认
3 个对象已转换为 1 条多段线
命令：_sweep（扫略）
当前线框密度： ISOLINES =8，闭合轮廓创建模式 =
实体
选择要扫略的对象或［模式（MO）］：_MO 闭合轮廓
创建模式［实体（SO）/曲面（SU）］＜实体＞：_SO
选择要扫略的对象或［模式（MO）］：找到 1 个       //选择正六棱柱
选择要扫略的对象或［模式（MO）］：               //回车确认
```

选择扫略路径或［对齐(A)/基点(B)/比例(S)/扭曲(T)］：　　//选择生成的多段线

3)说明

沿路径扫略轮廓时,轮廓将被移动并与路径垂直对齐,然后沿路径扫略该轮廓。在扫略过程中,可能会扭曲或缩放对象。用户在扫略轮廓后,使用“特性”选项来指定轮廓的这些特性:轮廓旋转、沿路径缩放、沿路径扭转、倾斜(自然旋转)等。

4.放样

放样命令可以通过指定一系列横截面来创建新的实体或曲面。横截面定义了实体或曲面的轮廓(形状)。横截面(通常为曲线或直线)可以是开放的(例如圆弧),也可以是闭合的(例如圆)。放样用于在横截面之间的空间内绘制实体或曲面。使用放样命令时,至少必须指定两个横截面。放样的实体可以仅根据几个横截面进行放样(图4.28～图4.30),也可以通过指定引导线或路径来进行放样实体(图4.31～图4.32)。

1)命令调用方式

- 菜单:［绘图］→［建模］菜单→放样。
- 功能区:［常用］→［建模］面板→放样或［实体］→［实体］面板→放样。
- 命令:Loft。

2)执行过程

首先绘制图4.28所示的4个截面圆。

命令：_loft

当前线框密度： ISOLINES＝4,闭合轮廓创建模式 ＝ 实体

按放样次序选择横截面或［点(PO)/合并多条边(J)/模式(MO)］：_MO 闭合轮廓创建模

式［实体(SO)/曲面(SU)］ <实体>：_SO

按放样次序选择横截面或［点(PO)/合并多条边(J)/模式(MO)］：找到 1 个

按放样次序选择横截面或［点(PO)/合并多条边(J)/模式(MO)］：找到 1 个,总计 2 个

按放样次序选择横截面或［点(PO)/合并多条边(J)/模式(MO)］：找到 1 个,总计 3 个

按放样次序选择横截面或［点(PO)/合并多条边(J)/模式(MO)］：找到 1 个,总计 4 个

按放样次序选择横截面或［点(PO)/合并多条边(J)/模式(MO)］：

选中了 4 个横截面　　//依次选择图4.28所示的4个截面圆

输入选项［导向(G)/路径(P)/仅横截面(C)/设置(S)］<仅横截面>：s	//选择设置,弹出图4.30所示对话框

选择“平滑拟合(F)”选项,点击“确定”即可生成图4.29所示实体。

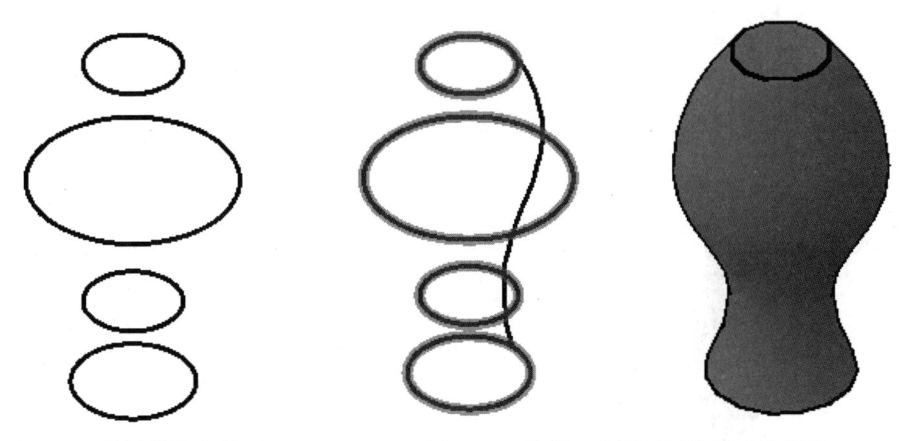

图4.28　放样前的横截面　　　　图4.29　放样中的图形及放样后的实形

3)说明

(1)导向(G)——主要用于指定控制放样实体或曲面形状的导向曲线,可以为放样曲面或实体选择任意数量的导向曲线。

注意:每条导向曲线要与每个横截面相交,且始于第一个横截面止于最后一个横截面。

(2)路径(P)——主要用于指定控制放样实体或曲面形状的单一路径。路径曲线必须与横截面的所有平面相交,如图4.30所示。

(3)仅横截面(C)——在不使用导向或路径的情况下创建放样对象,如图4.29所示。

(4)设置(S)——选择该选项时,系统弹出图4.30所示对话框,从中可以设置横截面上的曲面控制选项。

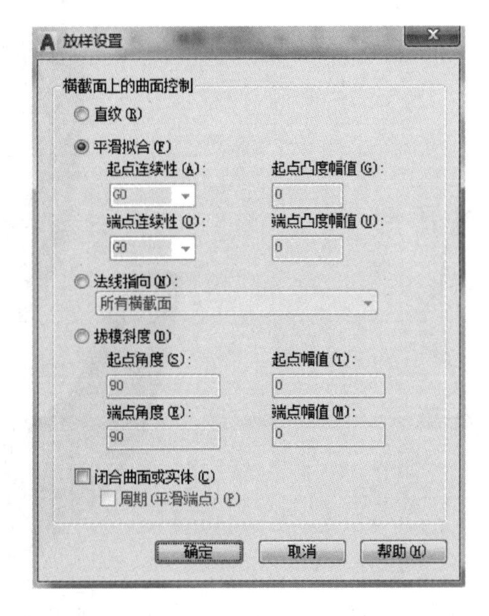

图4.30　放样设置对话框

绘制图4.31所示大钩实体，分三部分完成实体。首先绘制扫描体的路径(图4.32)及大钩各截面的轮廓(图4.33)。大钩主体部分用“放样”命令获得(图4.34、图4.35)；大钩上部为圆柱体,可以用“旋转”命令绘制(图4.36、图4.37)，大钩左侧头部用“放样”命令获得(图4.38、图4.39)。用“修改”中合并“合并”命令转换为1条多段线。

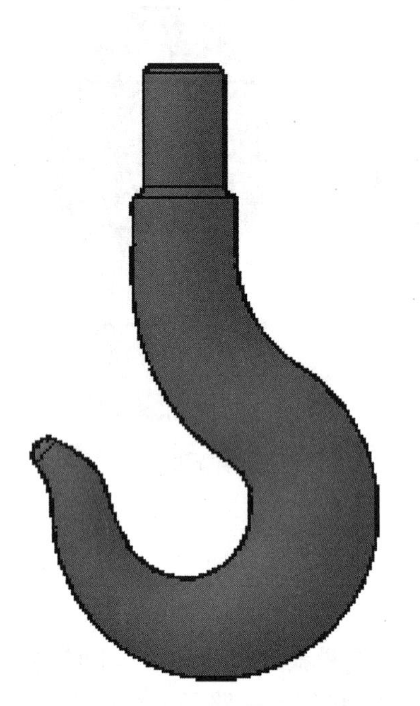

图4.31　放样后的大构实体

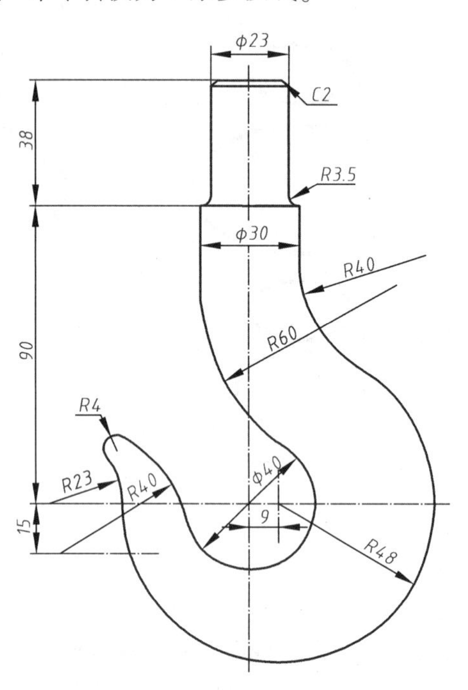

图4.32　放样前的大钩路径

图4.33　放样前的各截面轮廓

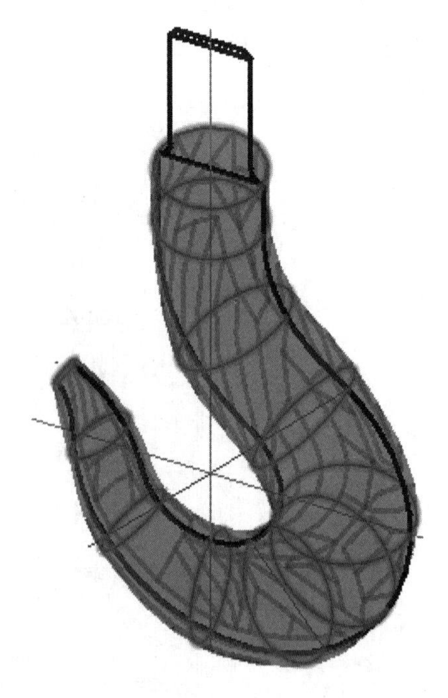

图4.34　选择大钩中各部分截面圆

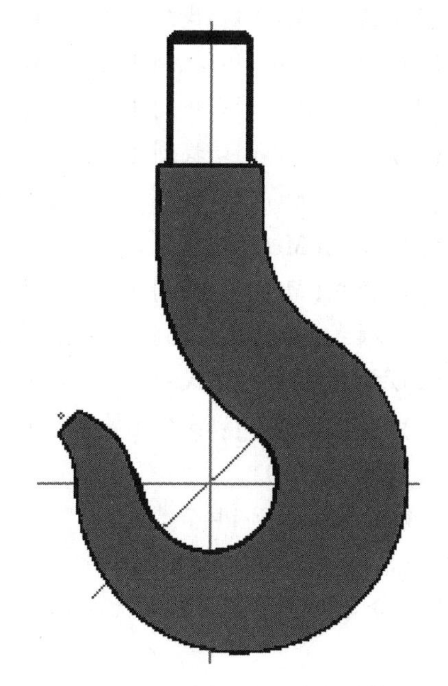

图 4.35　放样后大钩中部实体

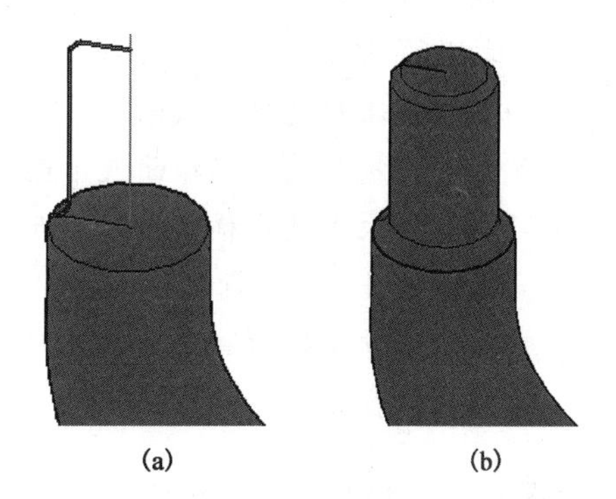

图 4.36　大钩上部轮廓及实体

具体执行过程如下：

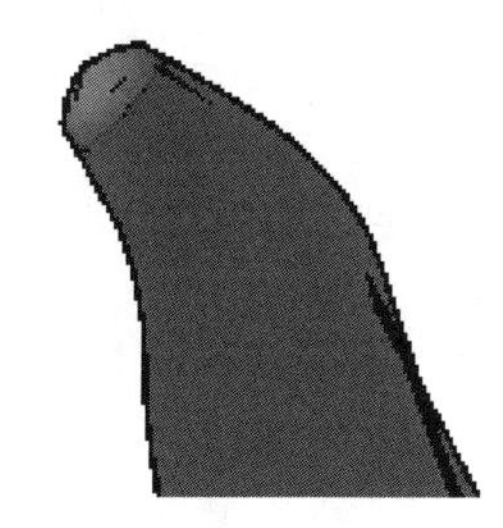

图 4.37　大钩头部轮廓及实体

(1)绘制图 4.35 的过程。

命令：_join(合并命令)
选择源对象或要一次合并的多个对象：找到 1 个
选择要合并的对象：找到 1 个，总计 2 个
选择要合并的对象：找到 1 个，总计 3 个
选择要合并的对象：找到 1 个，总计 4 个
选择要合并的对象：　　　　　　　　　　//选择图 4.34 中外侧轮廓
4 个对象已转换为 1 条多段线
命令：_loft(放样)(绘制图 4.34)
当前线框密度：ISOLINES =4，闭合轮廓创建模式 = 实体
按放样次序选择横截面或［点(PO)/合并多条边(J)/模式(MO)］：_MO 闭合轮廓创建模式［实体(SO)/曲面(SU)］<实体>：_SO
按放样次序选择横截面或［点(PO)/合并多条边(J)/模式(MO)］：找到 1 个

按放样次序选择横截面或［点(PO)/合并多条边(J)/模式(MO)］：找到 1 个，总计 2 个
按放样次序选择横截面或［点(PO)/合并多条边(J)/模式(MO)］：找到 1 个，总计 3 个
按放样次序选择横截面或［点(PO)/合并多条边(J)/模式(MO)］：找到 1 个，总计 4 个
按放样次序选择横截面或［点(PO)/合并多条边(J)/模式(MO)］：找到 1 个，总计 5 个
按放样次序选择横截面或［点(PO)/合并多条边(J)/模式(MO)］：找到 1 个，总计 6 个
按放样次序选择横截面或［点(PO)/合并多条边(J)/模式(MO)］：找到 1 个，总计 7 个
按放样次序选择横截面或［点(PO)/合并多条边(J)/模式(MO)］：找到 1 个，总计 8 个
按放样次序选择横截面或［点(PO)/合并多条边(J)/模式(MO)］：找到 1 个，总计 9 个
按放样次序选择横截面或［点(PO)/合并多条边(J)/模式(MO)］：找到 1 个，总计 10 个
按放样次序选择横截面或［点(PO)/合并多条边(J)/模式(MO)］：找到 1 个，总计 11 个
按放样次序选择横截面或［点(PO)/合并多条边(J)/模式(MO)］：
选中了 11 个横截面　　　　　　　　　　　//依次从上到下 11 个截面圆
输入选项［导向(G)/路径(P)/仅横截面(C)/设置(S)］<仅横截面>：p
选择路径轮廓：　　　　　　　　　　　　　//选择合并完的多段线作为轮廓

(2)绘制图 4.36 的过程。

命令：_boundary(用边界命令创建多段线)
拾取内部点：　正在选择所有对象...　　　　//用"拾取点"命令
正在选择所有可见对象...　　　　　　　　　//点击封闭线框内部
正在分析所选数据...
正在分析内部孤岛...
拾取内部点：
已指定此区域。
拾取内部点：
BOUNDARY 已创建 1 个多段线
：找到 1 个
选择对象：找到 1 个，总计 2 个
选择对象：找到 1 个，总计 3 个
选择对象：　　　　　　　　　　　　　　　//选择图合并完的多段线作为轮廓

命令：_revolve(旋转命令)
当前线框密度：　ISOLINES =4，闭合轮廓创建模式 = 实体
选择要旋转的对象或［模式(MO)］：_MO 闭合轮廓创建模式［实体(SO)/曲面(SU)］<实体>：_SO
选择要旋转的对象或［模式(MO)］：找到 1 个
选择要旋转的对象或［模式(MO)］：
指定轴起点或根据以下选项之一定义轴［对象(O)/X/Y/Z］<对象>：
指定轴端点：
指定旋转角度或［起点角度(ST)/反转(R)/表达式(EX)］<360>：

(3)绘制图4.37的过程。

命令：_loft(放样)

当前线框密度：ISOLINES =4,闭合轮廓创建模式 = 实体

按放样次序选择横截面或［点(PO)/合并多条边(J)/模式(MO)］：_MO 闭合轮廓创建模式［实体(SO)/曲面(SU)］＜实体＞：_SO

按放样次序选择横截面或［点(PO)/合并多条边(J)/模式(MO)］：找到1个

按放样次序选择横截面或［点(PO)/合并多条边(J)/模式(MO)］：找到1个,总计2个

按放样次序选择横截面或［点(PO)/合并多条边(J)/模式(MO)］：选中了2个横截面　　//选择头部2个圆截面

输入选项［导向(G)/路径(P)/仅横截面(C)/设置(S)］＜仅横截面＞：s　　//进入设置对话框如图4.38所示

(4)合并三个实体。

命令：_union(合并命令)
选择对象：找到1个
选择对象：找到1个,总计2个
选择对象：找到1个,总计3个
选择对象：

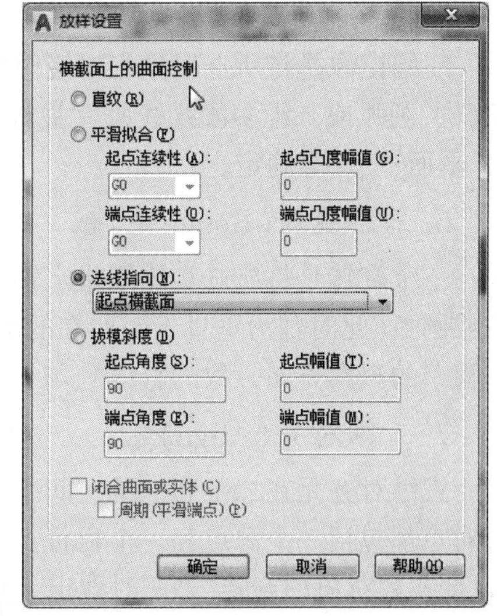

图4.38　放样设置对话框

4.3　三维实体的编辑与观察方法

4.3.1　编辑三维实体

将简单的三维实体,通过布尔运算(并集、差集、交集)可以创建更复杂的形体。通过三维实体的圆角、倒角操作或编辑修改面、边、体,可以对实体作进一步修改。

在构建组合形体时,有时还可通过“三维阵列”和“三维镜像”进行复制操作,通过“三维旋转”和“对齐”调整基本形体的相对位置等。此工具栏在“修改”下拉菜单的“实体编辑”中,“实体编辑”和“修改”工具栏如图4.39所示。

1. 并集(Union)

并集是将两个或两个以上实体(或面域)合并成为一个复合对象。得到的复合实体包括

所有选定实体所封闭的空间;得到的复合面域包括子集中所有面域所封闭的面积。

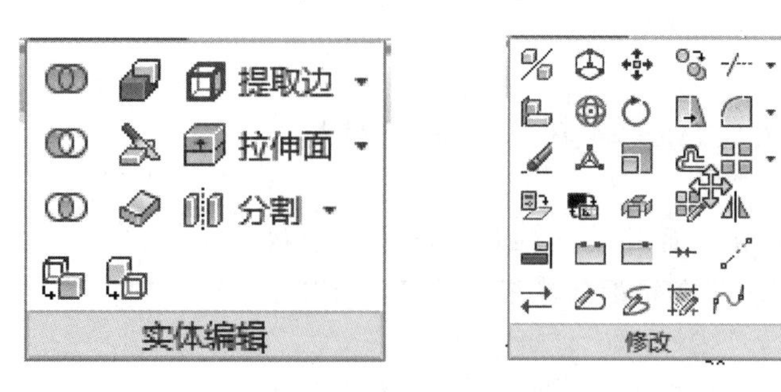

图 4.39 “实体编辑”工具栏

2. 差集(Subtract)

差集是从一组实体中减去与另一组实体间的公共部分,从而得到一个新的实体。执行时首先选择被减实体,然后再选择要减去的实体。差集运算主要用于创建形体上的孔或槽。

3. 交集(Intersect)

交集是用两个或多个实体的公共部分创建实体,删除非重合部分。

4. 剖切(Slice)

剖切是将实体沿剖切平面切开,可选择保留其中一部分或两部分。

5. 三维镜像(Mirror3d)

三维镜像是将所选对象相对镜像面作镜像复制,可保留或删除原实体。镜像平面可由对象(圆、圆弧或二维多段线线段)、最近的镜像面、Z 轴(及其外一点)、视图、XY 平面、YZ 平面、ZX 平面、三点等确定。

6. 三维旋转(Rotate3d)

三维旋转是将所选实体绕指定轴旋转一定角度。轴可由所选对象直线、二维多段线线段、圆或圆弧(此时轴为垂直于圆所在的平面且通过圆心的直线)、最近的轴、视图(此时轴为与当前视口的观察方向一致的直线)、与 X 轴、Y 轴、Z 轴平行的直线或任意两点等确定。

7. 三维对齐(Align)

三维对齐是在二维和三维空间中将对象与其他对象对齐。对齐对象时需要确定三对点,每对点都包括一个源点和一个目标点。其中第一对点定义对象的移动,第二对点定义 2D 或 3D 变换和对象的旋转,第三对点定义对象的不确定的 3D 变换。

8. 三维阵列(Darray3d)

三维阵列是将所选对象作三维矩形阵列复制(需指定行数、列数、层数及相应间距)或绕轴作三维环形阵列复制(需指定复制个数、填充角度、是否旋转对象、确定轴方向及位置的两点)。

以上三维操作(阵列、镜像、旋转和对齐)都可以通过选择菜单“修改”中相应的命令执行。其他实体编辑命令详见帮助。

4.3.2 观察三维实体的方法和工具

视点是指用户观察图形的方向。例如绘制长方体时,如果使用平面坐标系即 Z 轴垂直于屏幕,此时仅能看到物体在 XY 平面上的投影(矩形)。若调整视点至适当位置,如坐标系的左上方,将看到一个三维的长方体。

为了便于观察和编辑三维模型,AutoCAD 2018 为用户提供了一些标准视图,具体有 6 个正交视图和 4 个等轴测图,单击“视图”下拉菜单中“三维视图”工具栏或功能区“常用”选项卡中“视图”面板,或在“可视化”功能区中单击“视图”面板,如图 4.40(a)所示。也可通过“视图”选项卡,在“视口工具”面板中,单击工具栏中的“导航栏”,从图标选择动态观察工具。使用这些动态观察工具,可以拖动鼠标来模拟相机绕物体运动时所观察到的三维物体。“视图”和“动态观察器”工具栏如图 4.40(b)所示。

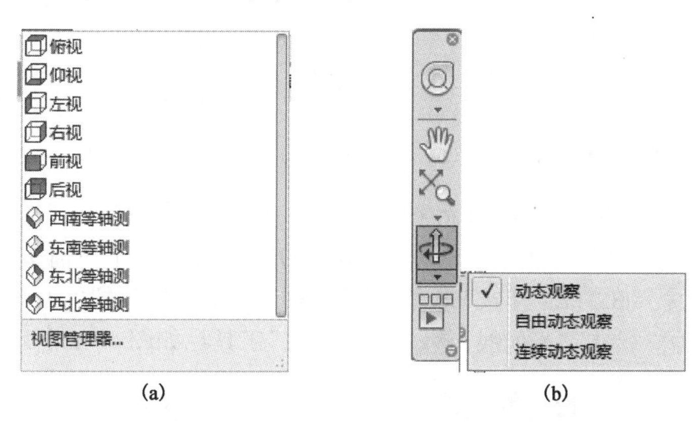

图 4.40　“视图”和“动态观察器”的工具栏

1. 俯视图

恢复预定义的正交俯视图。用于观察三维实体在 XY 面上的视图。

2. 西南等轴测视图

恢复预定义的西南等轴测视图。

3. 动态观察

在图形中单击并向左或向右水平拖动光标,可沿 XY 平面旋转对象。如果上下垂直拖动光标,即可沿 Z 轴旋转对象。

4. 自由动态观察

自由动态观察视图显示了一个转盘,可通过在转盘的不同位置按住左键并拖动鼠标,在三维空间动态地转动实体,以便从不同方向观察对象的各个部位。此时,上下转动滚轮,视图进行放大或缩小;按住滚轮拖动,视图移位。

5. 连续动态观察

连续动态观察器可以连续的进行动态观察三维模型。需在连续地动态观察移动的方向上单击并拖动,然后释放鼠标按钮,系统便自动使轨道沿该方向继续移动,产生动画效果。

4.3.3　使用 ViewCube 3D 导航立方体

通过“视图”选项卡,在“视口工具”面板中,单击工具栏中的“ViewCube”[图 4.41(a)],即可显示图 4.41(b)所示的 3D 导航立方体,可以快速帮助用户调整模型的视点,还可以更改模型的视图投影、定义和恢复模型的主视图,以及恢复随模型一起保存的已命名 UCS。

此导航立方体主要有顶部的房子标记、中间的导航立方体、底部的罗盘和最下侧的 UCS 菜单 4 部分组成。当沿立方体移动鼠标指针时，分布在导航立体棱、边、面等位置上的热点会亮显。单击一个热点，就可以切换到相关的视图。

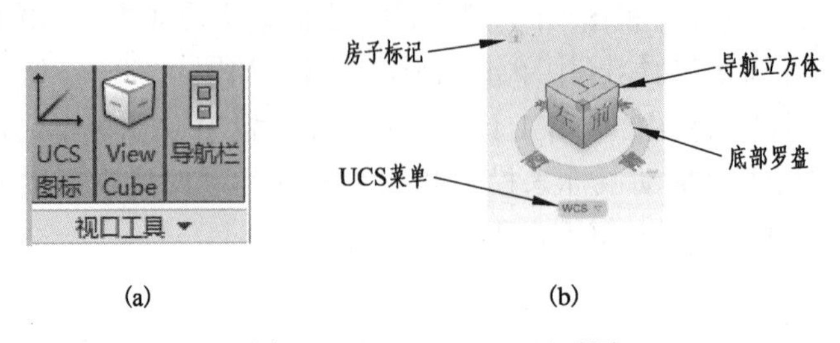

图 4.41 “ViewCube”显示图

4.3.4 三维实体的显示方式

AutoCAD 2018 为三维实体提供了各种显示方式，可以通过“视图”下拉菜单“视觉样式”工具栏或选择单击 “常用”选项卡中“视图”面板中的“视觉样式”下拉箭头，从出现的下拉列表中选择相应的命令。在“视觉样式”中有“二维线框”“概念”“隐藏”“真实”“着色”“带边框着色”“灰度”“勾画”“线框”“X 射线”等。“视觉样式”工具栏如图 4.42 所示。

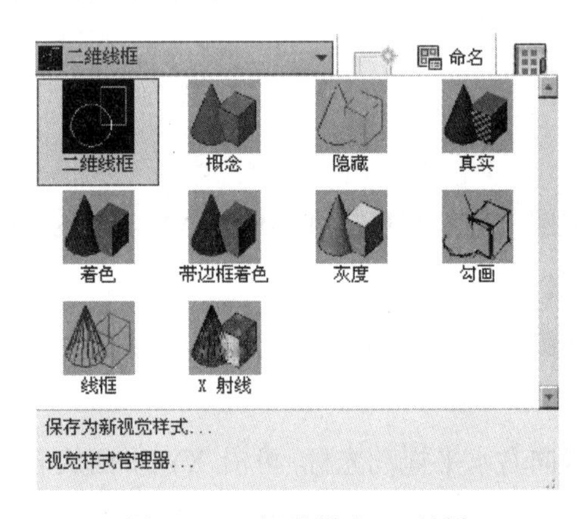

图 4.42 “视觉样式”工具栏

(1)“二维线框”视觉样式——通过使用直线和曲线表示边界的方式显示对象。

(2)“概念”视觉样式——使用平滑着色和古氏面样式显示对象。古氏面样式在冷暖颜色而不是明暗效果之间转换。效果缺乏真实感，但是可以更方便地查看模型的细节。

(3)“隐藏”视觉样式——使用线框表示法显示对象，而隐藏表示背面的线。

(4)“真实”视觉样式——将使用平滑着色和材质来显示对象。

(5)“着色” 视觉样式——使用平滑着色显示对象。

(6)“带边框着色”视觉样式——使用平滑着色和可见边显示对象。

(7)“灰度”视觉样式——使用平滑着色和单色灰度显示对象。

(8)“勾画”视觉样式——使用线延伸和抖动边修改器显示手绘效果的对象。

(9)“线框”视觉样式——通过使用直线和曲线表示边界的方式显示对象。

(10)“X 射线”视觉样式——以局部透明度显示对象。

4.4　三维建模绘制实例

三维实体造型的思路如下：

(1)将复杂立体分解成几个简单体或基本体的组合。

(2)在屏幕的适当位置创建这些简单体或基本体,简单立体上的孔或槽可通过布尔运算或编辑实体本身来形成。

(3)用移动命令(Move)或对齐命令(Align)将简单体“装配”到正确位置。

(4)组合所有立体后,执行“并集”运算以形成整个立体。

【例4.1】　应用变换用户坐标系的方法创建图4.43(g)所示立体的三维实体模型。

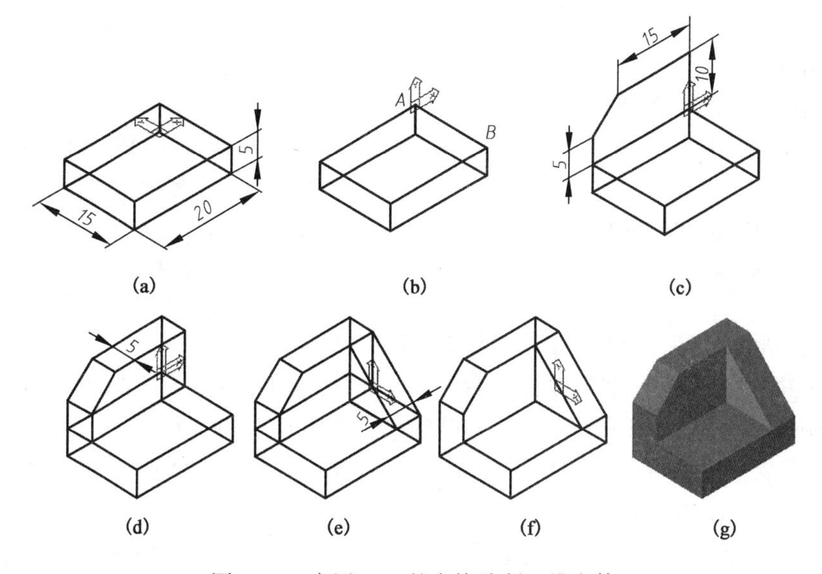

图4.43　应用UCS的变换绘制三维实体

该立体由底板、立板及三角形的侧板三部分构成。其中底板可直接用“Box(长方体)”命令生成,立板和侧板用拉伸命令(Extrude)生成。由于三块板的方位不同,作图前需要调节用户坐标系的方位。作图步骤如下：

(1)设置绘图环境。与绘制二维图形类似,绘制三维图形前也应设置图形界限、图层、标注样式等,此处不再赘述。

(2)采用“Box(长方体)”命令生成底板,如图4.43(a)所示。

(3)采用“Zaxis(Z轴矢量UCS)”选项,变换UCS的方位,如图4.43(b)所示。命令的执行过程如下：

命令:ucs

当前UCS名称:*世界*

输入选项[新建(N)/移动(M)/正交(G)/上一个(P)/恢复(R)/保存(S)/删除(D)/应用(A)/?/世界(W)]<世界>:n

```
指定新 UCS 的原点或 [Z 轴(ZA)/三点(3)/对象(OB)/面(F)/视图(V)/X/Y/Z] <0,0,0>: za
指定新原点 <0,0,0>:                                   //捕捉角点 A 为新坐标原点
在正 Z 轴范围上指定点 <298.6478,119.2837,1.0000>:     //捕捉角点 B 设置新 Z 轴方向
```

(4)用“Pline(多段线)”绘制立板的底面轮廓。也可用“Line(直线)”命令绘制,而后用“Boundary(边界)”或“Region(面域)”命令创建为多段线或面域,如图4.43(c)所示。

(5)采用拉伸命令(Extrude)将该封闭线框拉伸为立体,如图4.43(d)所示。命令的执行过程如下:

```
命令:extrude
当前线框密度:ISOLINES =4
选择对象:找到1个                     //选择立板的底面封闭线框
选择对象:                            //空响应,结束对象选择
指定拉伸高度或 [路径(P)]: 5           //指定立板的厚度为5
指定拉伸的倾斜角度 <0>:               //空响应,默认倾斜角度为0,命令结束
```

(6)重复步骤(3)、(4)、(5),绘制侧板,如图4.43(e)所示。

(7)用并集命令(Union)将三个立体合并为一个实体,如图4.43(f)所示。

(8)采用体着色命令(Shademode)将立体着色,如图4.43(g)所示。

提示:着色前一定要将立体的颜色改为彩色,面与面的层次才分明,着色效果明显;若为黑色,则黑乎乎一片,无层次感。

此时,用户可用“3dorbit(三维动态观察器)”观看三维实体的各个侧面或作进一步的编辑。

创建三维实体时,也可在一个坐标系中将各个方向的基本立体全都生成出来,而后再应用三维操作及编辑命令调整它们的相对位置,最后运用布尔运算创建组合体。

【例4.2】 创建图4.44(g)所示立体的三维实体模型。图4.45为其立体图形及相应的尺寸。

该立体可分为底板、对称的套筒及支撑板三部分。

(1)绘制平面图形,并将底板和支撑板的外轮廓定义为多段线或面域,如图4.44(a)所示。

(2)将视图切换为西南等轴测视图,以利观察。然后将上步所得封闭线框拉伸为立体,包括套筒和底板上的孔也要创建为同等大小的实体圆柱。为定位方便,将套筒上两个圆柱的拉伸高度设置为9,如图4.44(b)所示。

(3)选择两圆柱,点击鼠标左键将其下底面圆心夹点激活(变红),直接拖动鼠标捕捉支撑板的下底面圆心,从而使套筒和支撑板准确定位,如图4.44(c)所示。

(4)使用三维旋转命令(Rotate3d),将支撑板及套筒绕底边AB旋转90°立起来;然后利用移动命令(Move)将支撑板及套筒以点B为基点移动至底板的角点C处,如图4.44(d)所示。

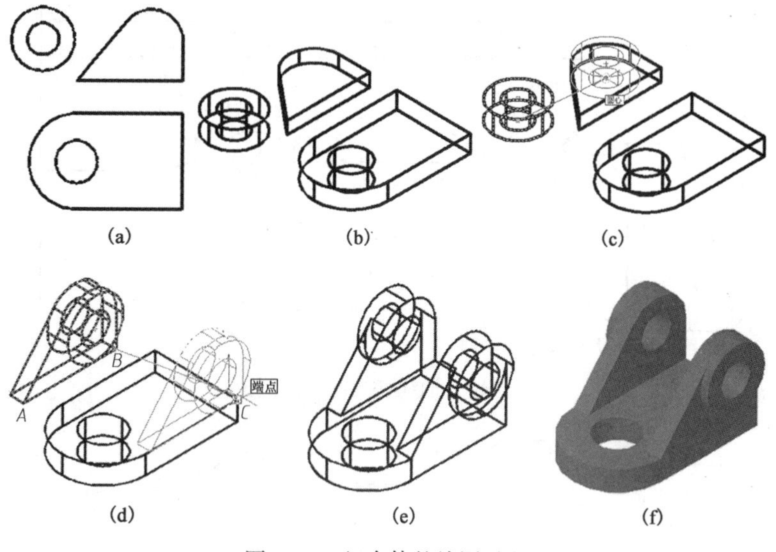

图 4.44　组合体的绘图过程

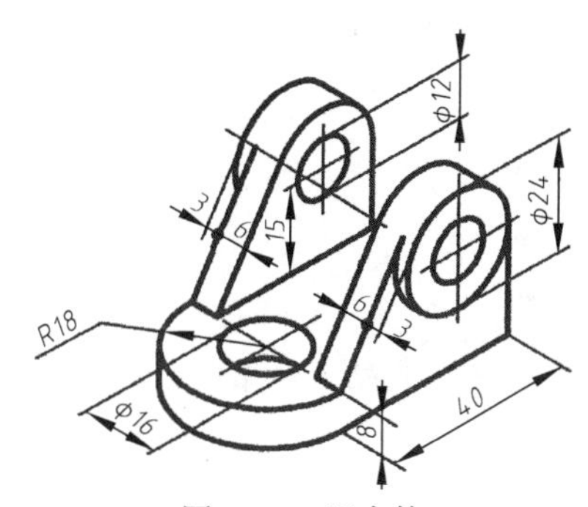

图 4.45　组合体

(5)利用三维镜像命令(Mirror3d)将支撑板及套筒相对底板的前后对称面进行镜像;然后进行布尔运算将底板、支撑板及套筒的外圆柱“合并”起来,再用“差集”将底板上的孔、支撑板上的孔挖切出来,如图 4.44(e)所示。

(6)将实体“着色”,如图 4.44(f)所示。

【例 4.3】　创建图 4.46 所示抽油杆头部的三维实体模型, 图 4.47 为其平面图形及相应的尺寸。

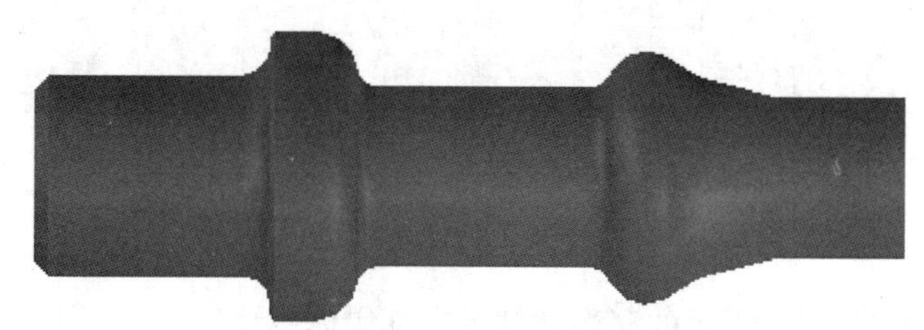

图 4.46　抽油杆头部三维实体

抽油杆头部主体上为回转体,可以先绘制其断面图旋转而成。具体绘图步骤如下:

(1)绘制抽油杆的断面图形,并将其定义为多段线或面域,如图 4.48 所示。

(2)将视图切换为西南等轴测视图,以利观察。然后将上步所得断面图使用旋转命令(Revolve)旋转为立体,具体操作如下,旋转生成的回转体如图 4.49 所示。

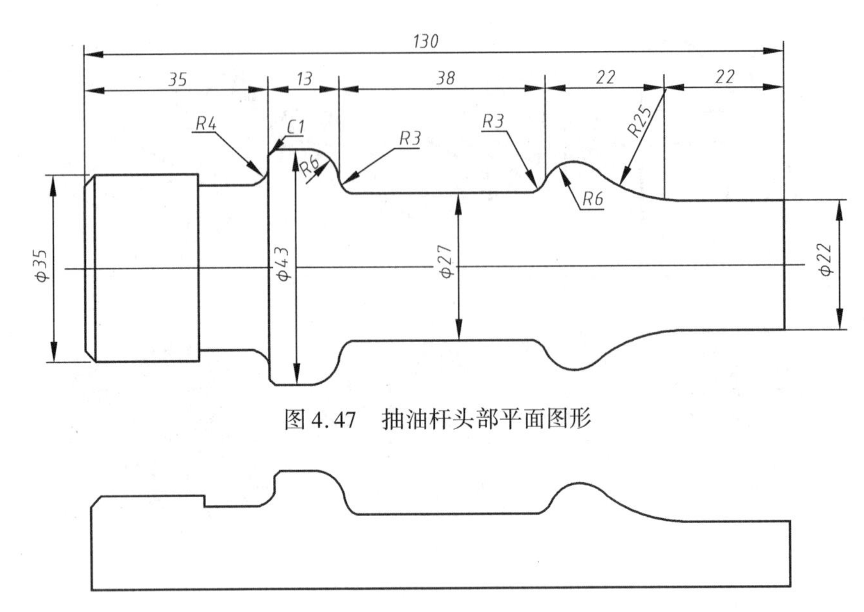

图 4.47　抽油杆头部平面图形

图 4.48　抽油杆头部断面图

命令：_revolve

当前线框密度：　ISOLINES = 8

选择要旋转的对象：找到 1 个　　　　//选定断面图

选择要旋转的对象：　　　　//回车确认

指定轴起点或根据以下选项之一定义轴［对象(O)/X/Y/Z］< 对象 >：　　　　//回车

指定轴端点：　　　　//选择回转轴上两点

指定旋转角度或［起点角度(ST)］< 360 >：360　　　　//指定旋转角度为 360°

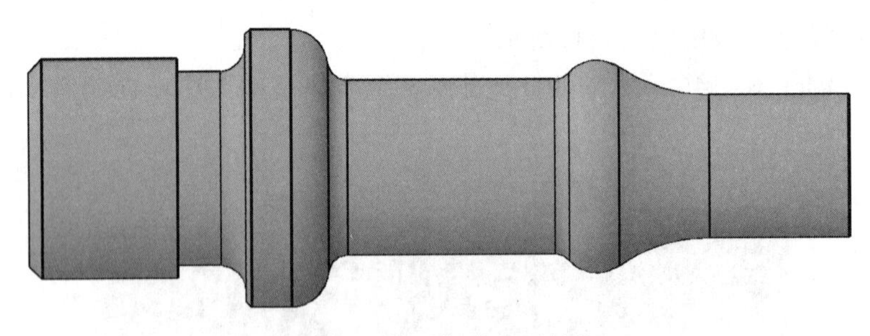

图 4.49　抽油杆头部回转体

【例 4.4】　创建图 4.50 所示的深沟球轴承三维实体模型。

利用布尔运算相关功能创建如图 4.50 所示的深沟球轴承。

(1) 设置线框密度，命令行提示如下：

命令：isolines

输入 isolines 的值 < 4 >：10

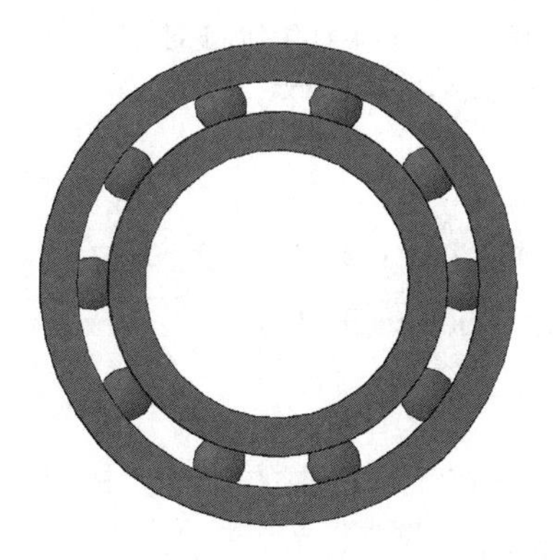

图 4.50 深沟球轴承三维实体模型

(2)切换视图。单击“视图”工具栏中的“西南等轴测”按钮,切换到西南等轴测视图。

(3)绘制外轮廓。单击“建模”工具栏中的“圆柱体”按钮,命令行提示如下:

命令:_cylinder

指定底面的中心点或[三点(3P)/两点(2P)/切点、切点、半径(T)/椭圆(E)]<0,0,0>:在绘图区指定底面中心点位置

指定底面的半径或[直径(D)]:45

指定高度或[两点(2P)/轴端点(A)]:20

命令:(继续创建圆柱体)

指定底面的中心点或[三点(3P)/两点(2P)/切点、切点、半径(T)/椭圆(E)]<0,0,0>:

指定底面的半径或[直径(D)]:38

指定高度或[两点(2P)/轴端点(A)]:20

(4)差集运算。单击“标准”工具栏中的“实时缩放”按钮,上下转动鼠标滚轮对其进行适当的放大。单击“实体编辑”工具栏中的“差集”按钮,将创建的两个圆柱体进行差集运算。

(5)消隐处理。单击“渲染”工具栏中的“隐藏”按钮。

(6)创建内圈。按上述步骤,单击“建模”工具栏中的“圆柱体”按钮,以坐标原点为圆心,分别创建高度为20、半径为32和25的两个圆柱,并单击“实体编辑”工具栏中的“差集”按钮,对其进行差集运算,创建轴承的内圈圆柱体,结果如图4.51所示。

(7)并集运算。单击“实体编辑”工具栏中的“并集”按钮,将创建的轴承外圈与内圈柱体进行并集运算,如图4.52所示。

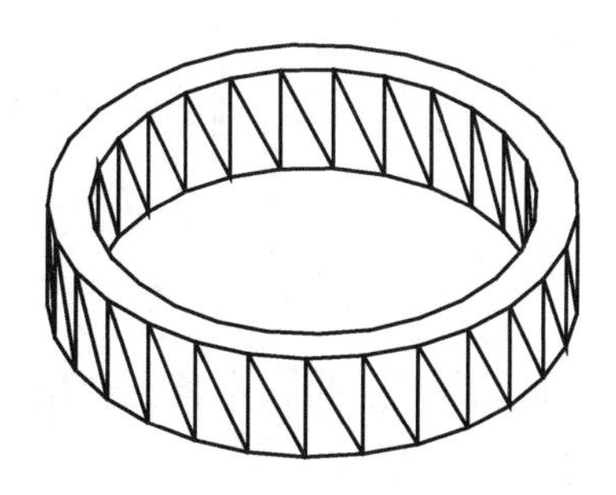

图 4.51 轴承外圈圆柱体

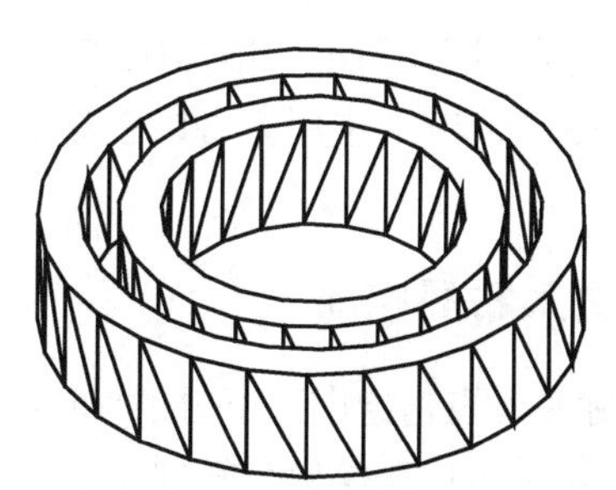

图 4.52 轴承内圈圆柱体

(8)绘制圆环体。单击“建模”工具栏中的“圆环体”按钮,绘制底面中心点(0,0,10)、半径为35、圆管半径为5的圆环,命令行提示如下:

```
命令:_torus
指定中心点或[三点(3P)/两点(2P)/切点、切点、半径(T)]:0,0,10
指定半径或[直径(D)]<25.0000>:35
指定圆管半径或[两点(2P)/直径(D)]:5
```

(9)差集运算。单击“实体编辑”工具栏中的“差集”按钮,将创建的圆环与轴承的内外圈进行差集运算,结果如图4.53所示。

(10)绘制滚珠。单击“建模”工具栏中的“球体”按钮,绘制底面中心点为(35,0,10)、半径为5的球体。

(11)环形列阵。单击“修改”工具栏中的“环形列阵”按钮,将创建的滚动体进行环形列阵,列阵中心为坐标原点,数目为10。单击“视图”工具栏中的“俯视”按钮,切换到俯视图,结果如图4.54所示。

(12)并集运算。单击“实体编辑”工具栏中的“并集”按钮,将列阵的滚动体与轴承的内外圈进行运算。

(13)渲染处理。单击“渲染”工具栏中的“渲染”按钮,选择适当的材质,渲染后的效果如图4.50所示。

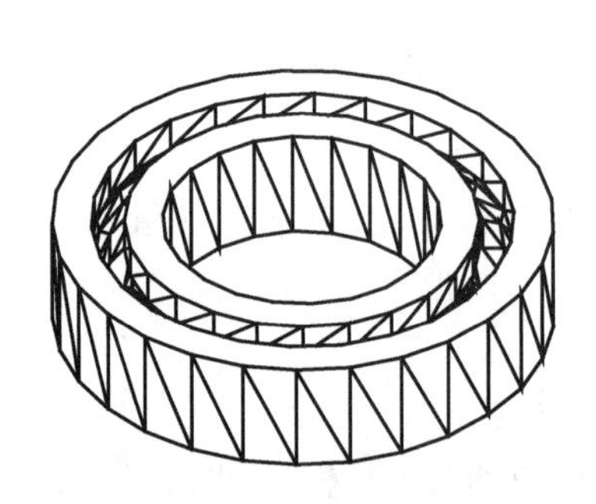

图4.53　圆环与轴承内外圈进行差集运算结果

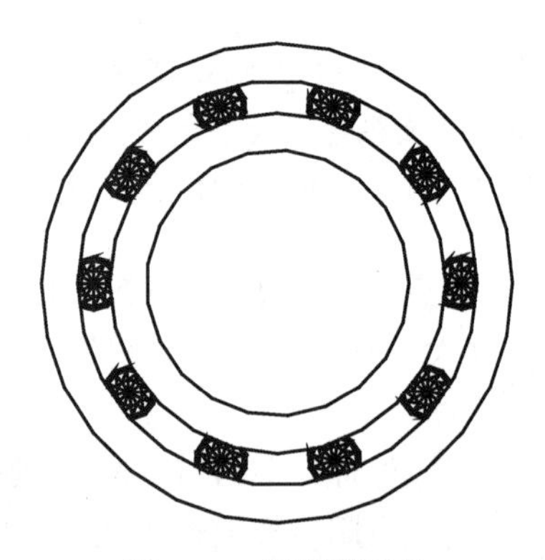

图4.54　阵列滚动体

4.5　由三维实体生成二维图形的方法和技巧

本节主要介绍如何由三维实体模型生成二维工程图形。

在AutoCAD 2018中用户可以创建三维模型的二维视图,如三视图、轴测图等。具体步骤如下:

4.5.1　进入布局空间

用鼠标左键点击绘图区下方的“布局”按钮,进入布局(图纸空间),屏幕上会出现一个视口,视口中显示用户在模型空间创建的三维实体。

4.5.2 新建视口

- 菜单：[视图]→[视口]→[新建视口]。
- 工具栏："可视化"→"模型视口"。
- 命令：Vports。

执行"新建视口"命令，弹出"视口"对话框，如图 4.55 所示。在"新建视口"选项卡中，"标准视口"中选择"四个相等"，建立四个相等的视口，分别将它们设成"主视图、俯视图、左视图和东南等轴测"。

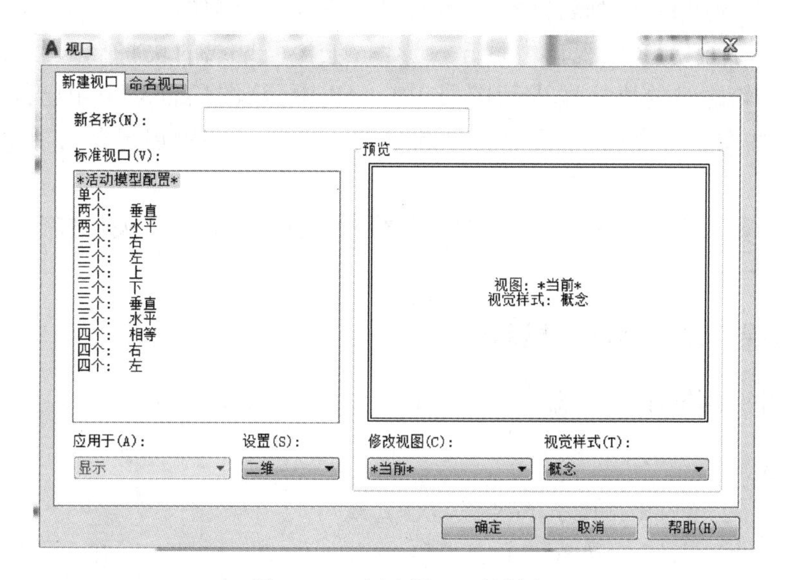

图 4.55 "新建视口"对话框

在"设置(S)"中选择"三维"，"视觉样式"中选择"二维线框"，单击"确定"。命令行提示如下：

指定第一个角点或 [布满(F)] <布满>： //回车确认布满

4.5.3 加载 Hidden 线型

打开"线型管理器"看是否有 Hidden 线型，如果没有则加载，以备系统自动定义虚线图层。

4.5.4 在各视口中创建实体的轮廓图(投影图)

- 菜单：[绘视图]→[建模]→[设置] →[轮廓(p)]。

双击左键分别激活；给定边长为 3 各视口，并执行设置轮廓命令(Solprof)或工具栏图标" "获取实体的投影轮廓。

执行过程：

命令：solprof
选择对象：找到 1 个 ;选择三维实体

选择对象： //空响应确认
是否在单独的图层中显示隐藏的剖面线？[是(Y)/否(N)] <是>： //空响应默认
是否将剖面线投影到平面？[是(Y)/否(N)] <是>： //空响应默认
是否删除相切的边？[是(Y)/否(N)] <是>： //空响应默认
已选定一个实体。 //结束命令

此时系统将自动生成各视口的可见轮廓线图层PV－viewport handle和不可见轮廓线(虚线)图层PH－viewport handle。其中viewport handle为视口句柄，即视口代号，由系统自动生成，可在图纸空间使用LIST(列表)命令选择视口，来查看该视口的句柄。

例如，若在句柄为4B的视口中创建投影图，包含可见线的块将插入到图层PV－4B中，包含不可见轮廓线的块将插入到图层PH－4B中，该图层自动采用已加载的Hidden线型。如果这些图层不存在，该命令将创建它们。如果这些图层已经存在，块将添加到图层上。

Solprof命令不改变图层的显示，所以要观察刚创建的投影图，需关掉包含原三维实体的图层。

4.5.5 为各视口设置相同的显示分辨率

在各视口中分别执行Zoom命令输入 nXP，其中 n 为缩放比例因子。

命令：zoom
指定窗口角点，输入比例因子(nX或nXP)，或
[全部(A)/中心点(C)/动态(D)/范围(E)/上一个(P)/比例(S)/窗口(W)] <实时>：1.5XP

4.5.6 进入图纸空间，绘制点画线、标注尺寸

标注时，可直接应用对象捕捉拾取实体上的各种特征点，标注各类尺寸。

4.5.7 关闭轴测图中的虚线图层，以增加轴测图的立体效果

注意：模型空间和图纸空间的切换方法有两种：一种是点击状态行中的“模型”或“图纸”按钮进行切换。另一种是在模型空间，双击布局边框的外侧；在图纸空间，双击某视口内部，即可进行切换。

必须使状态行中的“图纸”空间转换为“模型”空间，如图4.56所示。

图4.56 状态行显示状态

图4.57(a)是一个创建好的三维实体；图4.57(b)是采用上述方法创建的实体投影轮廓图；图4.57(c)是在图纸空间绘制点画线、标注尺寸后的完整的三视图及轴测图，轴测图中的虚线图层已经关闭。

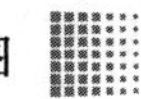

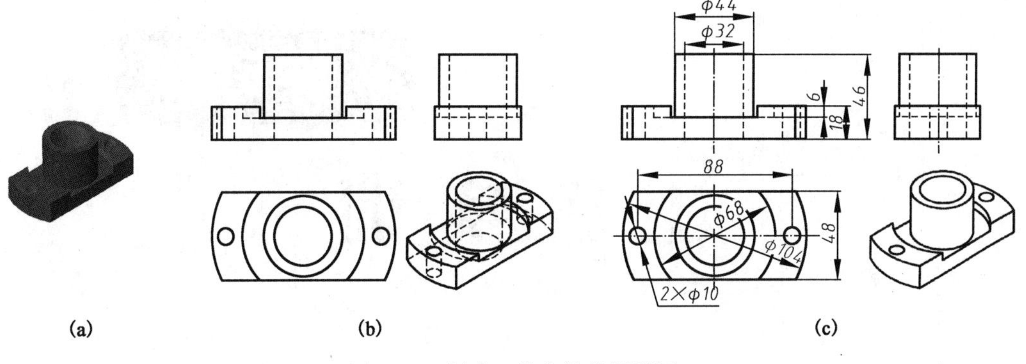

图 4.57 创建三维实体的投影图

第5章

5.1 熟悉基本绘图环境及绘制简单平面图形

5.1.1 实验目的和要求

(1)了解 AutoCAD 2018 操作界面的组成和基本操作;

(2)掌握图层、线型、颜色和线宽设置方法;

(3)了解 AutoCAD 2018 的基本绘图/编辑命令;

(4)掌握新建、打开和保存文件。

5.1.2 实验内容和步骤

(1)新建文件。启动 AutoCAD 2018 应用程序,新建绘图文件,选用【二维草图及注释】工作空间,熟悉绘图环境。

(2)设置图层、线型、颜色和线宽,具体要求见表 5.1。

表 5.1 绘图图层、线型、颜色和线宽具体要求

图层名	颜色	线型	线宽	用途	打印
0	黑/白	CONTINUOUS	0.50	粗实线	打开
细实线	黑/白	CONTINUOUS	0.25	细实线	打开
虚 线	品红	HIDDEN	0.25	虚线	打开
中心线	红	CENTER	0.25	中心线	打开
尺寸线	蓝	CONTINUOUS	0.25	尺寸、文字	打开
剖面线	蓝	CONTINUOUS	0.25	剖面线	打开

(3)设置国标 A3 图纸样板图。A3 图纸尺寸为 420×297(mm),装订边宽 25mm,其他周边宽 5mm。具体操作命令如下:

①设置国标 A3 图纸图形图幅。

AutoCAD 提示:	说明:
命令:limits	//设置模型空间界限
指定左下角点或[开(ON)/关(OFF)]<0.0000,0.0000>:0,0	//左下角点坐标为(0,0)

指定右上角点 < 420.0000, 297.0000 >：420,297　　//右上角点坐标为(420,297)

②绘制 A3 图纸边框线。将“细实线”层设置为当前图层,启动“矩形”命令绘制图纸边框线。

AutoCAD 提示：	说明：
命令：rectang	//启动矩形命令
指定第一个角点或［倒角(C)/标高(E)/圆角(F)/厚度(T)/宽度(W)］：0,0	//左下角点坐标为(0,0)
指定另一个角点：420,297	//右上角点坐标为(420,297)

③绘制 A3 图纸图框线。将 0 层设置为当前图层,启动“矩形”命令绘制图框线。

AutoCAD 提示：	说明：
命令：rectang	//启动矩形命令
指定第一个角点或［倒角(C)/标高(E)/圆角(F)/厚度(T)/宽度(W)］：25,5	//左下角点坐标为(25,5)
指定另一个角点：415,292	//右上角点坐标为(415,292)

④绘制完毕的图纸边框线和图框线如图 5.1 所示。

图 5.1　A3 图纸边框线和图框线

(4)保存样板图文件。将 A3 图纸绘图环境及图层、线型、颜色和线宽保存为模板文件,存盘作为以后画图所用的绘图样板。

5.1.3　上机练习题一

任选图 5.2 中图形,绘制在 A3 图纸中(不标注尺寸)。

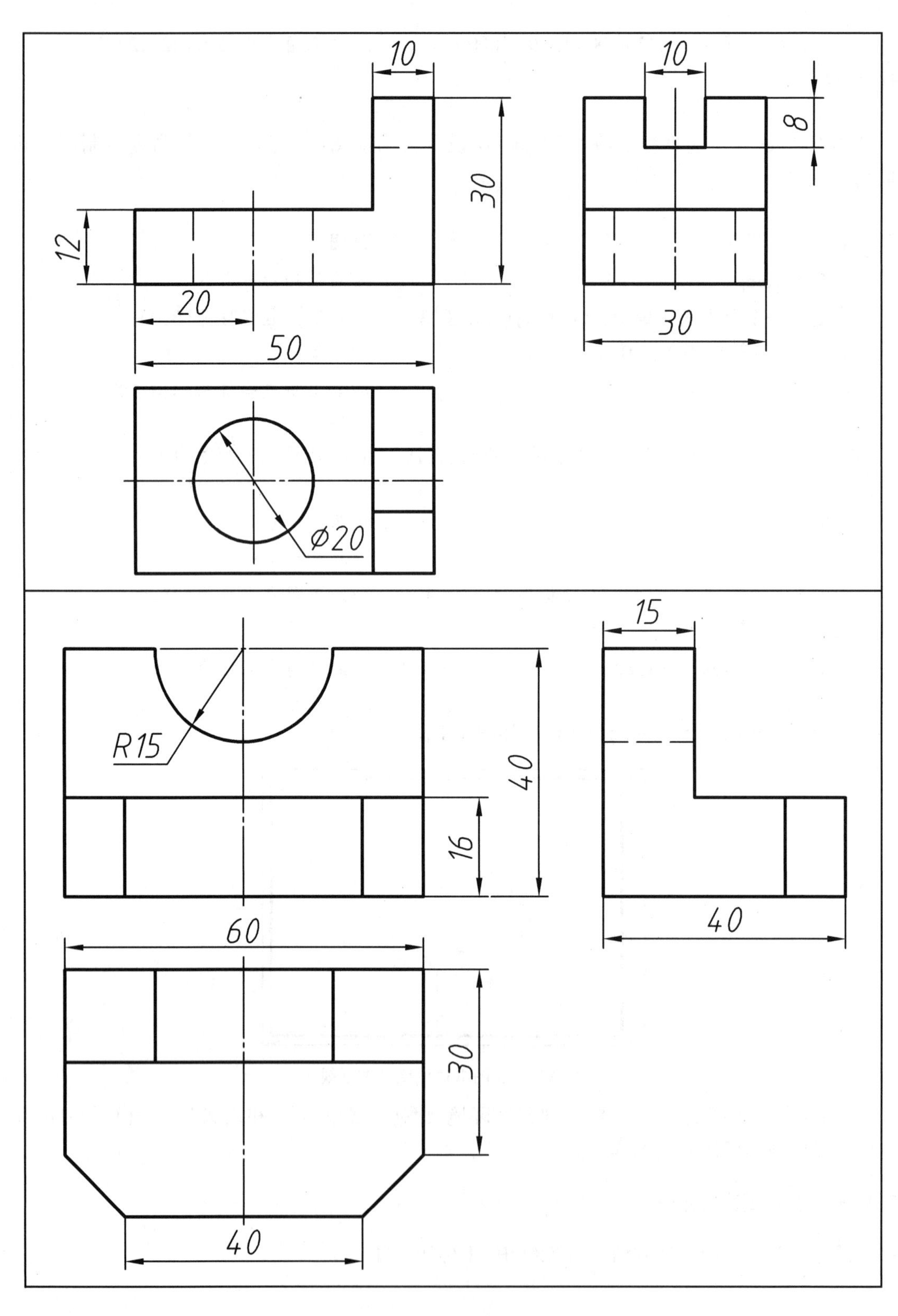

图 5.2　上机练习一

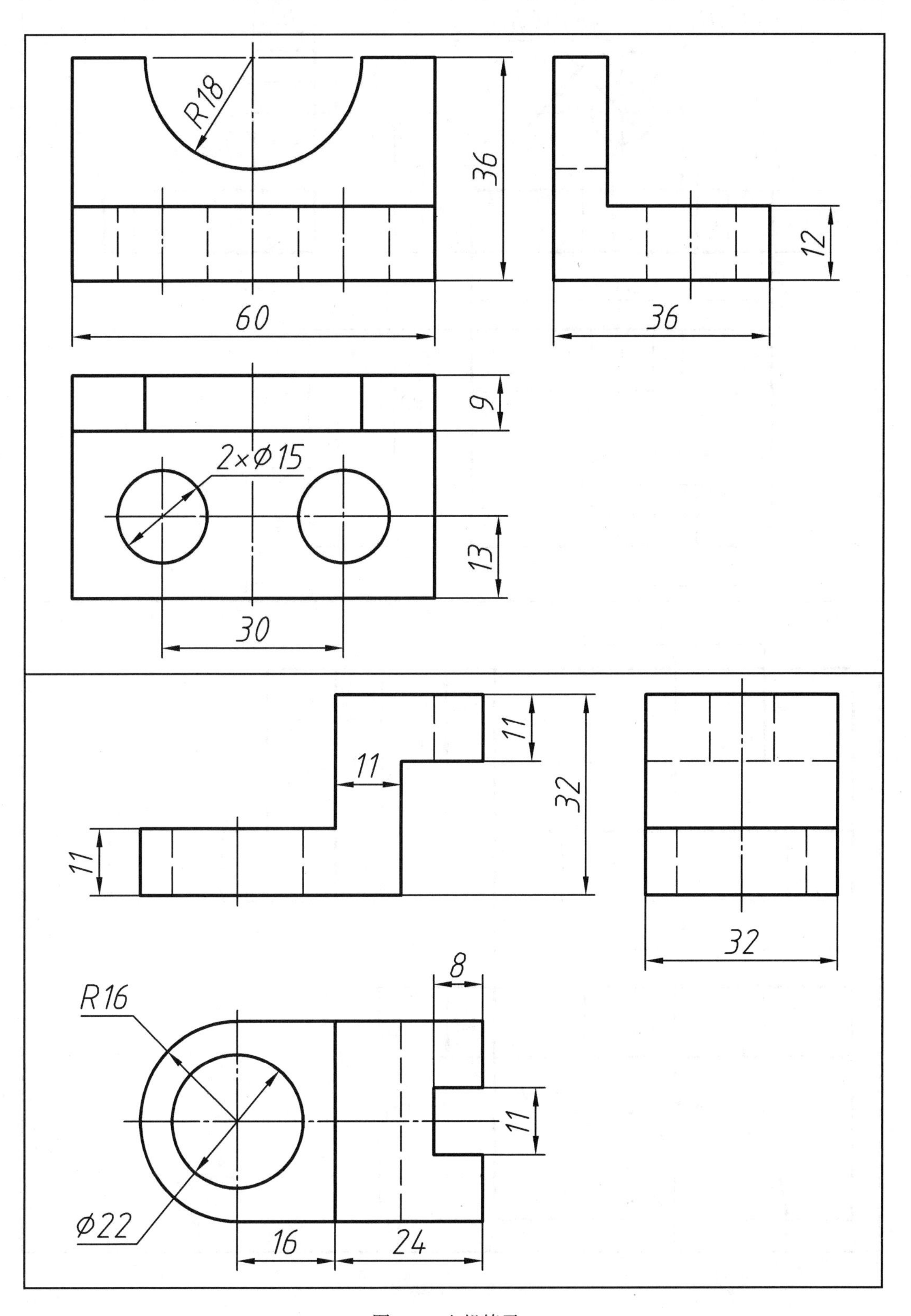

图5.2 上机练习一

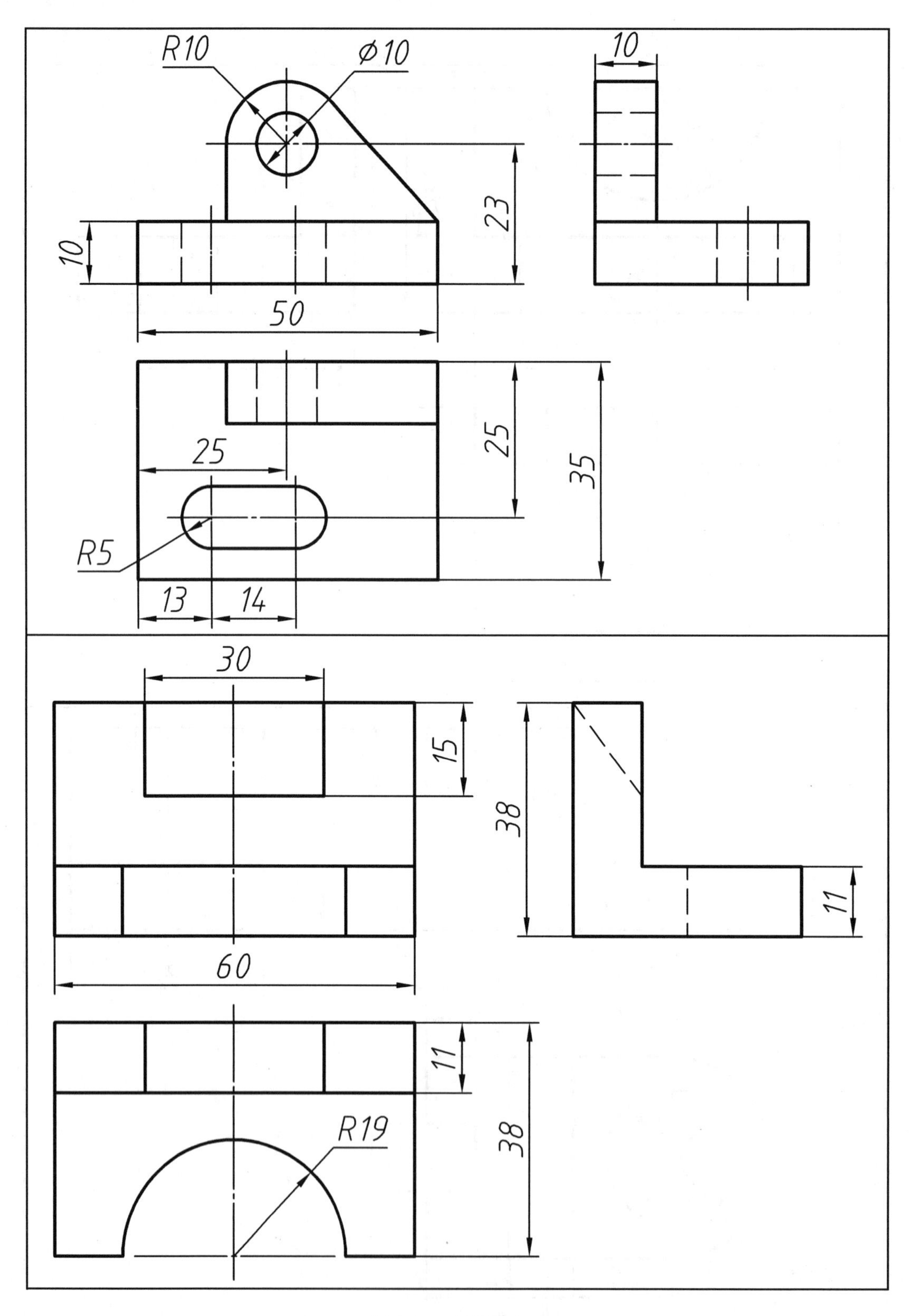

图 5.2　上机练习一

5.2 绘制复杂组合体三视图

5.2.1 实验目的和要求

(1)掌握选择实体的常用方法(点选、窗口选、交叉窗口选);

(2)掌握常用绘图及编辑命令的功能和操作方法;

(3)掌握较复杂组合体三视图的画图方法及技巧。

5.2.2 实验内容和步骤

【例5.1】调用绘图模板并绘制图5.3所示图形。

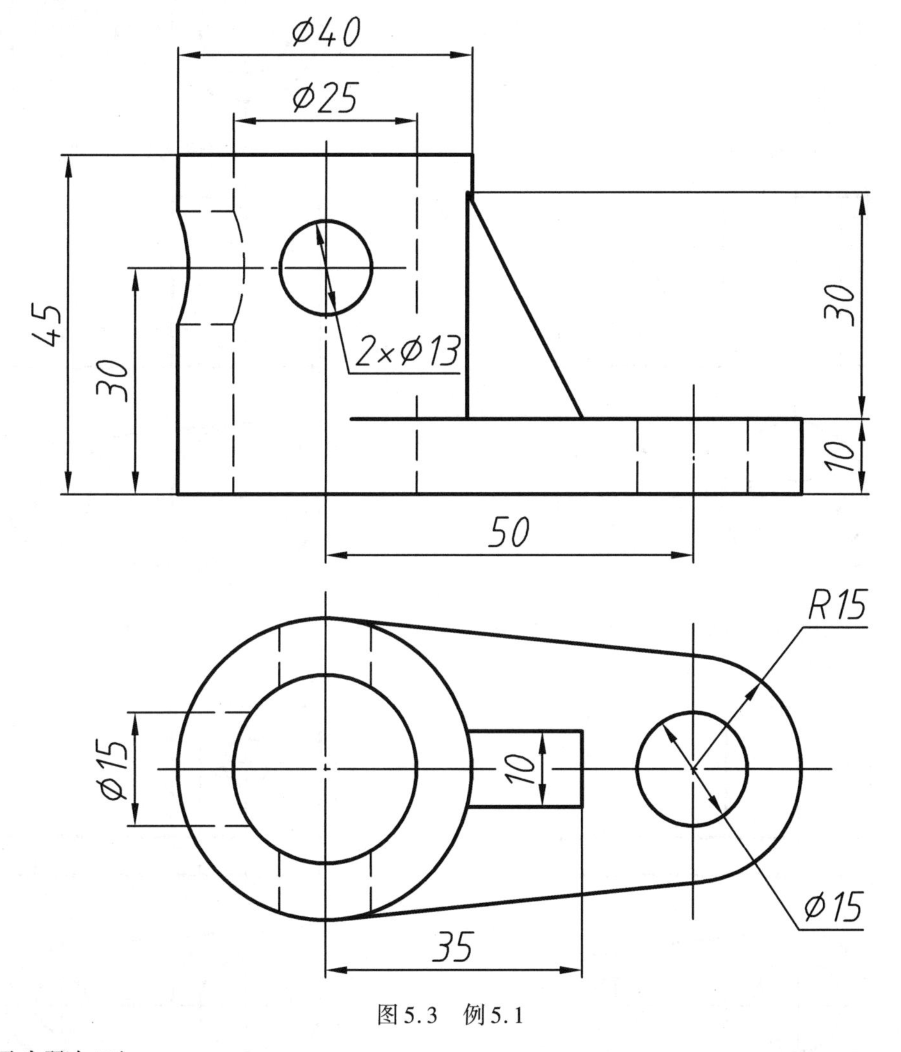

图5.3 例5.1

画图步骤如下:

(1)将“中心线”图层设置为当前图层,执行“直线”命令,绘制中心线,如图5.4(a)所示;

(2)将“0”图层设置为当前图层,执行“圆”命令,绘制俯视图的同心圆,如图5.4(b)所示;

(3)运用“对象追踪”功能绘制圆柱及底板的主视图,如图5.4(c)所示;

(4)执行“直线”、“对象捕捉”和“对象追踪”命令绘制切线,如图5.4(d)所示;
(5)执行“修剪”命令,擦除多余图线,如图5.4(e)所示;
(6)执行“圆”、“直线”命令,绘制 φ13 圆柱孔,如图5.4(f)所示;
(7)执行“直线”、“偏移”命令,绘制肋板,如图5.4(g)所示;
(8)执行“圆”、“直线”命令,绘制左方 φ15 的圆柱孔,如图5.4(h)所示;
(9)执行“对象捕捉”、“对象追踪”命令,确定三点1、2、3,如图5.4(i)所示;
(10)执行“圆弧”命令,选择三点1、2、3,绘制外侧的相贯线,如图5.4(j)所示;
(11)按照步骤(12)的方法,绘制内侧的相贯线,如图5.4(k)所示;
(12)删除多余的图线,整理全图,保存文件,如图5.4(l)所示。

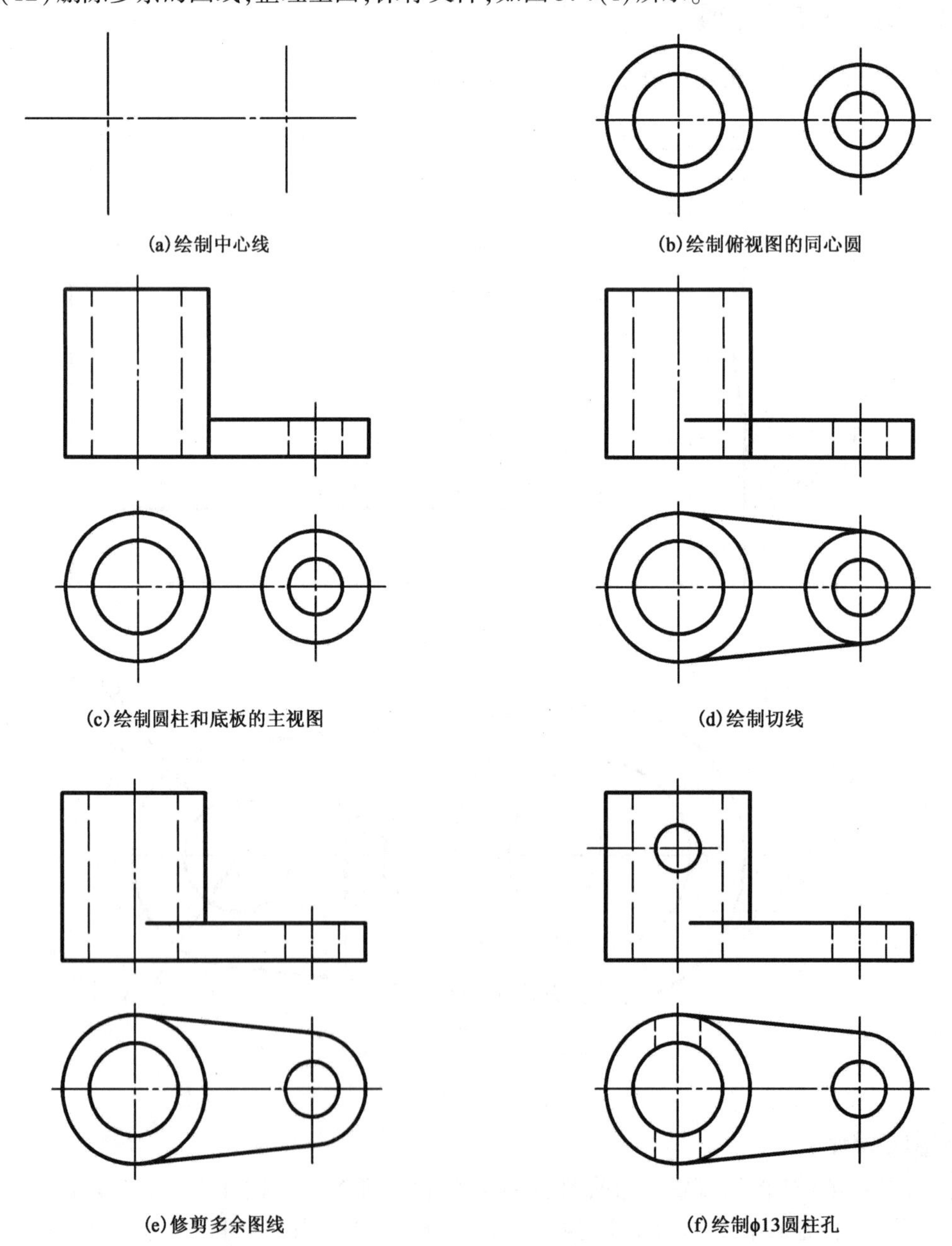

图5.4 例5.1作用步骤

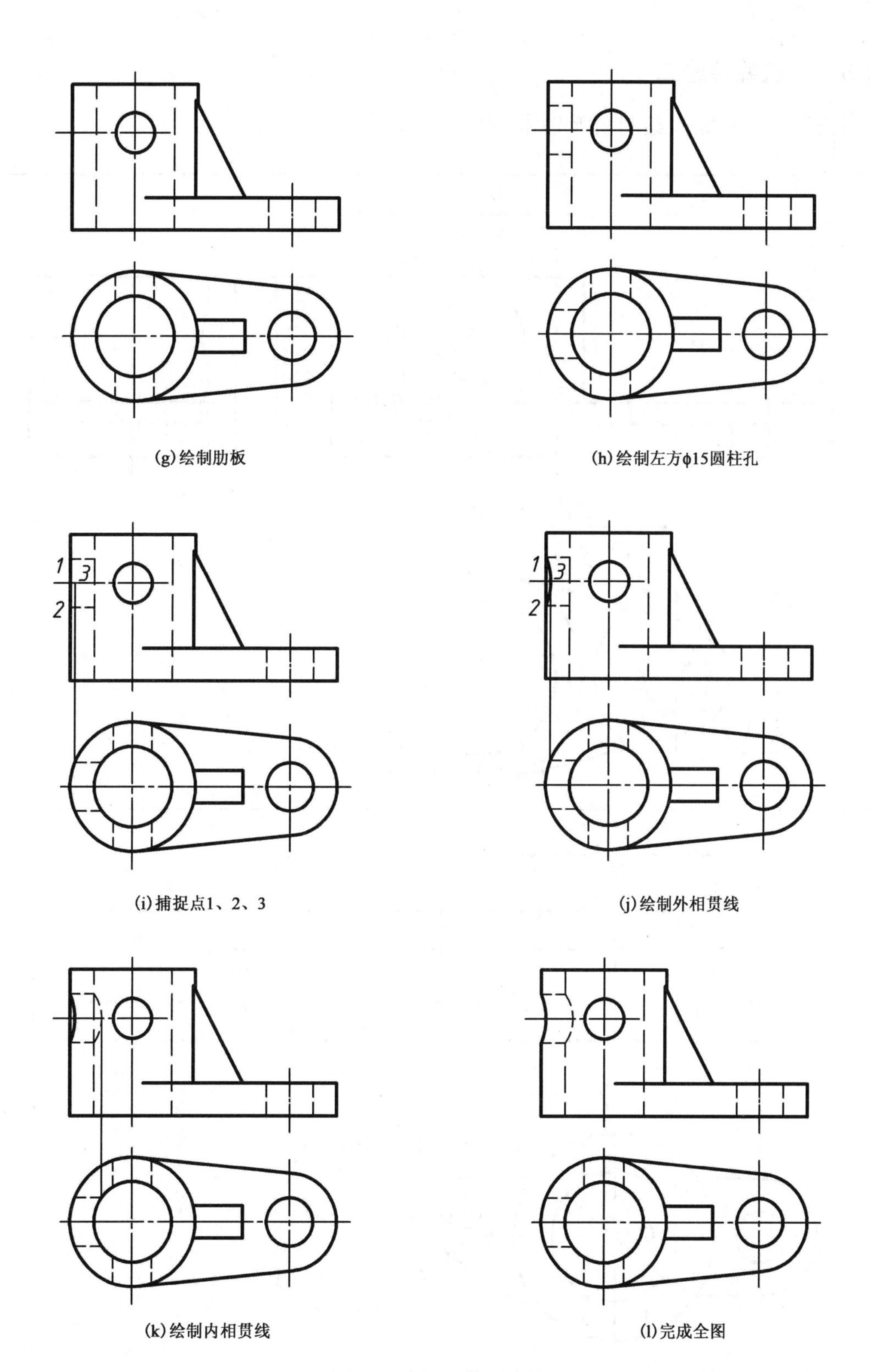

图 5.4 例 5.1 作图步骤

5.2.3 上机练习题二

任选图5.5中图形,绘制在所设图纸中(不标尺寸)。

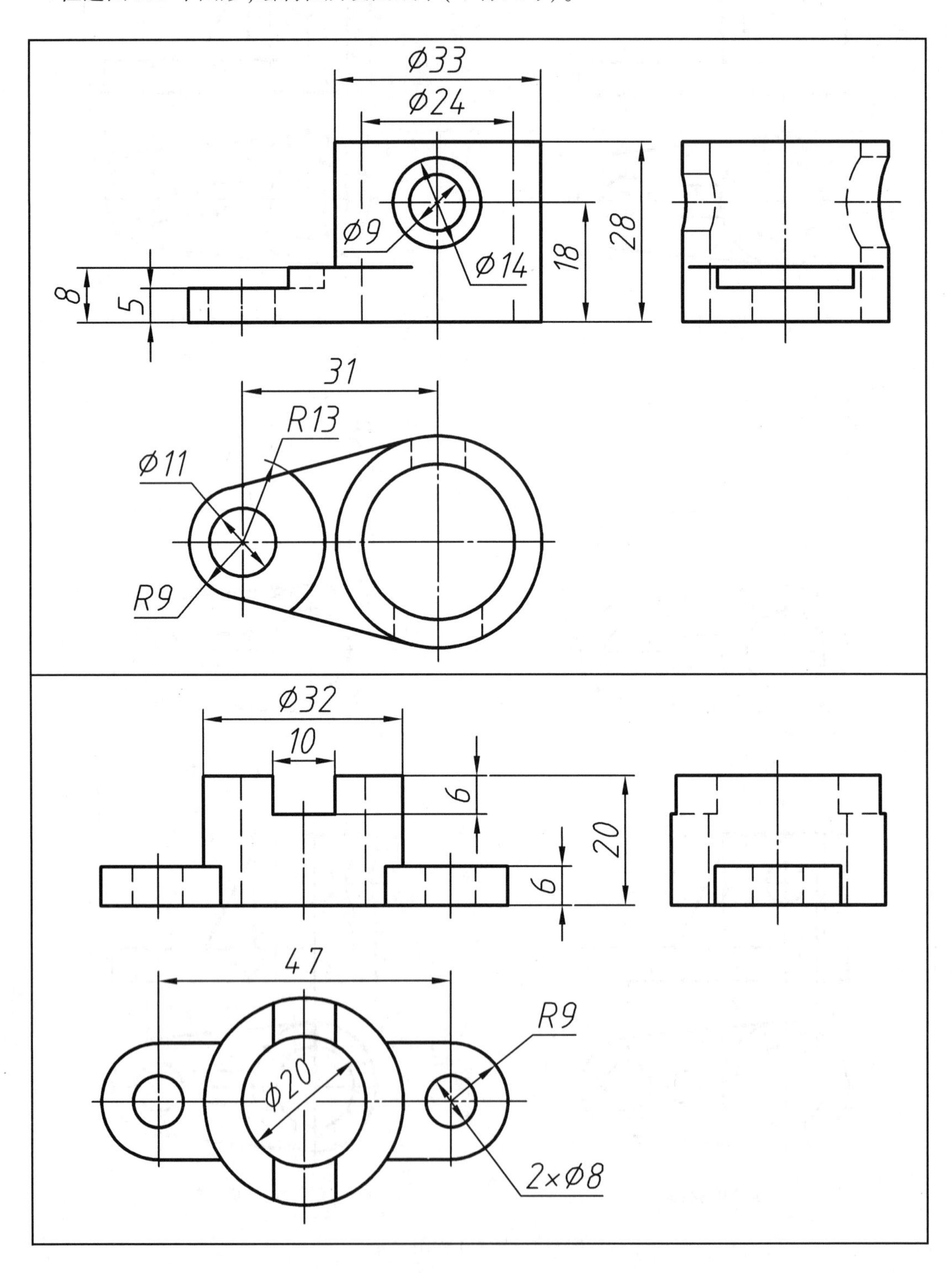

图5.5 上机练习二

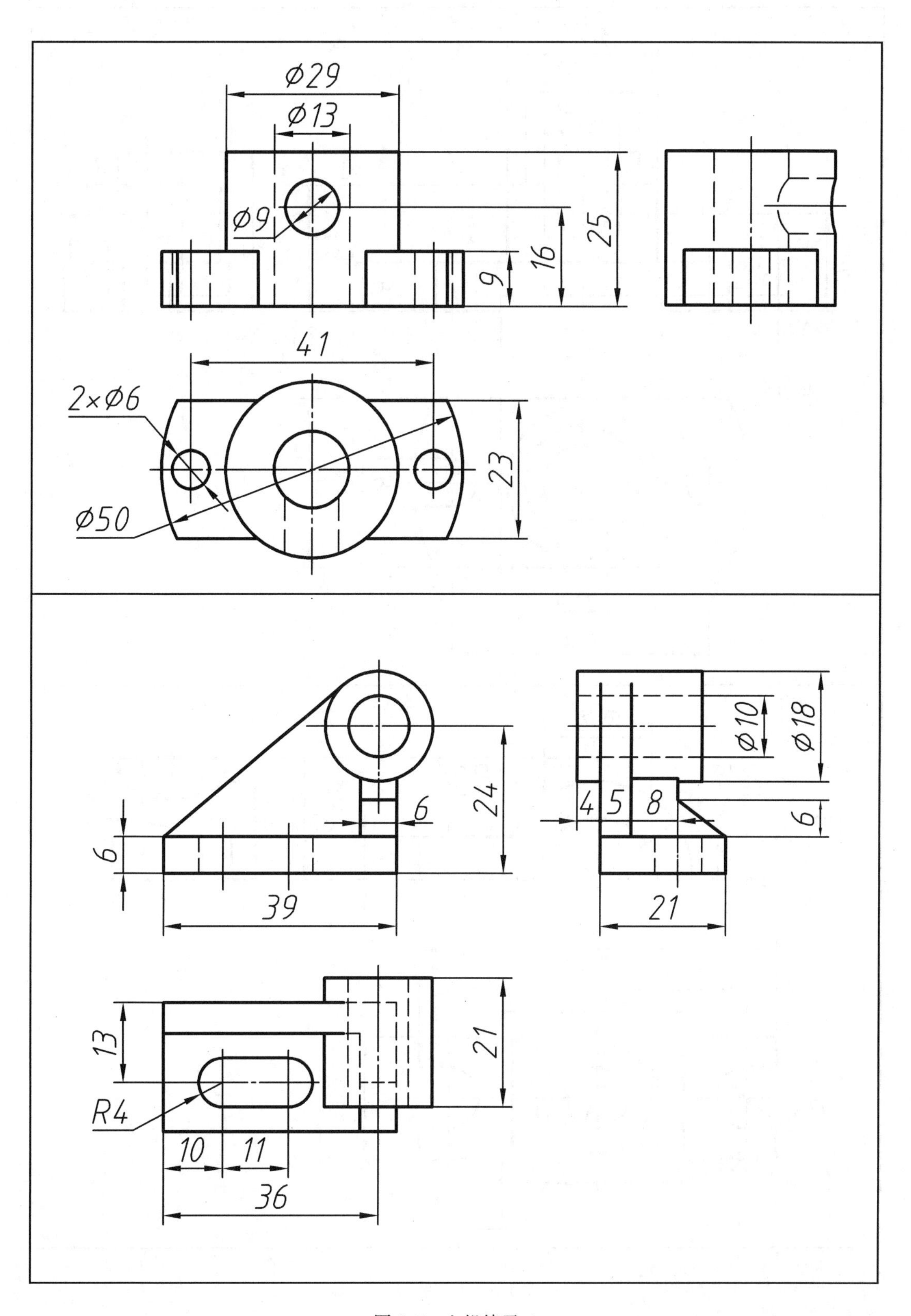
Ø29
Ø13
Ø9
25
16
9
41
2×Ø6
Ø50
23
Ø10
Ø18
24
6
4
5
8
6
39
21
13
21
R4
10
11
36

图5.5 上机练习二

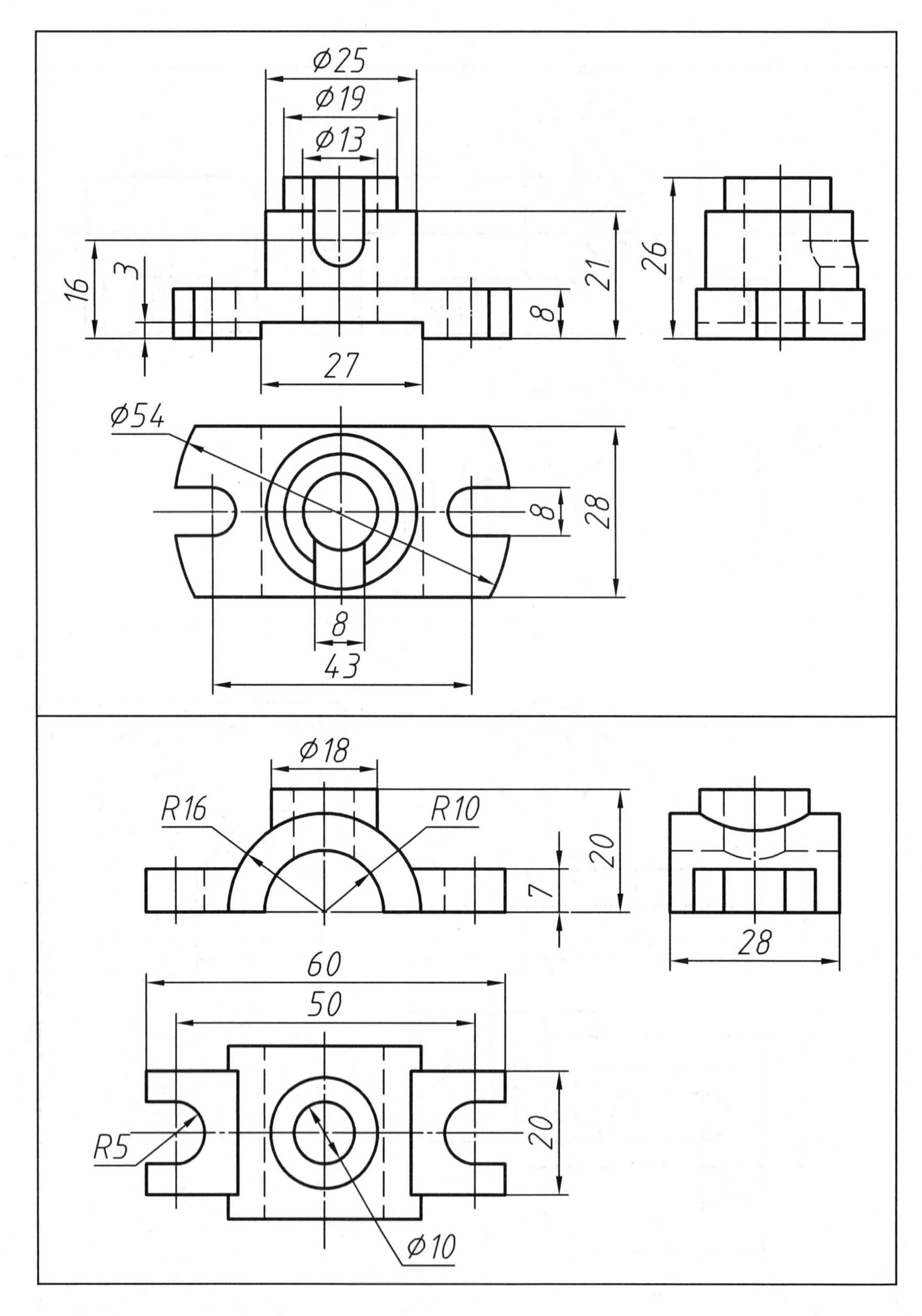
Ø25
Ø19
Ø13
16
3
21
8
26
27
Ø54
8
28
8
43
Ø18
R16
R10
20
7
28
60
50
R5
20
Ø10

图 5.5　上机练习二

5.3　圆弧连接

5.3.1　实验目的和要求

(1)掌握用多种形式绘制圆弧的方法和技巧,注意圆弧命令绘制条件的区别;

(2)编辑图形完成缩放、移动、倒圆等命令练习。

5.3.2　实验内容和步骤

【例5.2】　按所标注尺寸,以1:2比例绘制图5.6所示的平面图形(不标注尺寸)。

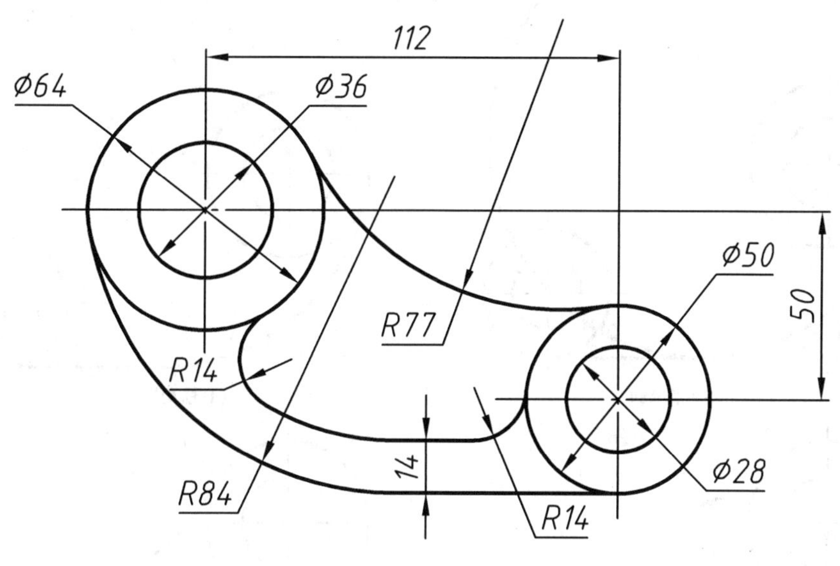

图5.6　例5.2

画图步骤如下:

(1)将“中心线”图层设置为当前图层,执行“直线”命令,绘制中心线,如图5.7(a)所示;

(2)将“0”图层设置为当前图层,执行“圆”、“直线”命令,绘制同心圆以及下方直线段,如图5.7(b)所示;

(3)使用“相切、相切、半径”方式绘制圆R84,如图5.7(c)所示;

(4)执行“修剪”命令,擦除图中多余图线,如图5.7(d)所示;

(5)执行“偏移”命令,将圆弧R84和直线偏移14mm,如图5.7(e)所示;

(6)执行“圆角”命令,绘制出半径为R14和R77的圆弧,如图5.7(f)所示。

(7)执行“修剪”命令,删除多余的图线,整理全图,如图5.7(g)所示;

(8)执行“缩放”命令,将图形缩小1.5倍,如图5.7(h)所示;

(9)完成全图,保存文件。

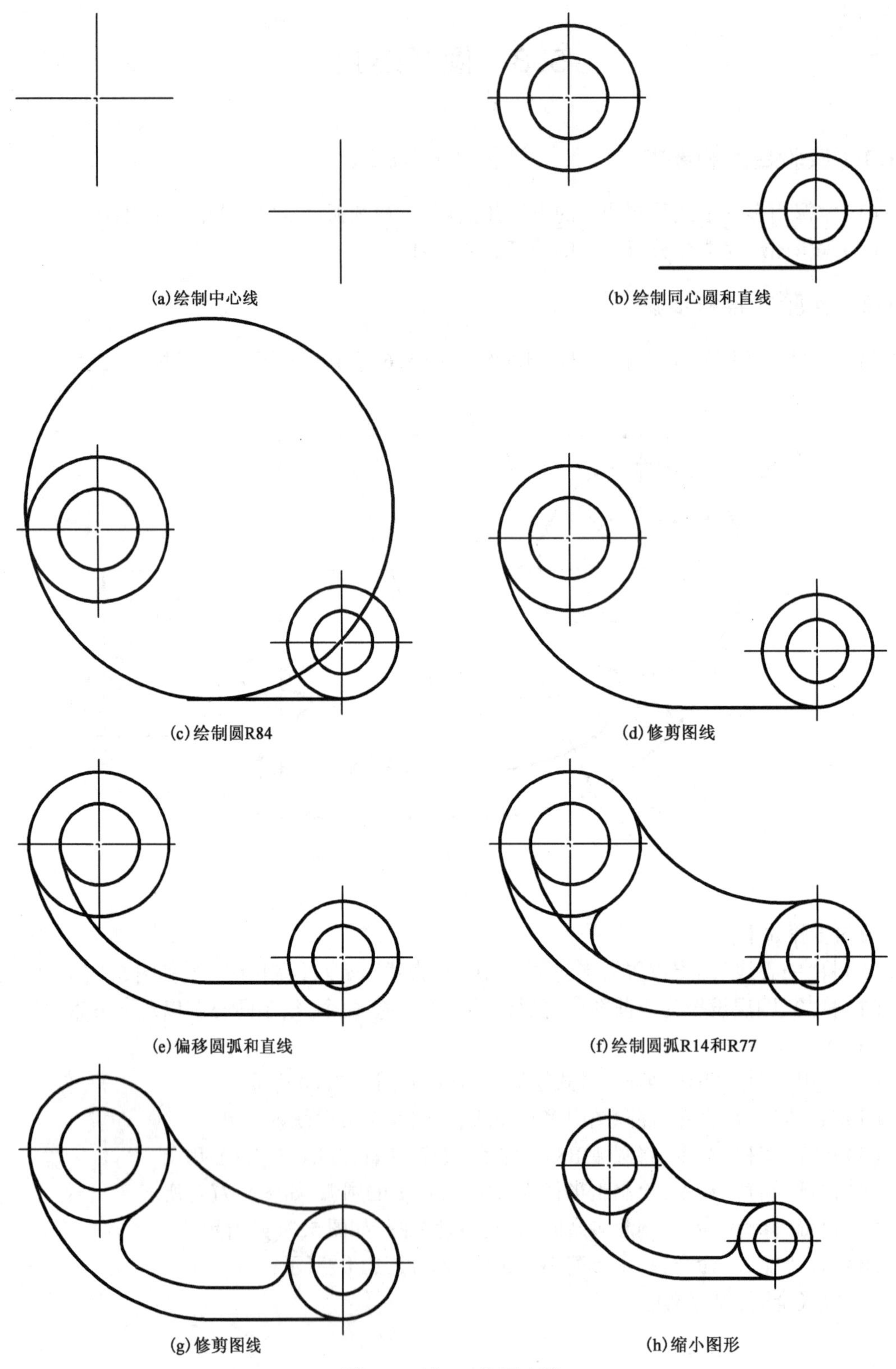
(a)绘制中心线
(b)绘制同心圆和直线
(c)绘制圆R84
(d)修剪图线
(e)偏移圆弧和直线
(f)绘制圆弧R14和R77
(g)修剪图线
(h)缩小图形

图 5.7　例 5.2 作图步骤

5.3.3 上机练习题三

任选图 5.8 中图形,绘制在 A3 图纸中(不标注尺寸)。

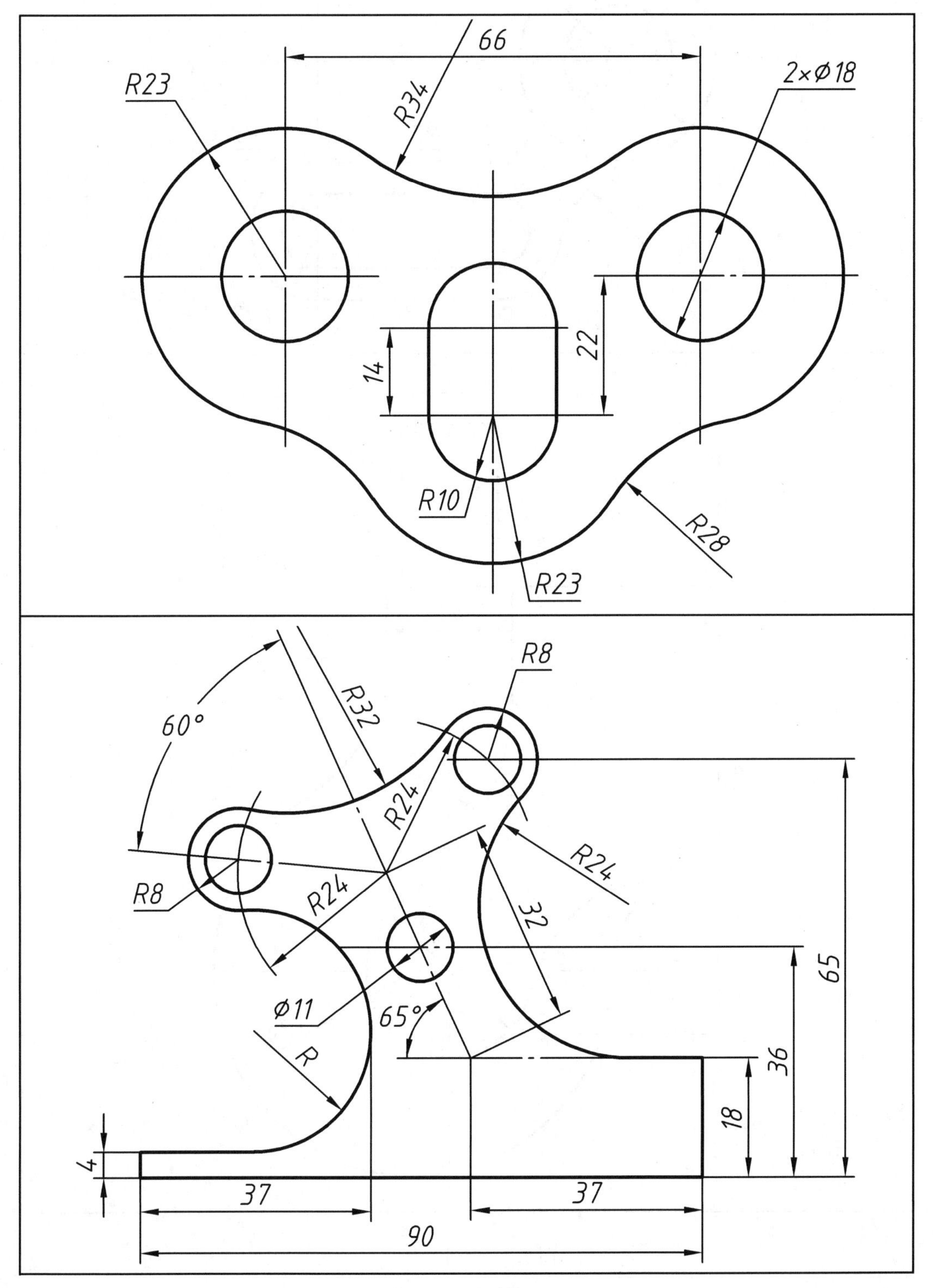

图 5.8 上机练习三

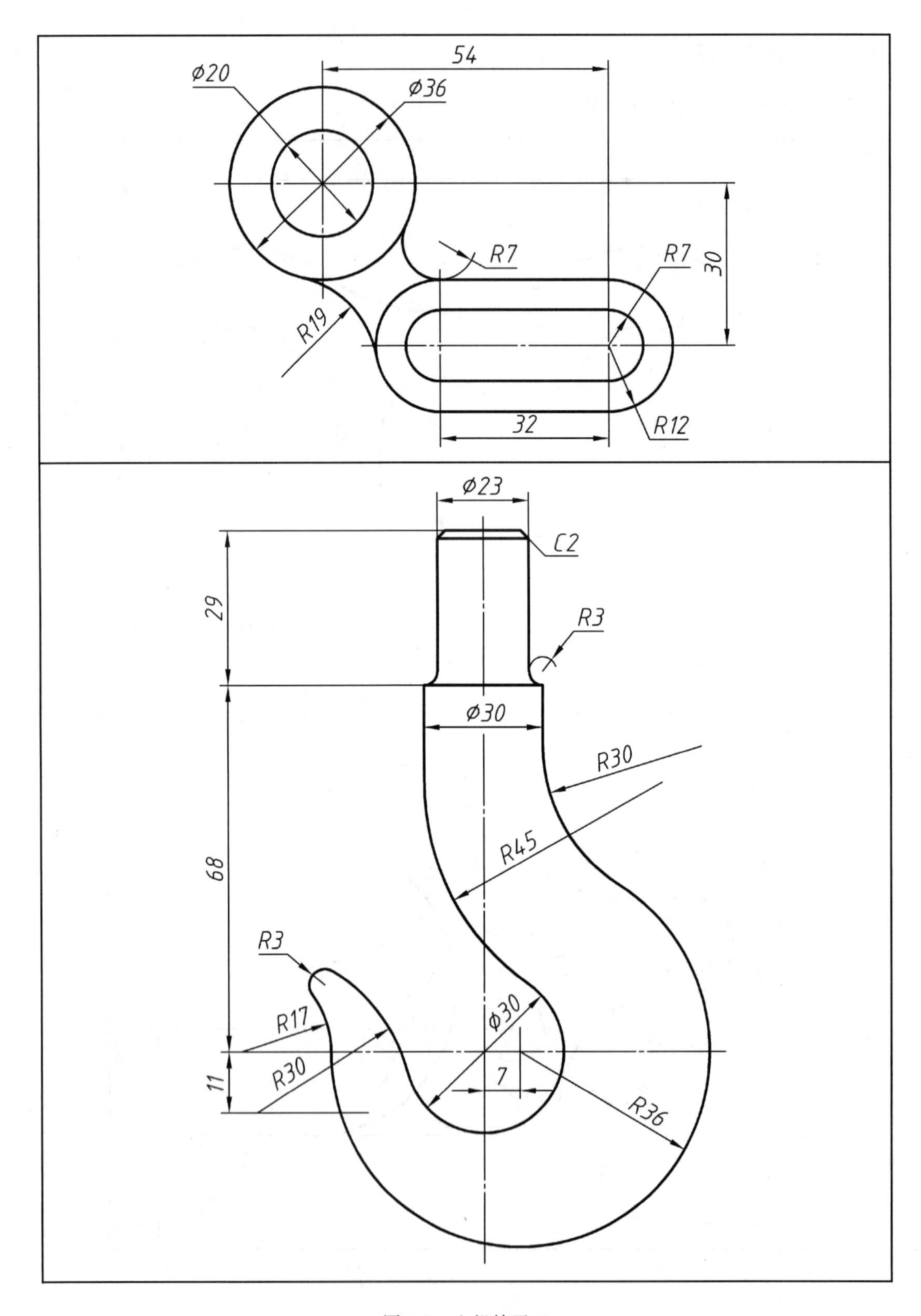
54
Ø20
Ø36
R7
R7
30
R19
32
R12
Ø23
C2
29
R3
Ø30
R30
R45
68
R3
R17
Ø30
R30
7
11
R36

图 5.8　上机练习三

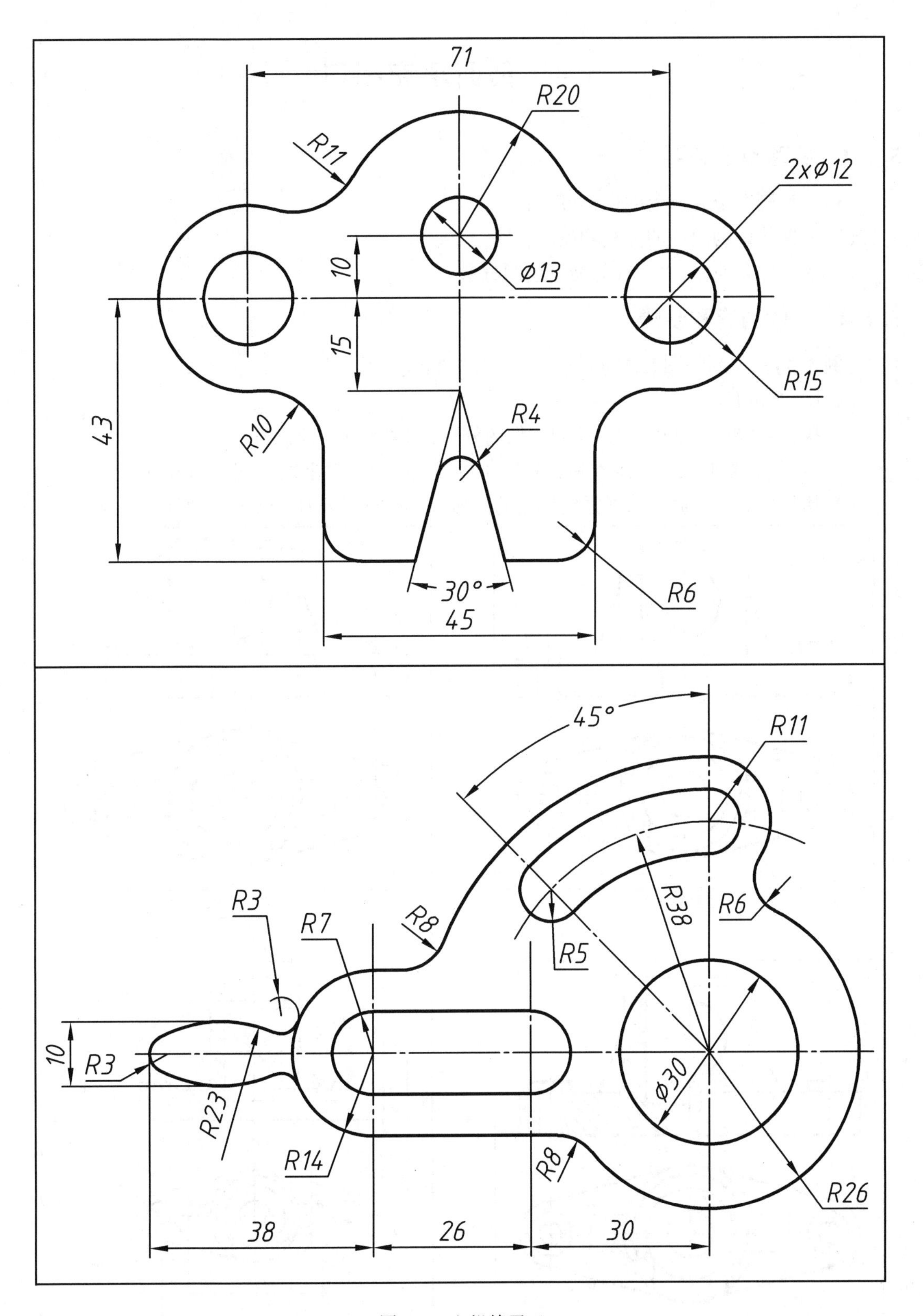
71
R20
R11
2xØ12
10
Ø13
15
R15
43
R4
R10
R6
30°
45
45°
R11
R3
R7
R8
R6
R38
R5
10
R3
R23
R14
R8
Ø30
R26
38
26
30

图 5.8 上机练习三

5.4 剖面填充练习

5.4.1 实验目的和要求

(1)掌握图案填充命令的操作方法;

(2)掌握修改剖面线的方法和技巧;

(3)练习样条曲线、多段线等命令绘制方法。

5.4.2 实验内容和步骤

【例5.3】 绘制如图5.9(d)所示支架的零件图。

画图步骤如下:

(1)执行"直线"、"圆"命令,绘制支架的外形,如图5.9(a)所示;

(2)执行"样条曲线"命令,绘制俯视图中的波浪线,修剪图线,如图5.9(b)所示;

(3)执行"Bhatch"命令选择需要填充的区域,填充剖面线,如图5.9(c)所示;

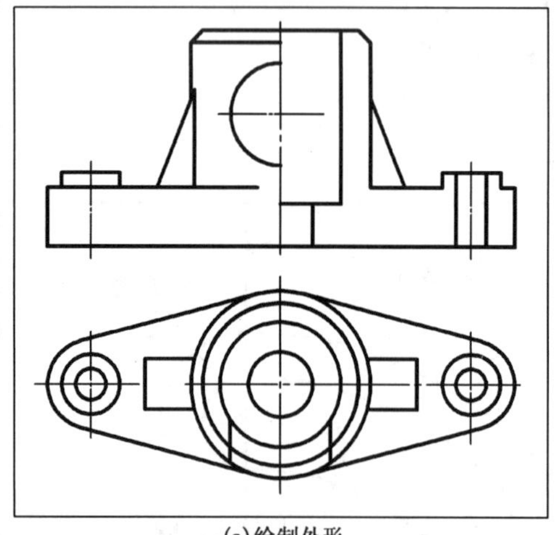

(a)绘制外形

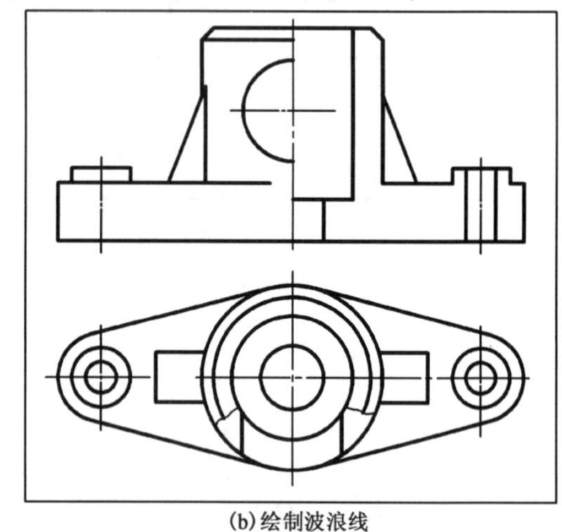

(b)绘制波浪线

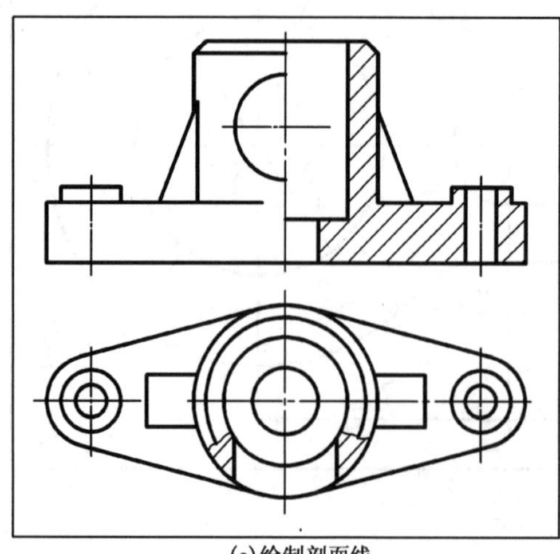

(c)绘制剖面线

Ø24
Ø20
Ø16
C2
Ø12
12
8
5
10
18
31
Ø8
6
2×Ø8
2×Ø4
R6
36
50

(d)支架零件图

图5.9 例5.3画图步骤

5.4.3 上机练习题四

(1)将图 5.10 所示螺塞和图 5.11 所示弹簧画在 A3 图纸中(不标注尺寸及绘制标题栏)。

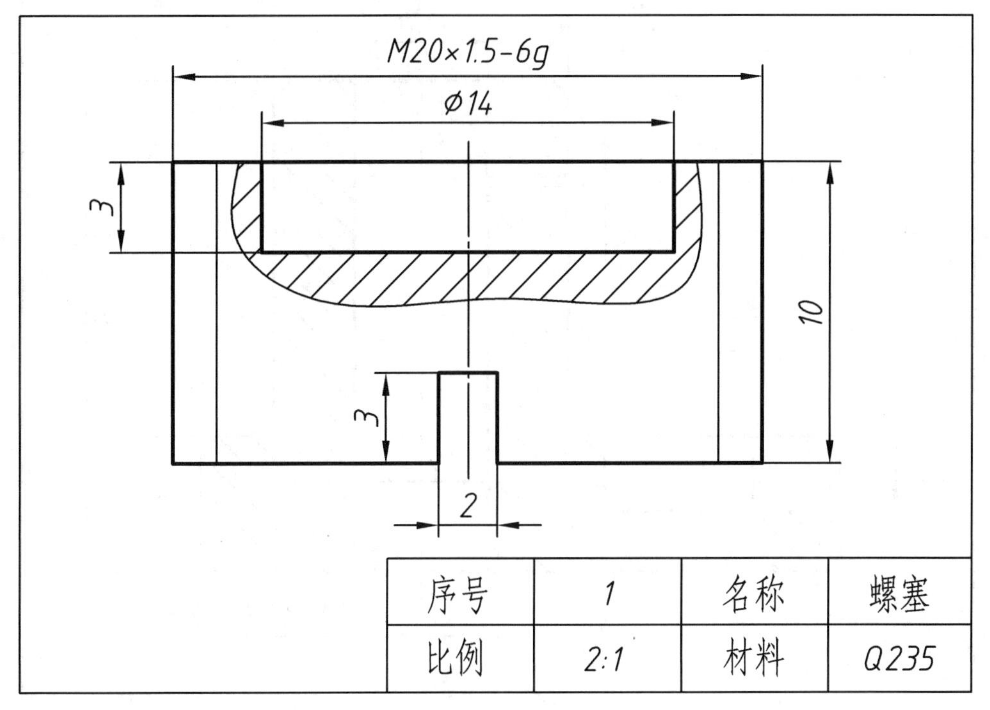

序号	1	名称	螺塞
比例	2:1	材料	Q235

图 5.10 螺塞

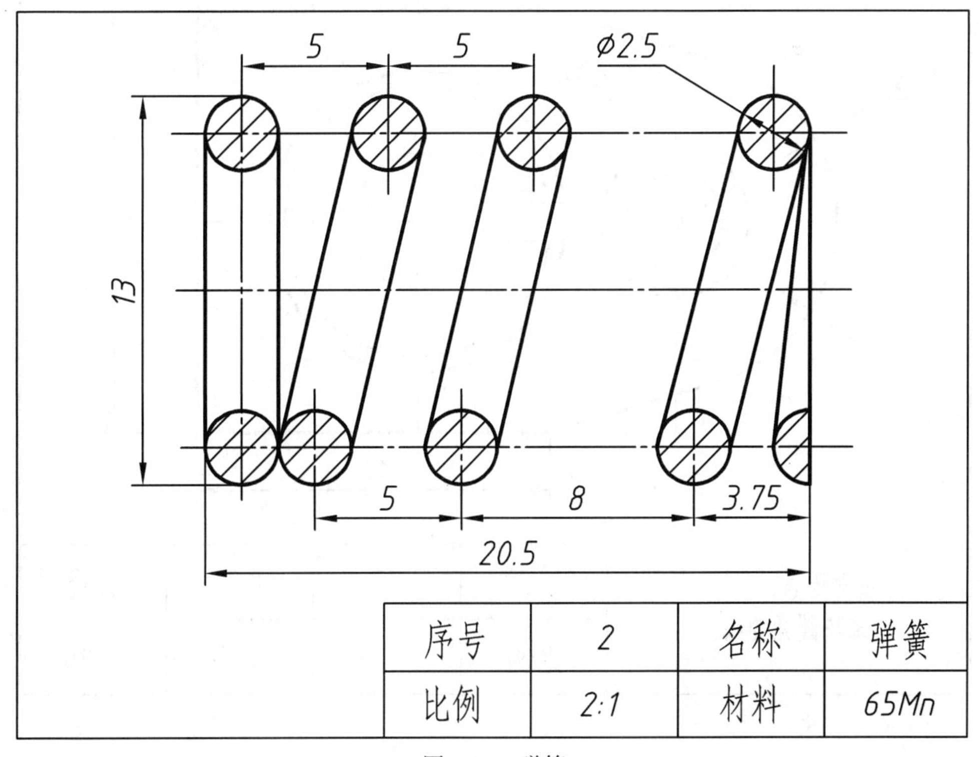

序号	2	名称	弹簧
比例	2:1	材料	65Mn

图 5.11 弹簧

(2)将图 5.12 所示底座画在 A3 图纸中(不标尺寸及绘制标题栏)。

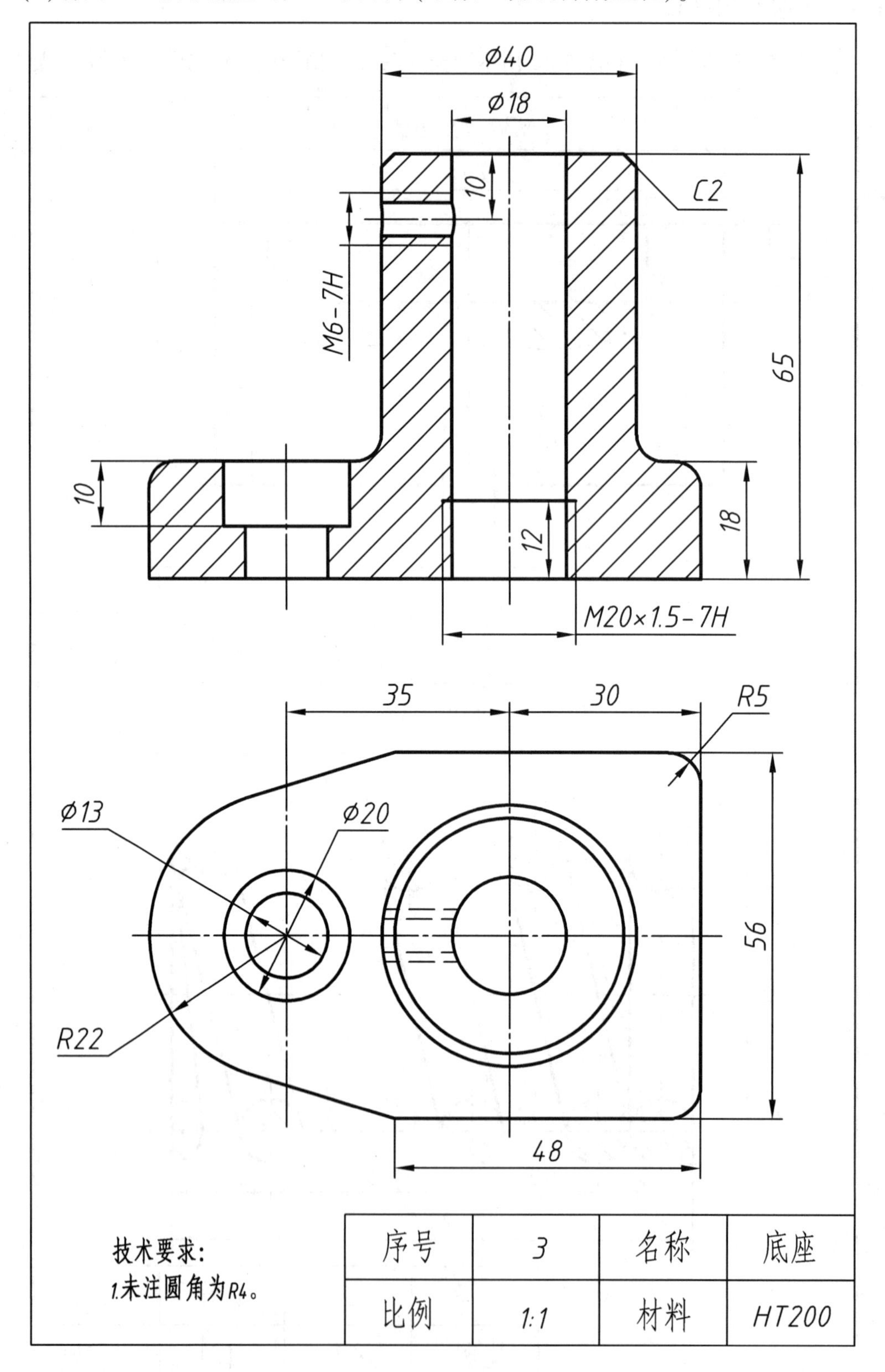

图 5.12　底座

(3)将图5.13所示滑杆和图5.14所示顶盖画在A3图纸中(不标注尺寸及绘制标题栏)。

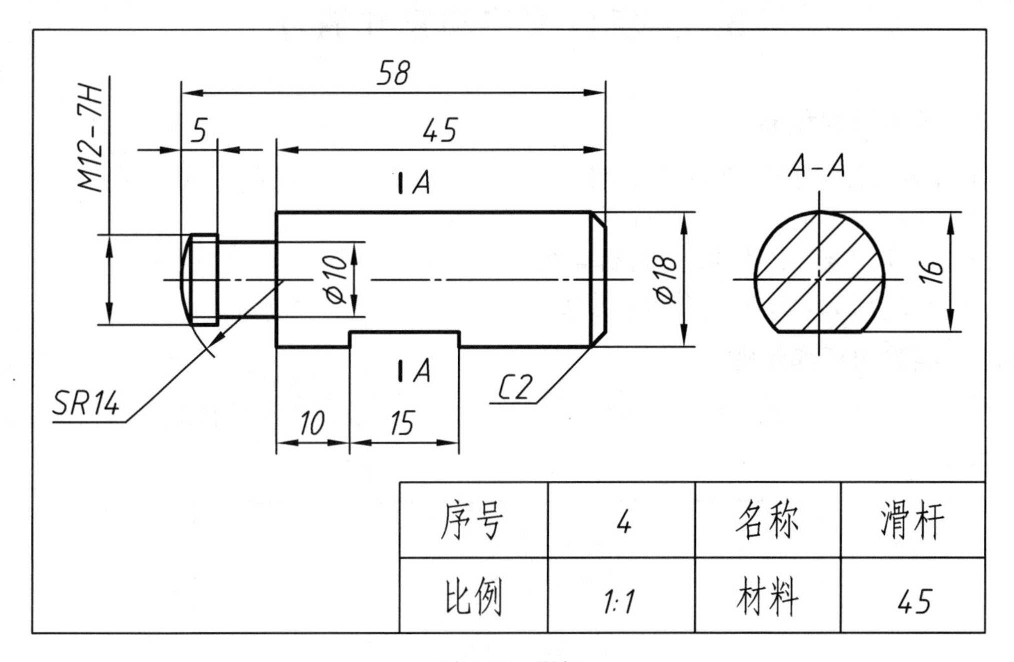

图5.13 滑杆

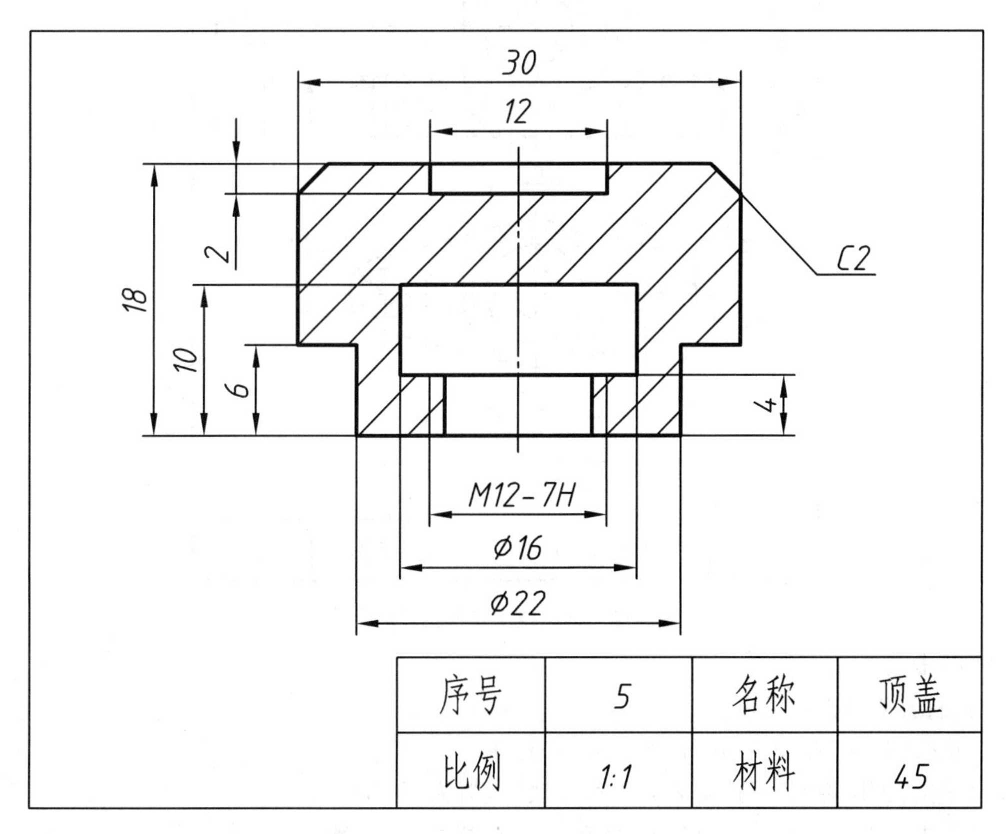

图5.14 顶盖

5.5　标注文字和尺寸练习

5.5.1　实验目的和要求

(1)掌握定义各种不同形式的文字样式;

(2)掌握用不同的方式为图形标注文字;

(3)掌握尺寸标注样式的设置与编辑功能;

(4)熟悉尺寸公差标注、形位公差功能。

5.5.2　实验内容和步骤

【例5.4】　执行“多行文字”命令,标注例5.3尺寸,并注写技术要求及标题栏,标注结果如图5.15所示。

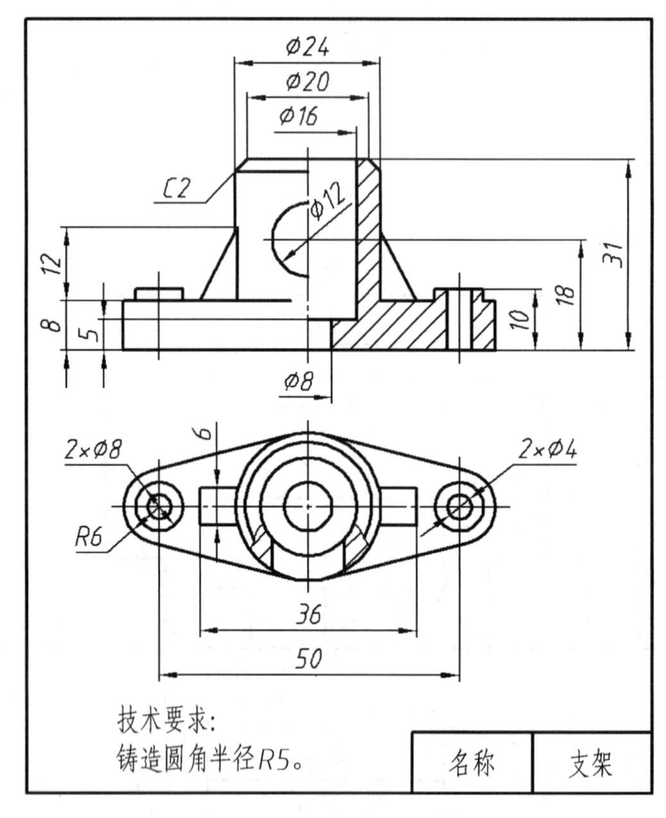

图5.15　标注技术要求及图形尺寸

画图步骤如下:

(1)标注零件图中的尺寸。

①执行“打开”命令,打开“图5.9.dwg”文件;

②单击“图层控制”下拉列表,将“尺寸线”设置为当前层;

③单击“默认”选项卡→“注释”面板→“标注样式”按钮,执行“标注样式”命令;

④在“标注样式管理器”对话框中设置尺寸标注样式;

⑤单击“注释”选项卡→“标注”面板→“线性”按钮及下拉式菜单中的按钮,配合“交点捕

捉”功能标注支架零件图中的尺寸。

(2)标注技术要求及标题栏。

①单击“图层工具栏”,将“细实线”设置为当前图层;

②单击“默认”选项卡→“注释”面板→“文字样式”按钮,执行“文字样式”命令,设置文字样式;

③单击“默认”选项卡→“注释”面板→“多行文字”按钮A,在空白区域指定两个对角点,打开“文字编辑器”窗口;

④单击“文字编辑器”选项卡→“样式”面板→“文字高度”下拉列表,将文字高度设置为5,在矩形框内输入技术要求内容;

⑤单击“文字编辑器”选项卡→“关闭文字编辑器”按钮,结束“多行文字”命令。

5.5.3 上机练习题五

(1)将上机练习题四中图5.10所示螺塞、图5.11所示弹簧、图5.12所示底座、图5.13所示滑杆、图5.14所示顶盖进行尺寸标注并填写标题栏。其中标题栏尺寸如图5.16所示。

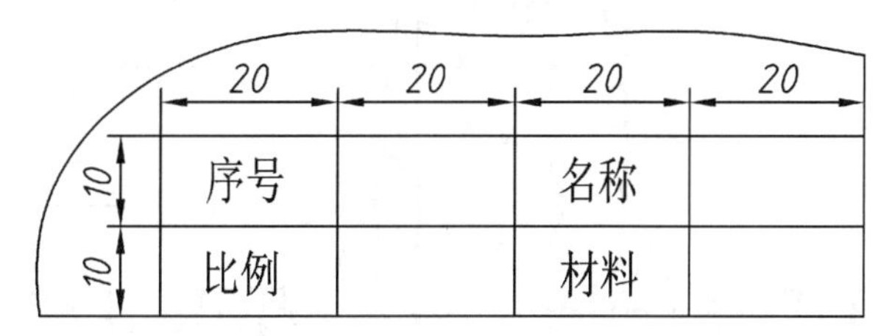

图5.16 标题栏

(2)绘制图5.17所示阀体零件图,并且标注尺寸,填写标题栏。

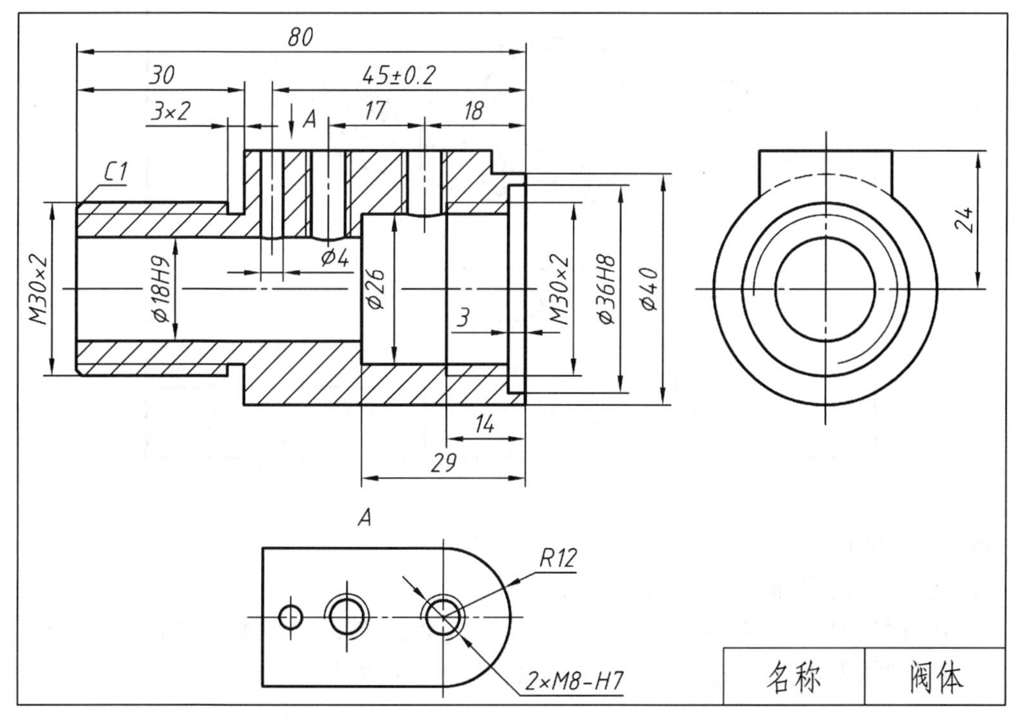

图5.17 阀体

5.6　块与属性练习

5.6.1　实验目的和要求

(1)掌握图块及属性的定义方法;

(2)掌握用图块方法绘制表面粗糙度。

5.6.2　实验内容和步骤

【例 5.5】　标注图 5.18 所示支架零件图表面粗糙度。

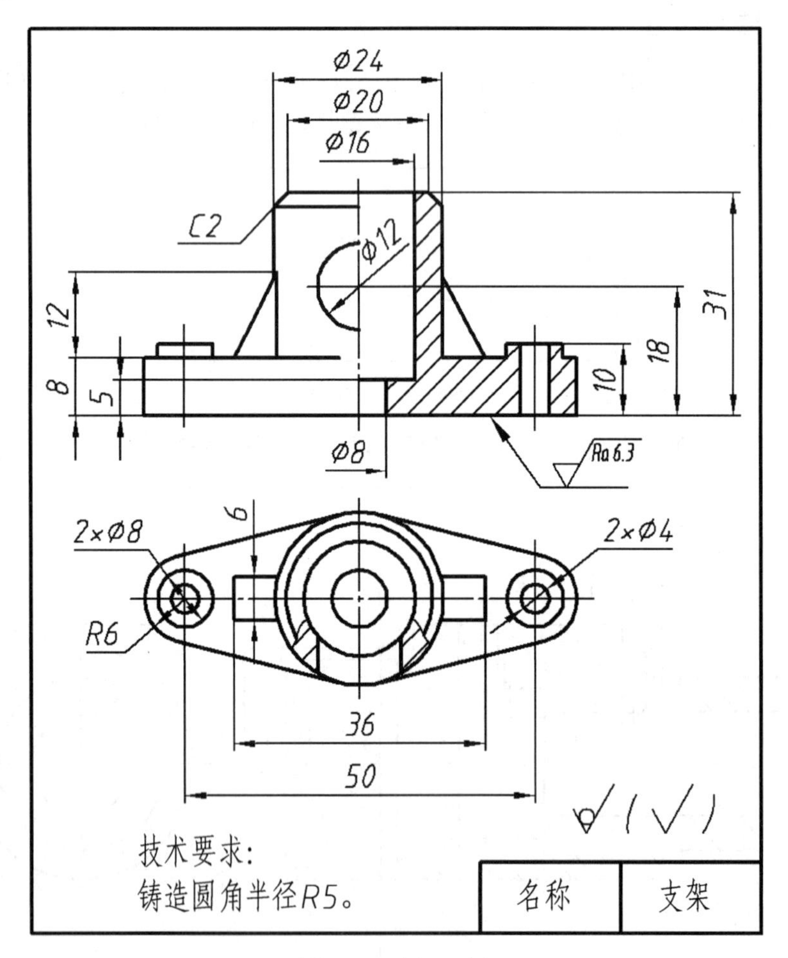

图 5.18　例 5.5 图

画图步骤如下:

(1)执行“创建块”命令,创建粗糙度图块 Ra。

(2)执行“绘图”→ “块”→“定义属性”命令,在“属性定义” 对话框中进行属性设置。

(3)执行“插入块”命令在图形中插入图块,如图 5.18 所示。

5.6.3 上机练习题六

(1)将上机练习题五中底座标注如图5.19所示的表面粗糙度。

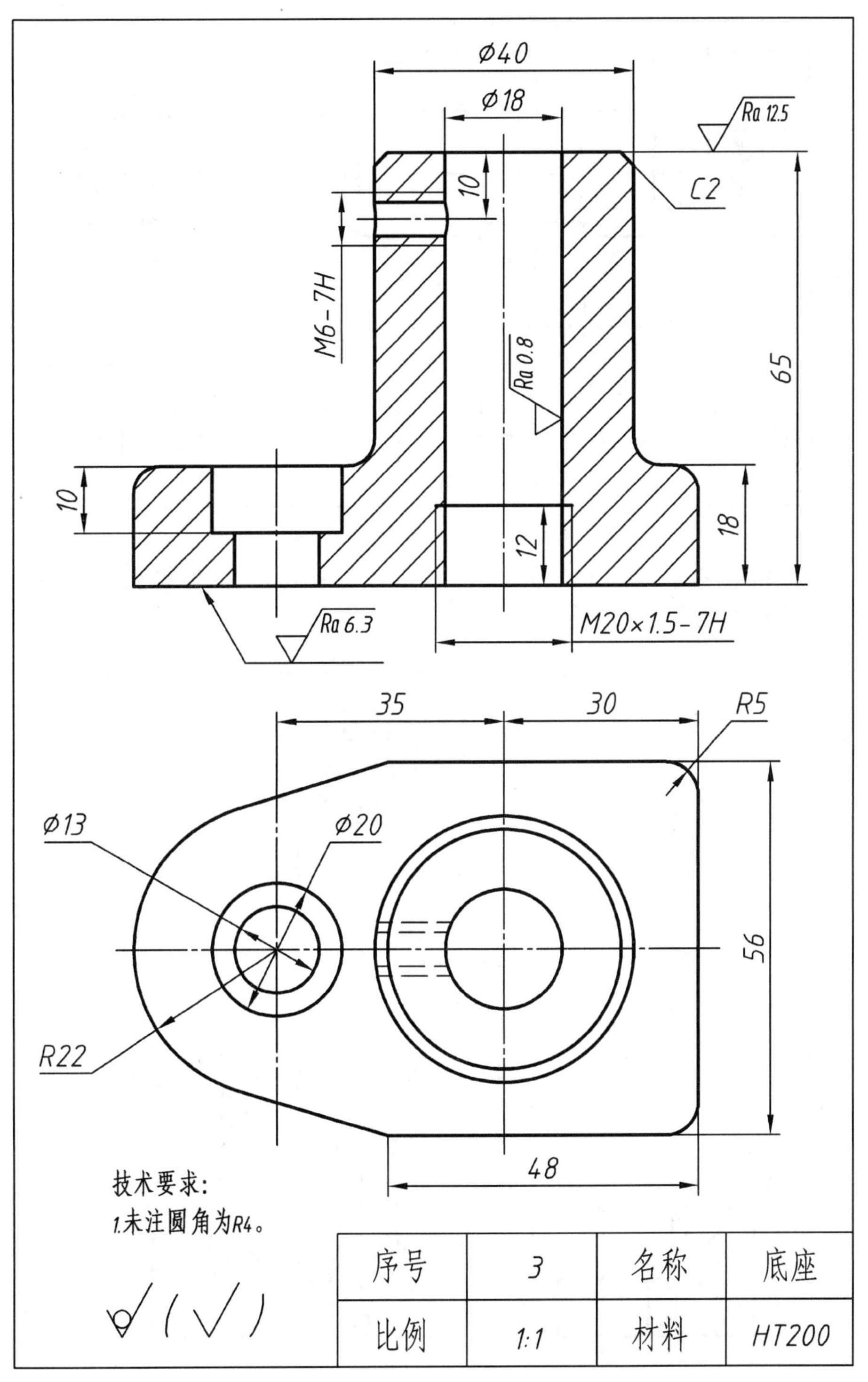

序号	3	名称	底座
比例	1:1	材料	HT200

图5.19 标注底座表面粗糙度

(2)将上机练习题五中滑杆标注如图 5.20 所示的表面粗糙度。

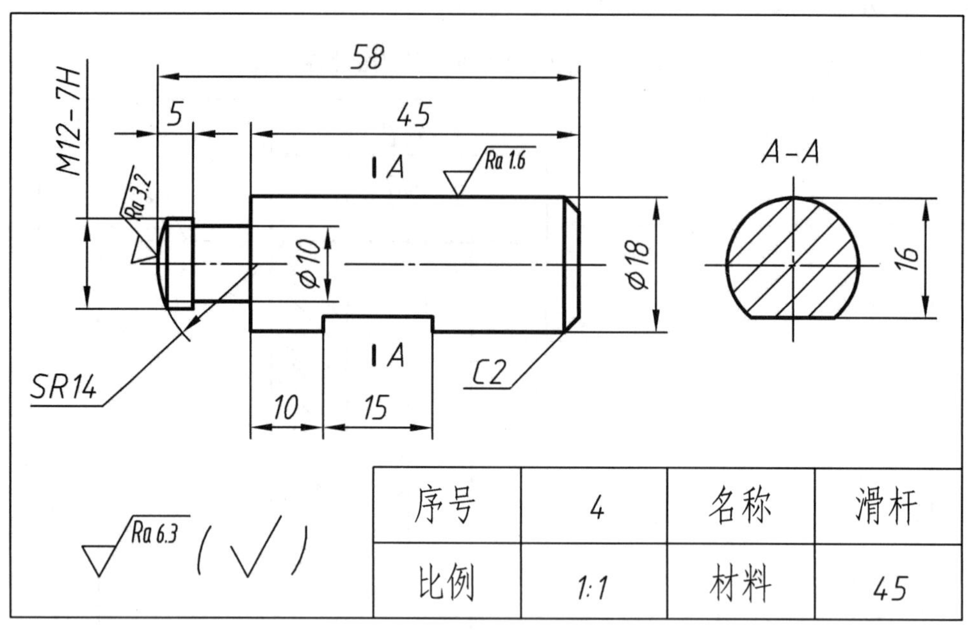

图 5.20　标注滑杆表面粗糙度

(3)根据上机练习五中给定的零件图(螺塞、弹簧、底座、滑杆和顶盖),按 1∶ 1 比例绘制如图 5.21 所示的装配图,并标注序号。

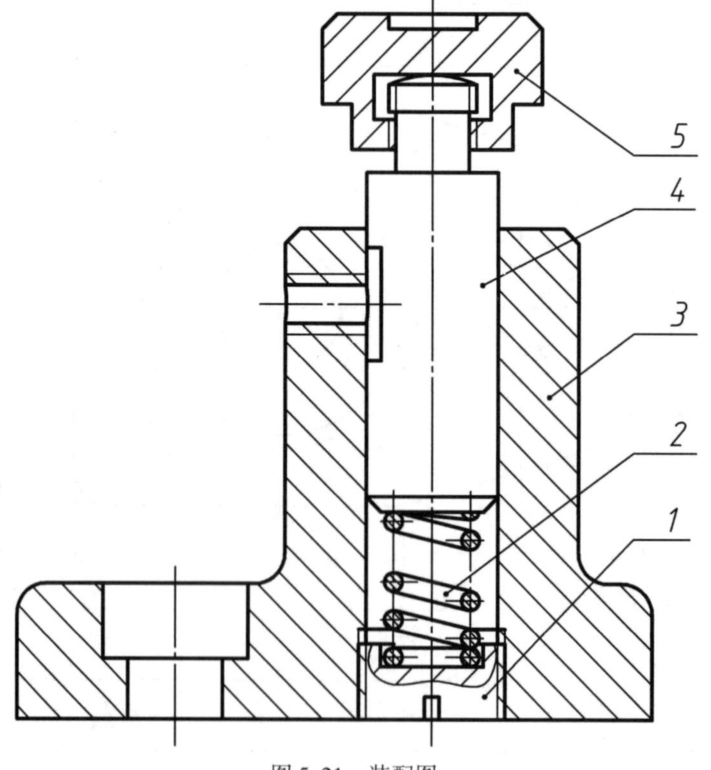

图 5.21　装配图

附 录

计算机绘图考试样题(1)

(考试时间120分钟,总分100分)

一、考试题目。(5分)

1. 设置A3图幅,用粗实线画出图框(400×277),按尺寸在右下角绘制标题栏,并填写考点名称、考生姓名和考号。具体要求:字高为5;字体样式为T仿宋_GB2312;宽度比例取0.8。标题栏尺寸如图1所示。

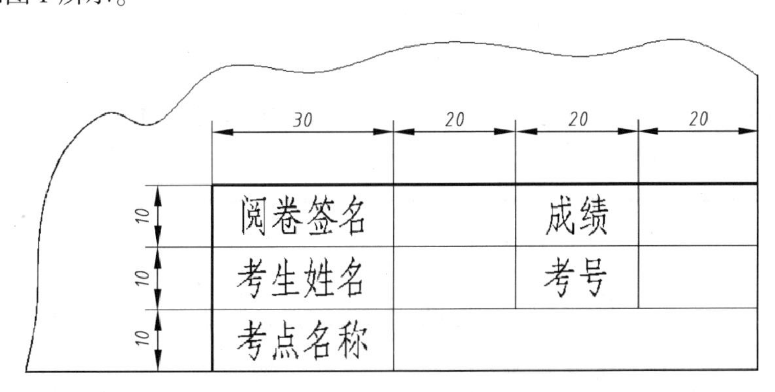

图1

2. 尺寸标注按图中格式。尺寸参数要求:尺寸线基线间距为8;尺寸界线超出尺寸线为2;起点偏移量为0;箭头大小为3;数字样式为gbeitc.shx,字高为3,数字位置从尺寸线偏移1。其余参数应符合GB/T 4458.4—2003《机械制图尺寸注法》要求。

3. 设置图层,分层绘图。图层、颜色、线型、打印要求见表1。

表1 图层、颜色、线型、打印要求

层名	颜色	线型	线宽	用途	打印
0	黑/白	实线	0.5	粗实线	打开
细实线	黑/白	实线	0.25	细实线	打开
虚线	品红	虚线	0.25	虚线	打开
中心线	红	点画线	0.25	中心线	打开
尺寸线	绿	实线	0.25	尺寸、文字	打开
剖面线	篮	实线	0.25	剖面线	打开

另外需要建立的图层,由考生自行设置。

4.将所有要求绘制的图形储存在一个文件中,均匀布置在图框线内。存盘前使图框充满屏幕,文件名采用“座位-学号班级姓名”,如“205A1-01 机自 001 王菲”。考试结束后,将 *.dwg 文件通过红蜘蛛发送到监考教师指定位置。

二、按图 2 所注尺寸,以 1:1比例抄画平面图形,并注全尺寸。(25 分)

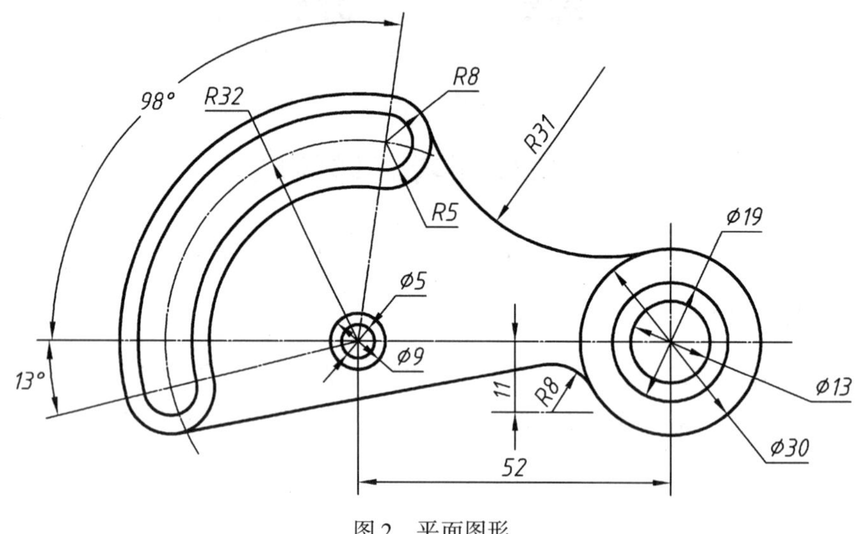

图2 平面图形

三、按标注尺寸 1:2比例抄画 3 号件螺杆的零件图(图 3),并注全尺寸和技术要求。(30 分)

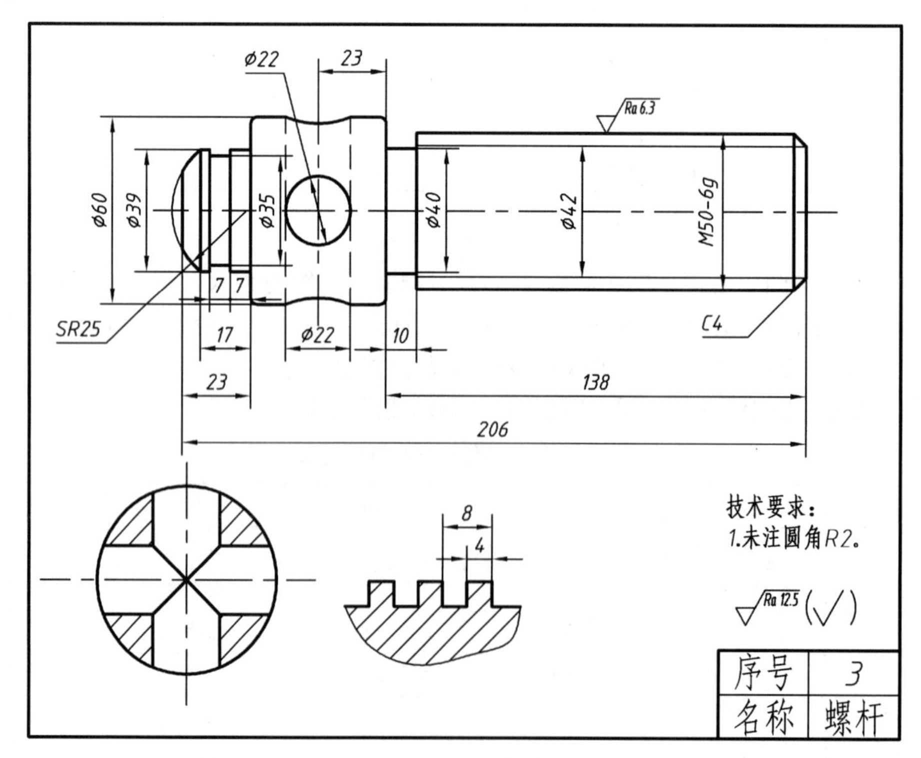

图3 螺杆零件图

四、根据给定的零件图（图3～图6），按1:2比例绘制装配图，并标注序号。参考装配图见图7，参考答案见图8。（40分）

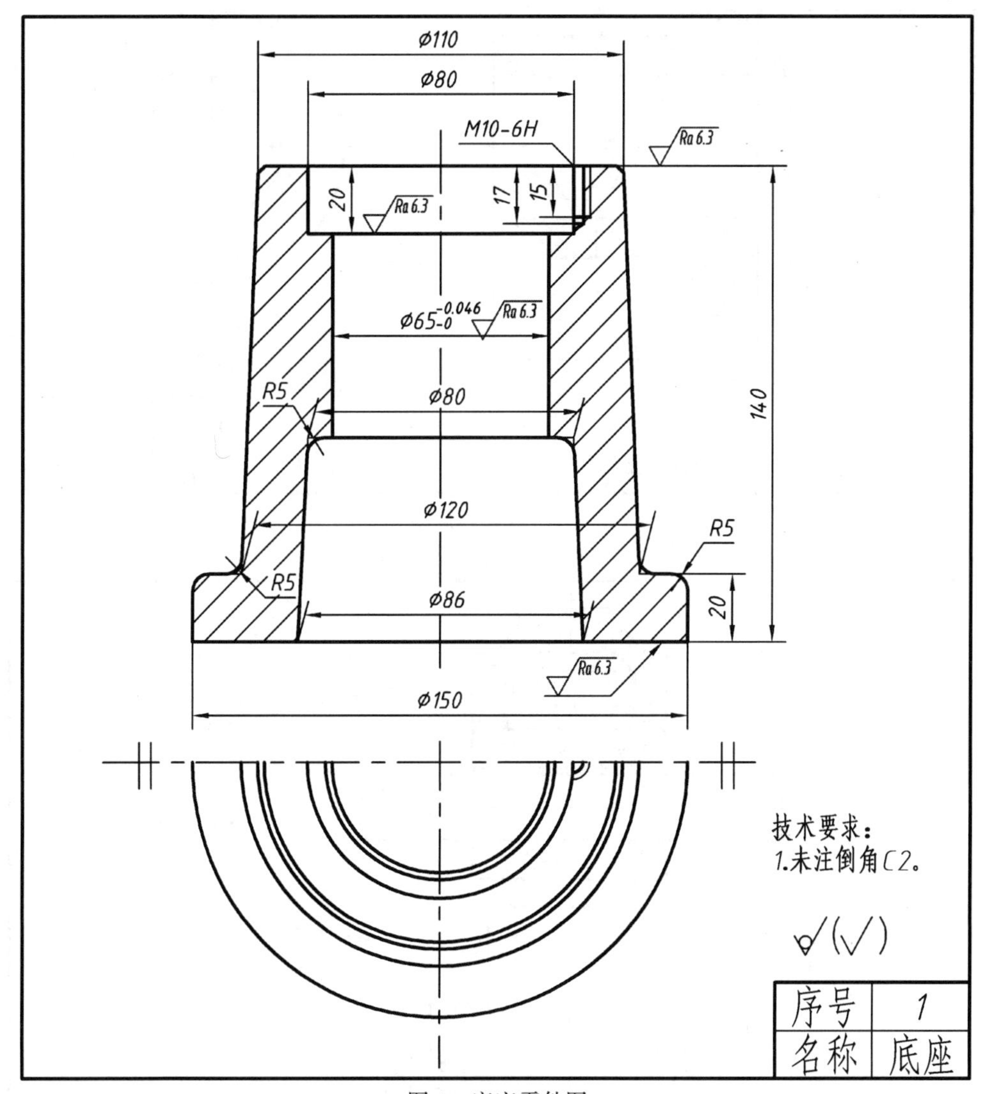

图4　底座零件图

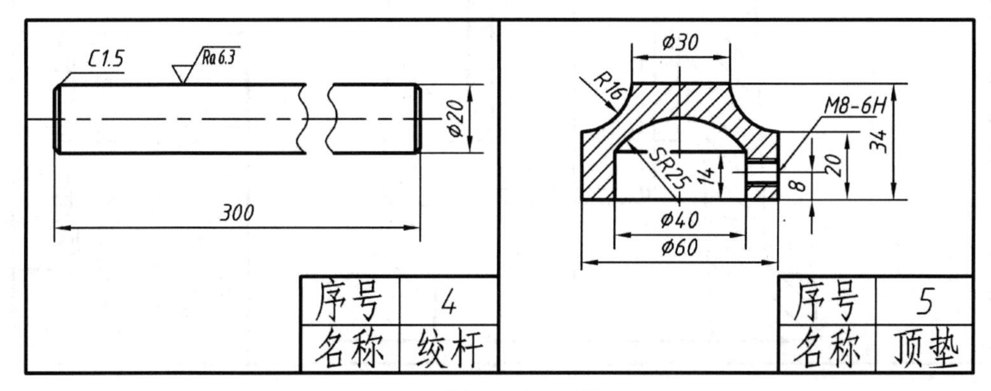

图5　绞杆和顶垫零件图

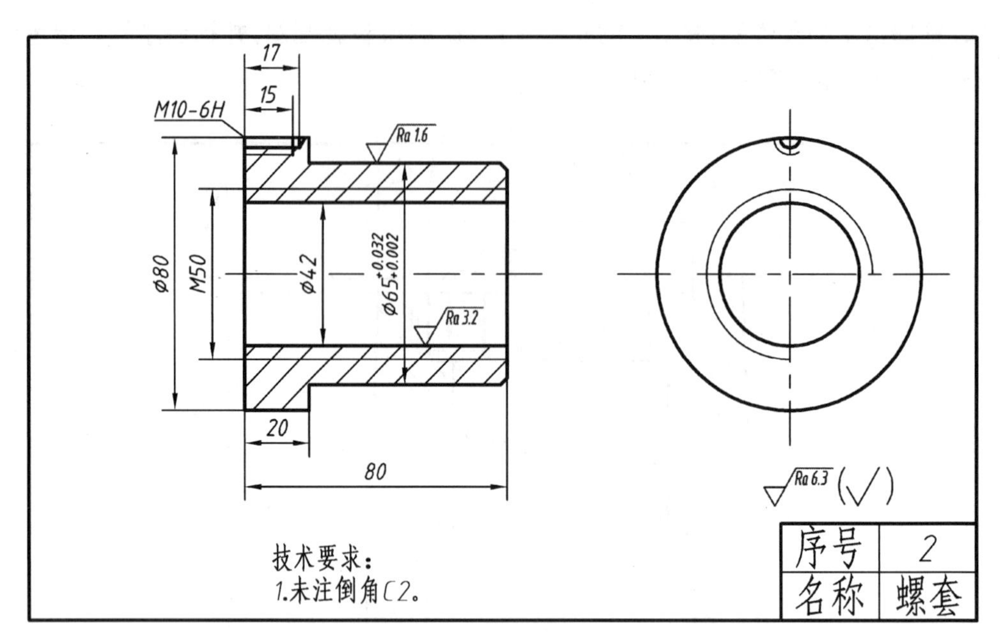

图6　螺套零件图

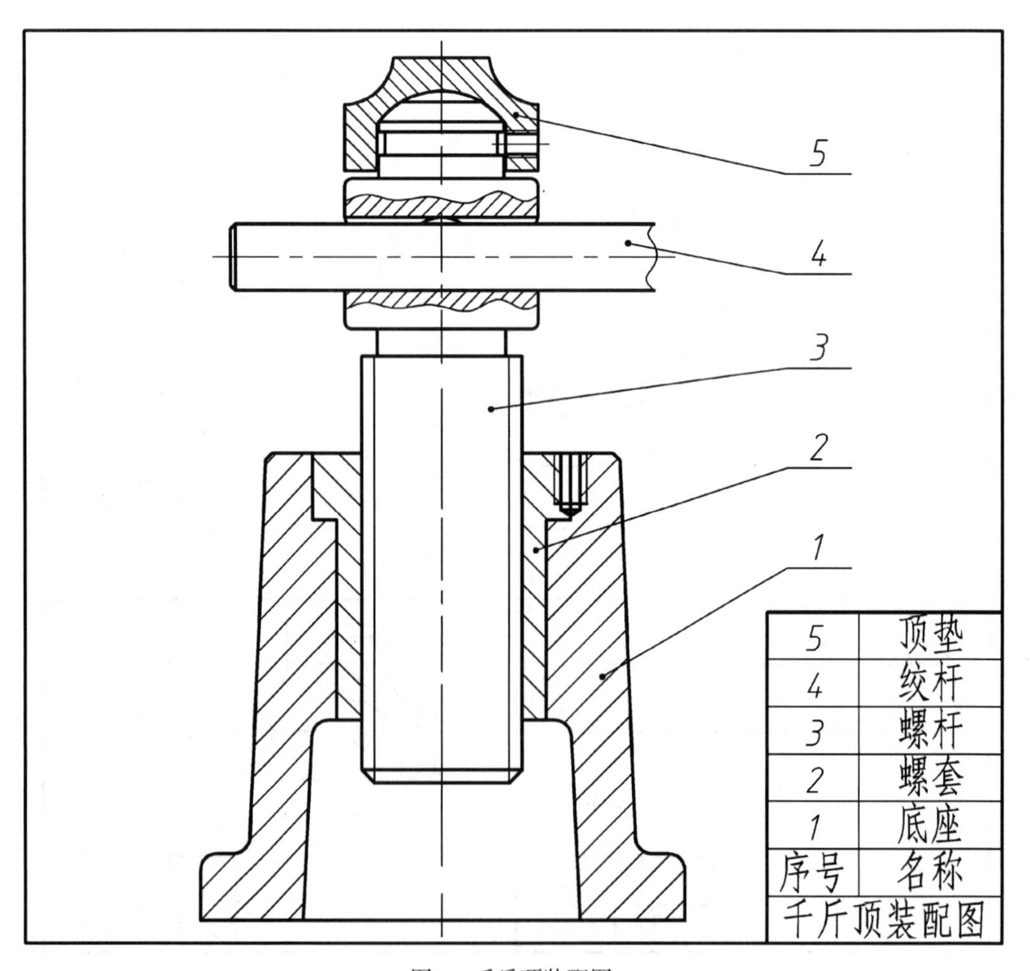

图7　千斤顶装配图

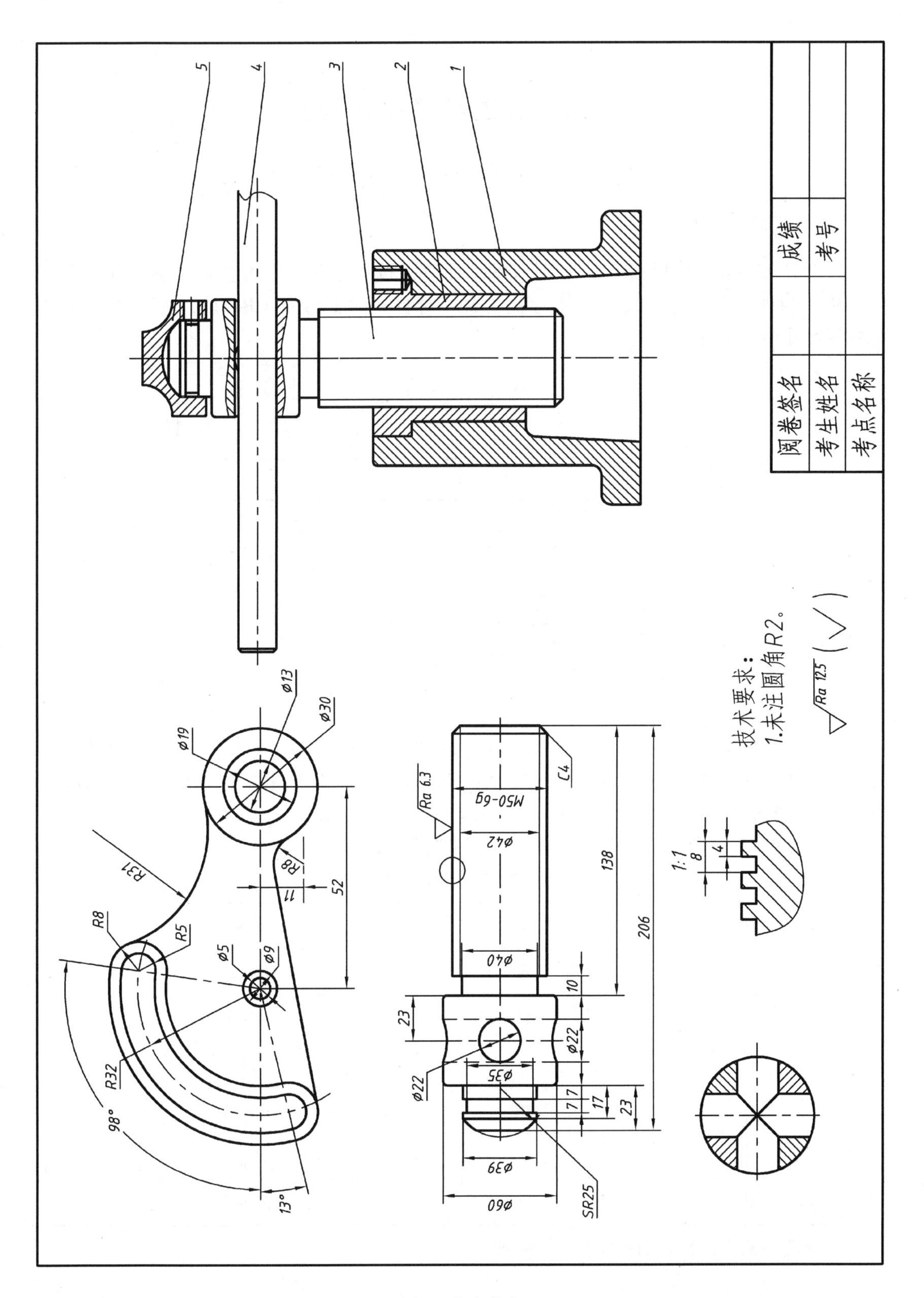

图8 参考答案

计算机绘图考试样题(2)

(考试时间120分钟,总分100分)

一、考试题目。(5分)

1.设置A2图幅,用粗实线画出图框(806×577),按尺寸在右下角绘制标题栏,并填写考点名称、考生姓名和考号。具体要求:字高为5;字体样式为T仿宋_GB2312;宽度比例取0.8。标题栏尺寸如图1所示。

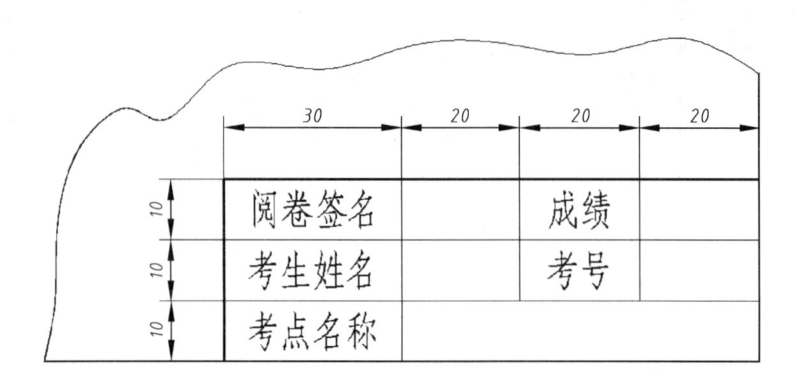

图1

2.尺寸标注按图中格式。尺寸参数要求:尺寸线基线间距为8;尺寸界线超出尺寸线为2;起点偏移量为0;箭头大小为3;数字样式为gbeitc.shx,字高为3,数字位置从尺寸线偏移1。其余参数应符合GB/T 4458.4—2003《机械制图尺寸注法》要求。

3.设置图层,分层绘图。图层、颜色、线型、打印要求见表1。

表1 图层、颜色、线型、打印要求

层名	颜色	线型	线宽	用途	打印
0	黑/白	实线	0.5	粗实线	打开
细实线	黑/白	实线	0.25	细实线	打开
虚线	品红	虚线	0.25	虚线	打开
中心线	红	点画线	0.25	中心线	打开
尺寸线	绿	实线	0.25	尺寸、文字	打开
剖面线	篮	实线	0.25	剖面线	打开

另外需要建立的图层,由考生自行设置。

二、按图 2 所注尺寸，用 1:1的比例抄画平面图形，并标注全部尺寸。(25 分)

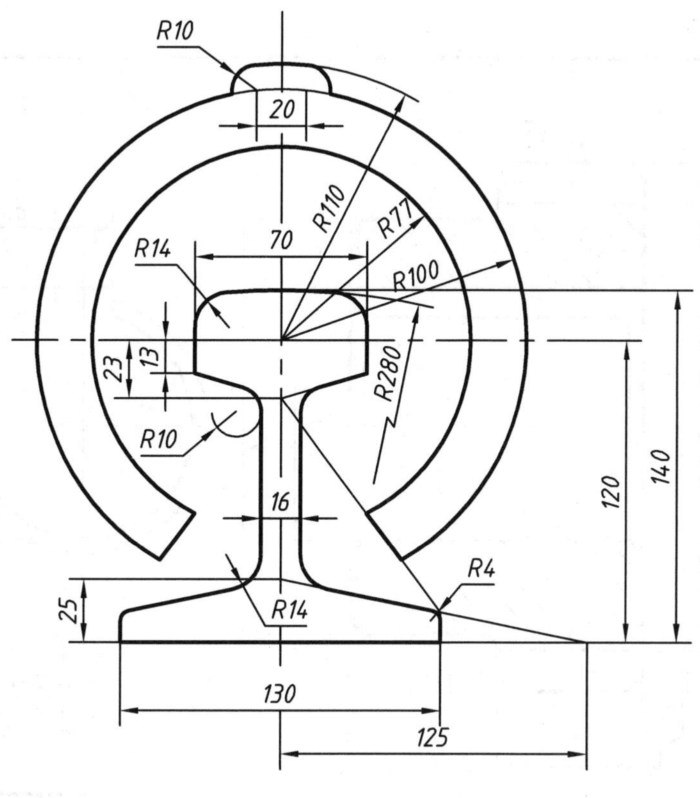

图 2 平面图形

三、按 1:1的比例抄画图 3 所示轴的零件图，并注全尺寸和技术要求。(30 分)

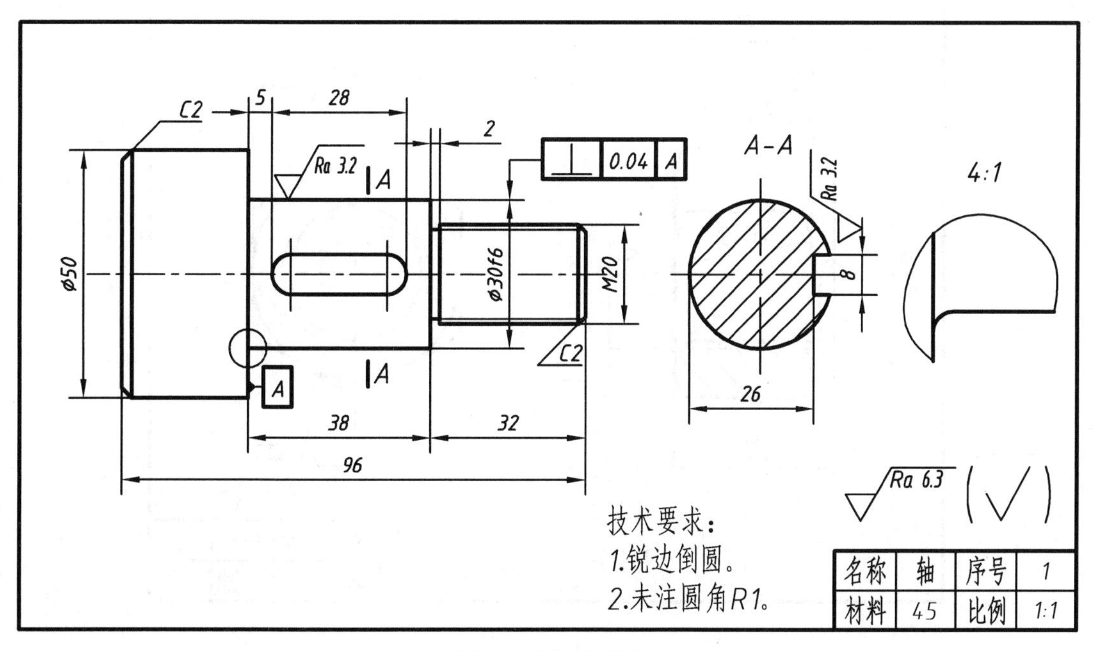

图 3 轴的零件图

四、根据图3及图4所示其他零件的图样，按1:1比例绘制轴系装配图（图5），标注零件序号及尺寸，参考答案见图5。（40分）

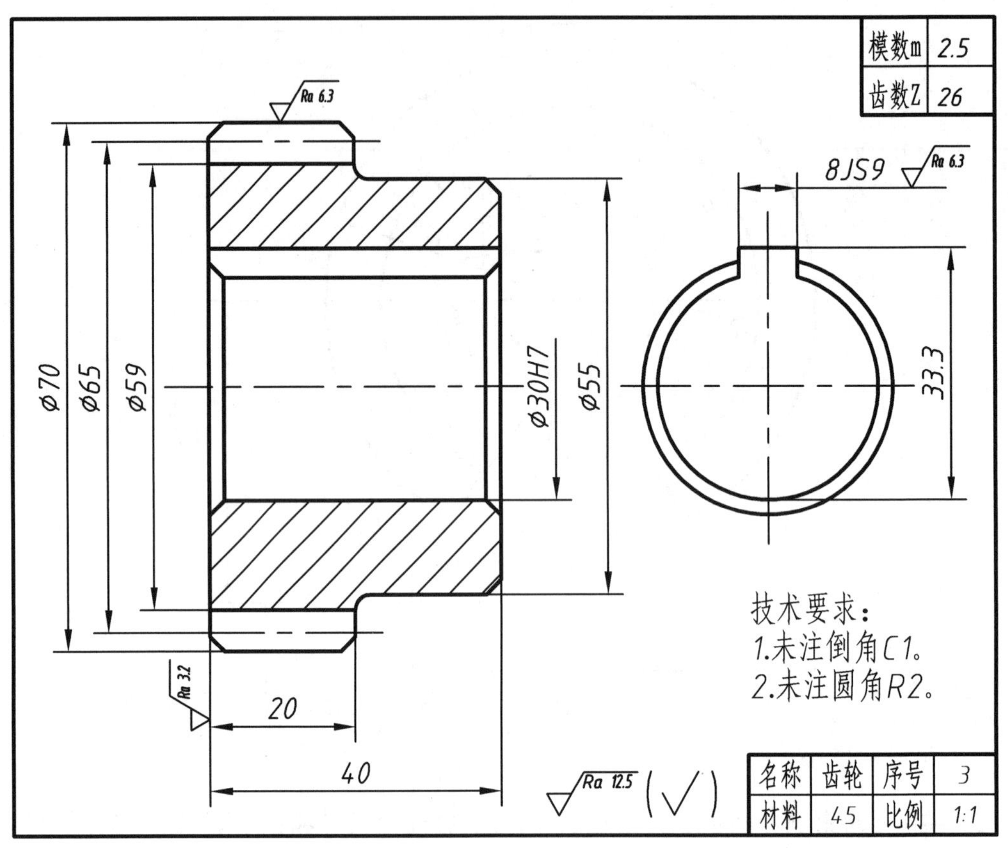

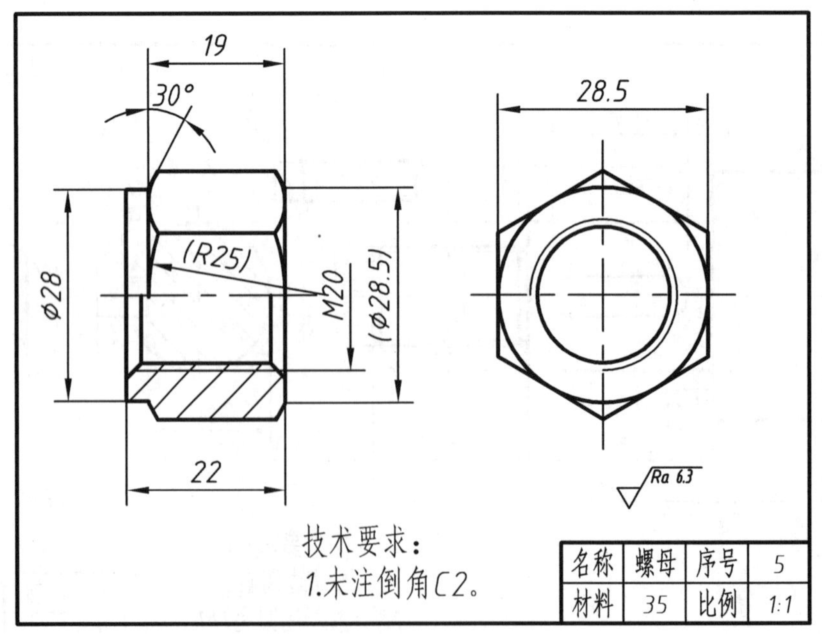

图4　其他件

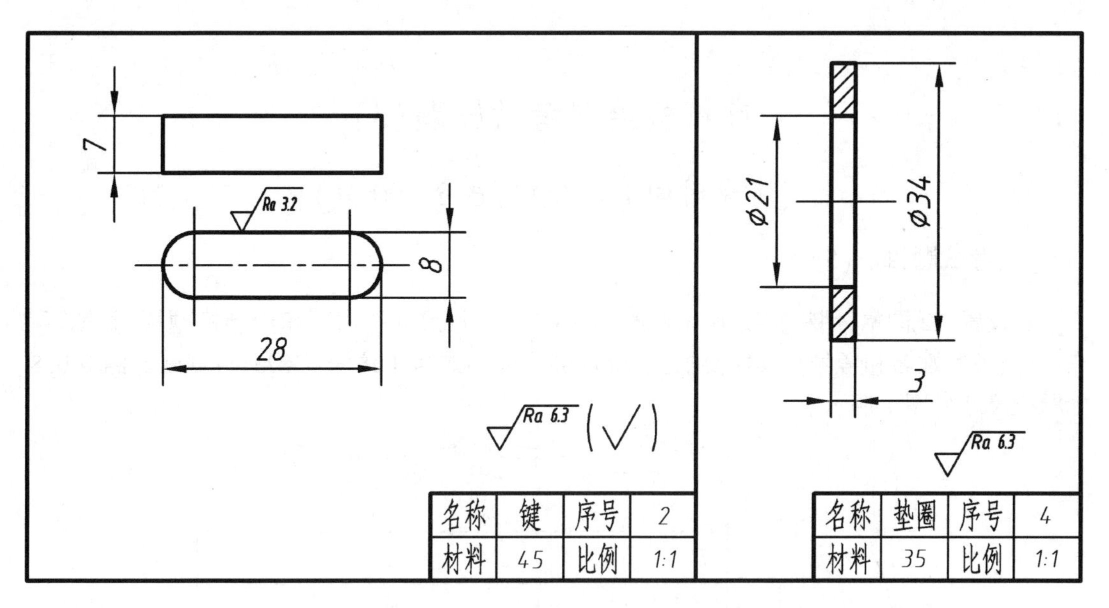

图4 其他件

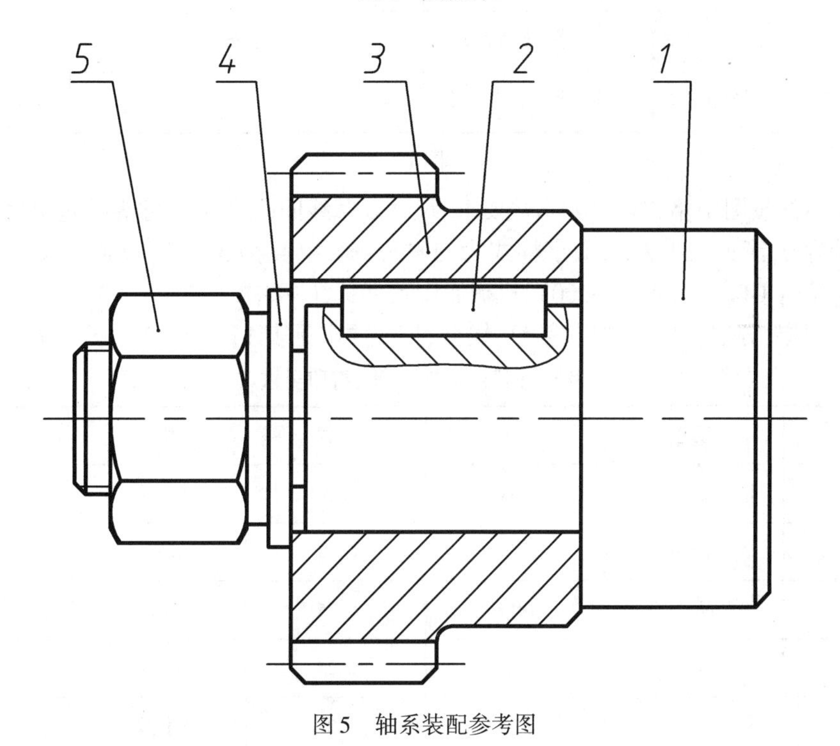

图5 轴系装配参考图

计算机绘图考试样题(3)

(考试时间120分钟,总分100分)

一、考试题目。(5分)

1. 设置A2图幅,用粗实线画出图框(806×577),按尺寸在右下角绘制标题栏,并填写考点名称、考生姓名和考号。具体要求:字高为5;字体样式为T仿宋_GB2312;宽度比例取0.8。标题栏尺寸如图1所示。

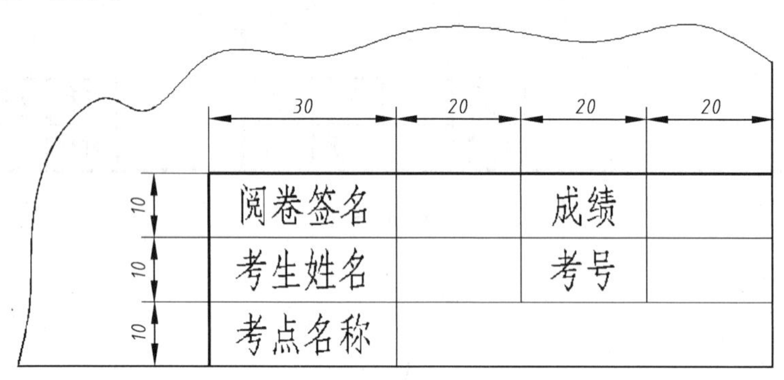

图1

2. 尺寸标注按图中格式。尺寸参数要求:尺寸线基线间距为8;尺寸界线超出尺寸线为2;起点偏移量为0;箭头大小为3;数字样式为gbeitc.shx,字高为3,数字位置从尺寸线偏移1。其余参数应符合GB/T 4458.4—2003《机械制图尺寸标注》要求。

3. 设置图层,分层绘图。图层、颜色、线型、打印要求见表1。

表1 图层、颜色、线型、打印要求

层名	颜色	线型	线宽	用途	打印
0	黑/白	实线	0.5	粗实线	打开
细实线	黑/白	实线	0.25	细实线	打开
虚线	品红	虚线	0.25	虚线	打开
中心线	红	点画线	0.25	中心线	打开
尺寸线	绿	实线	0.25	尺寸、文字	打开
剖面线	篮	实线	0.25	剖面线	打开

另外需要建立的图层,由考生自行设置。

二、按图 2 所注尺寸，用 1∶3的比例抄画平面图形，并标注全部尺寸。(25 分)

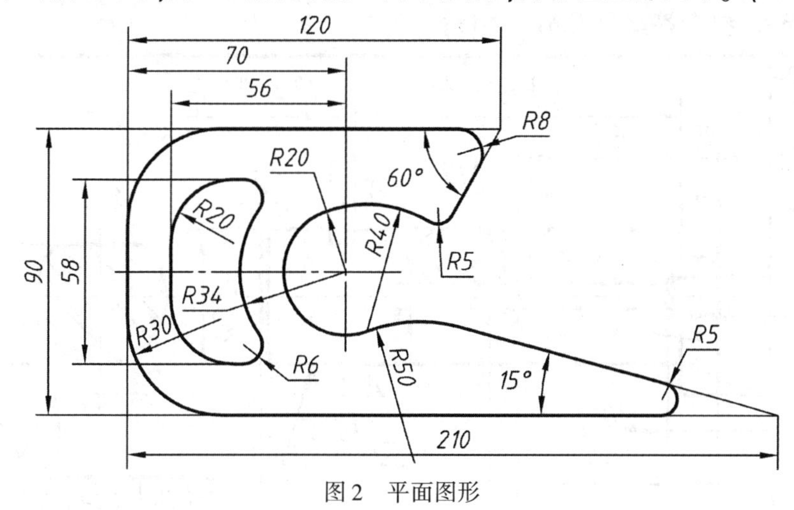

图 2　平面图形

三、按**1∶3**的比例抄画图**3** 中序号**1**(支架)的零件图，并注全尺寸和技术要求。(**30** 分)

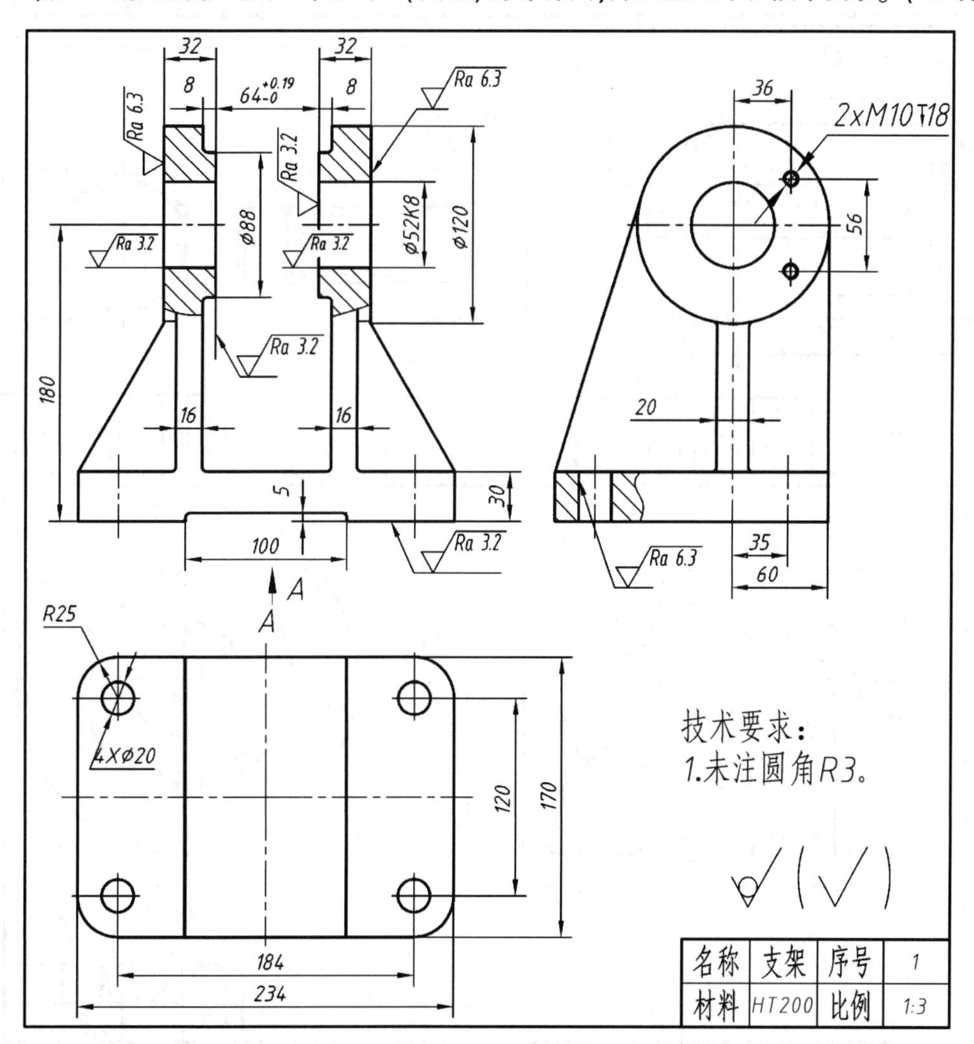

图 3　支架零件图

四、根据图 3 及图 4 所示其他零件的图样，按 1∶3比例绘制定滑轮装配图见图 5，标注零件序号及尺寸，参考答案见图 6。（40 分）

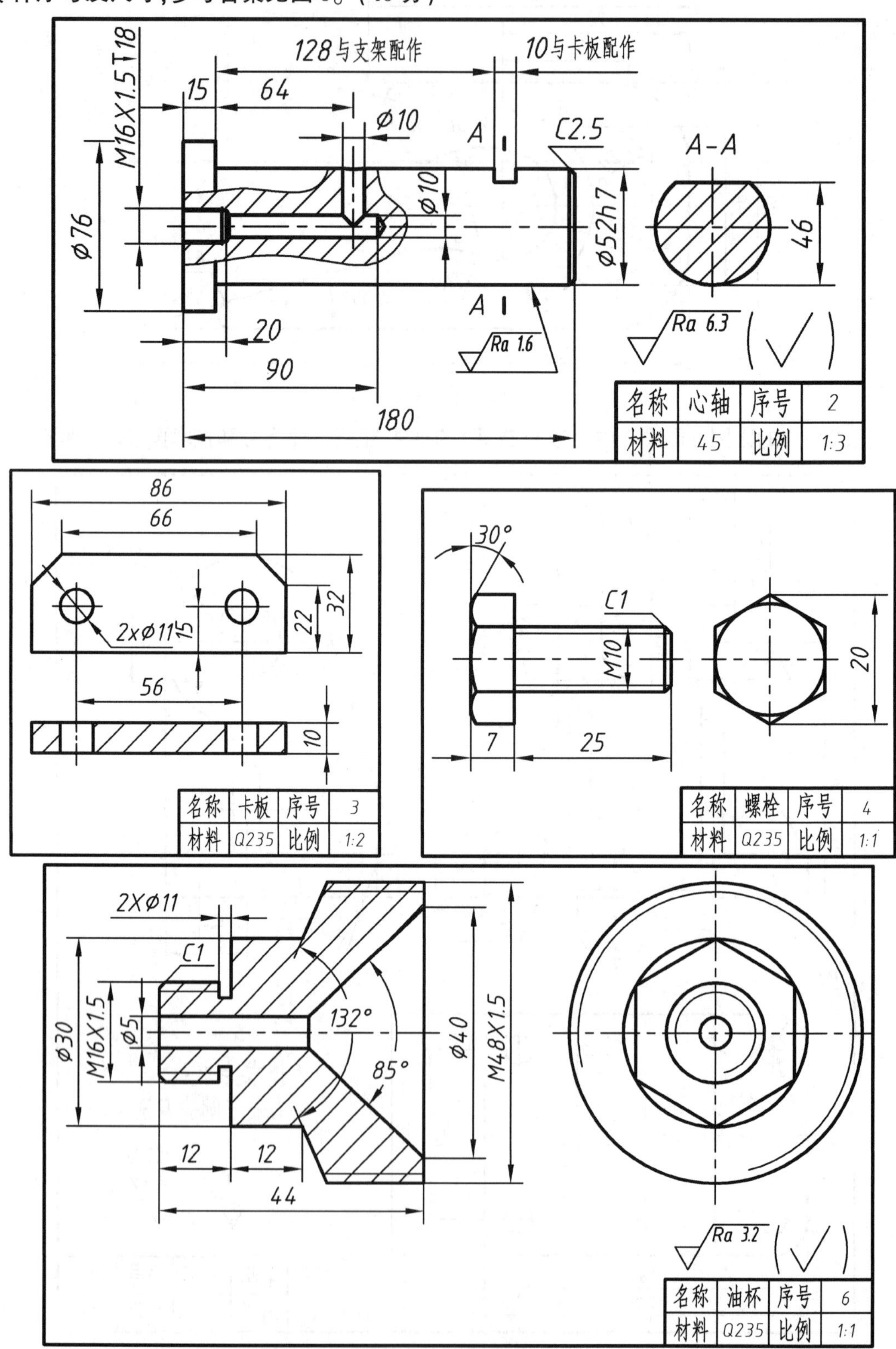

图4　其他零件图

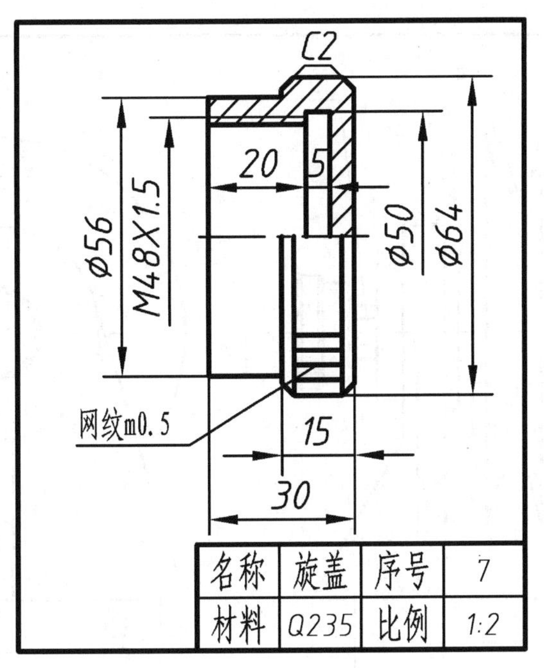
C2
20
5
Ø56
M48X1.5
Ø50
Ø64
网纹m0.5
15
30
名称
旋盖
序号
7
材料
Q235
比例
1:2

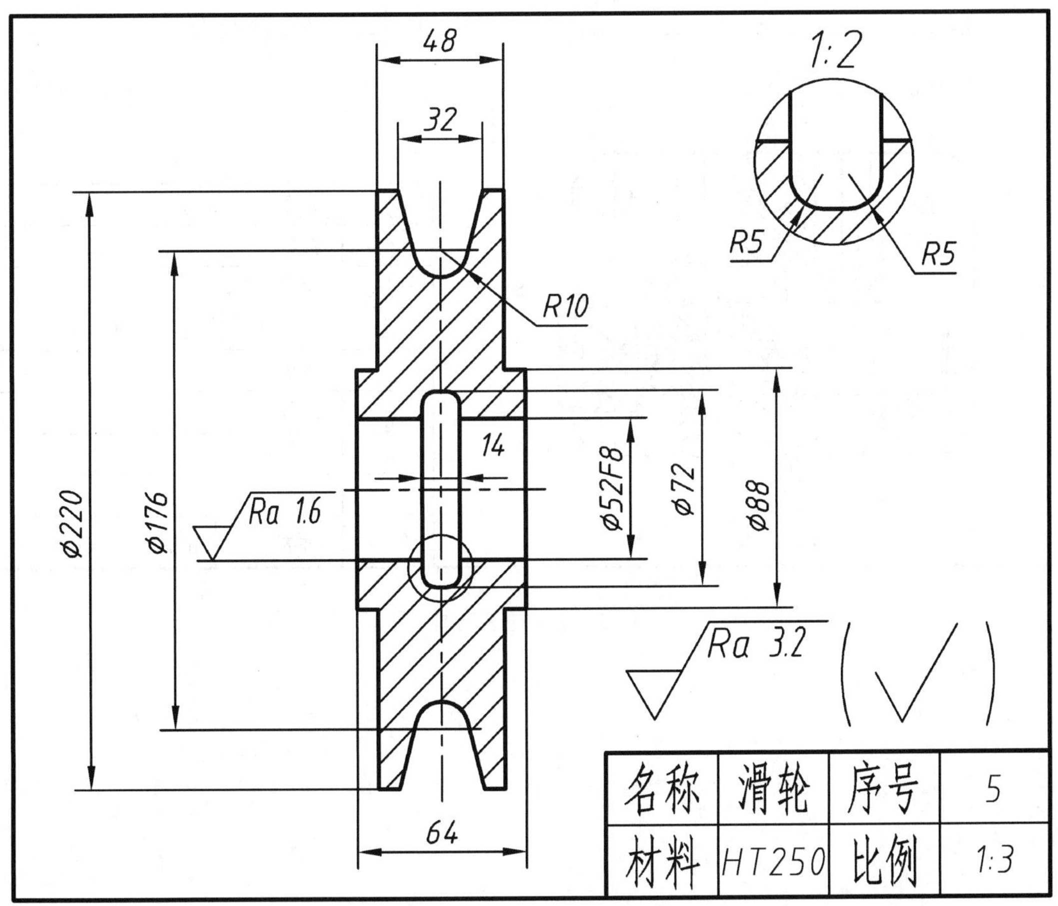
48
32
1:2
R5
R5
R10
14
Ø220
Ø176
Ra 1.6
Ø52F8
Ø72
Ø88
Ra 3.2
64
名称
滑轮
序号
5
材料
HT250
比例
1:3

图4 其他零件图

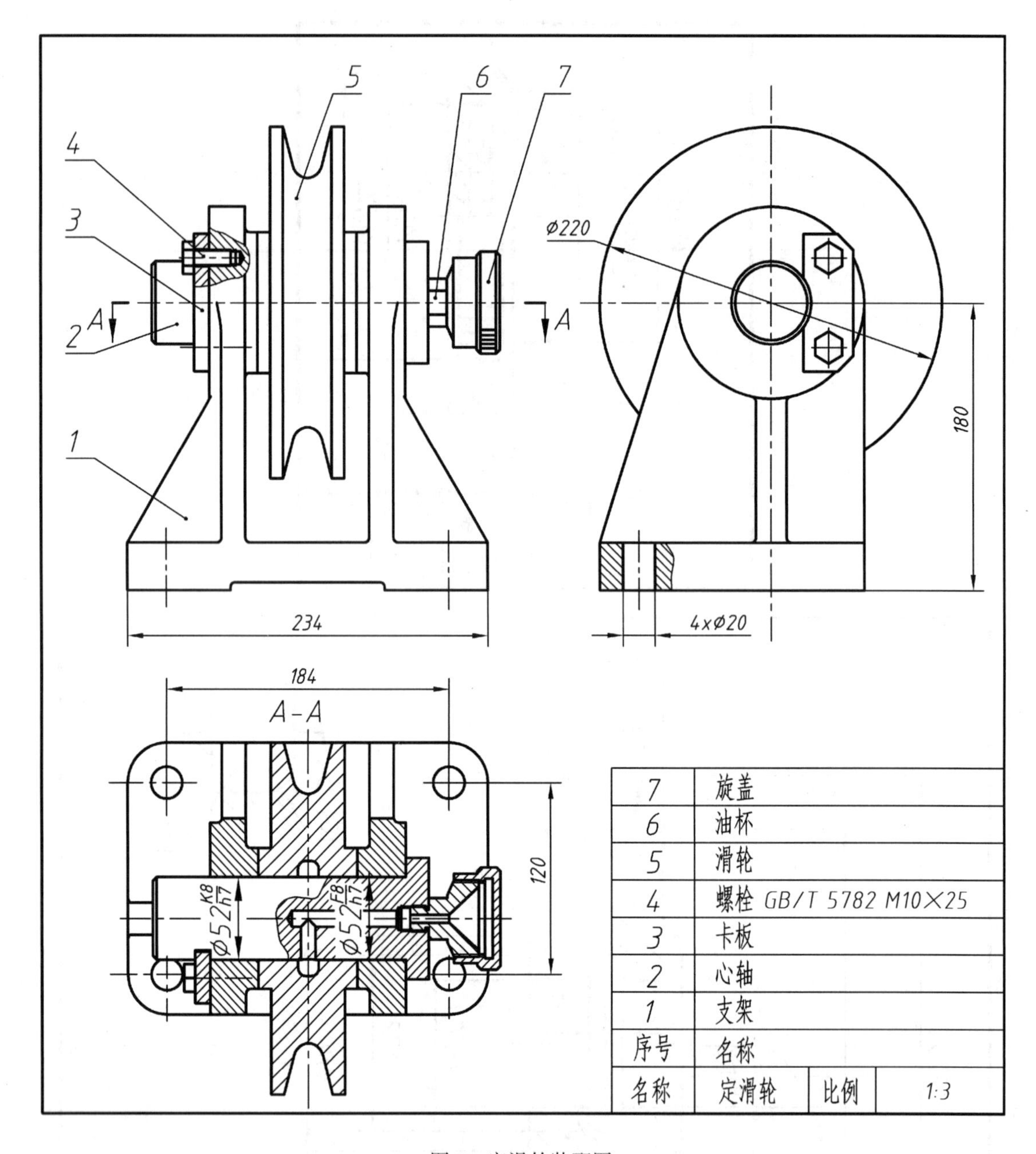
5
6
7
4
3
2
A
A
1
ϕ220
180
234
4×ϕ20
184
A-A
ϕ52K8/h7
ϕ52F8/h7
120
7 旋盖
6 油杯
5 滑轮
4 螺栓 GB/T 5782 M10×25
3 卡板
2 心轴
1 支架
序号 名称
名称 定滑轮 比例 1:3

图5　定滑轮装配图

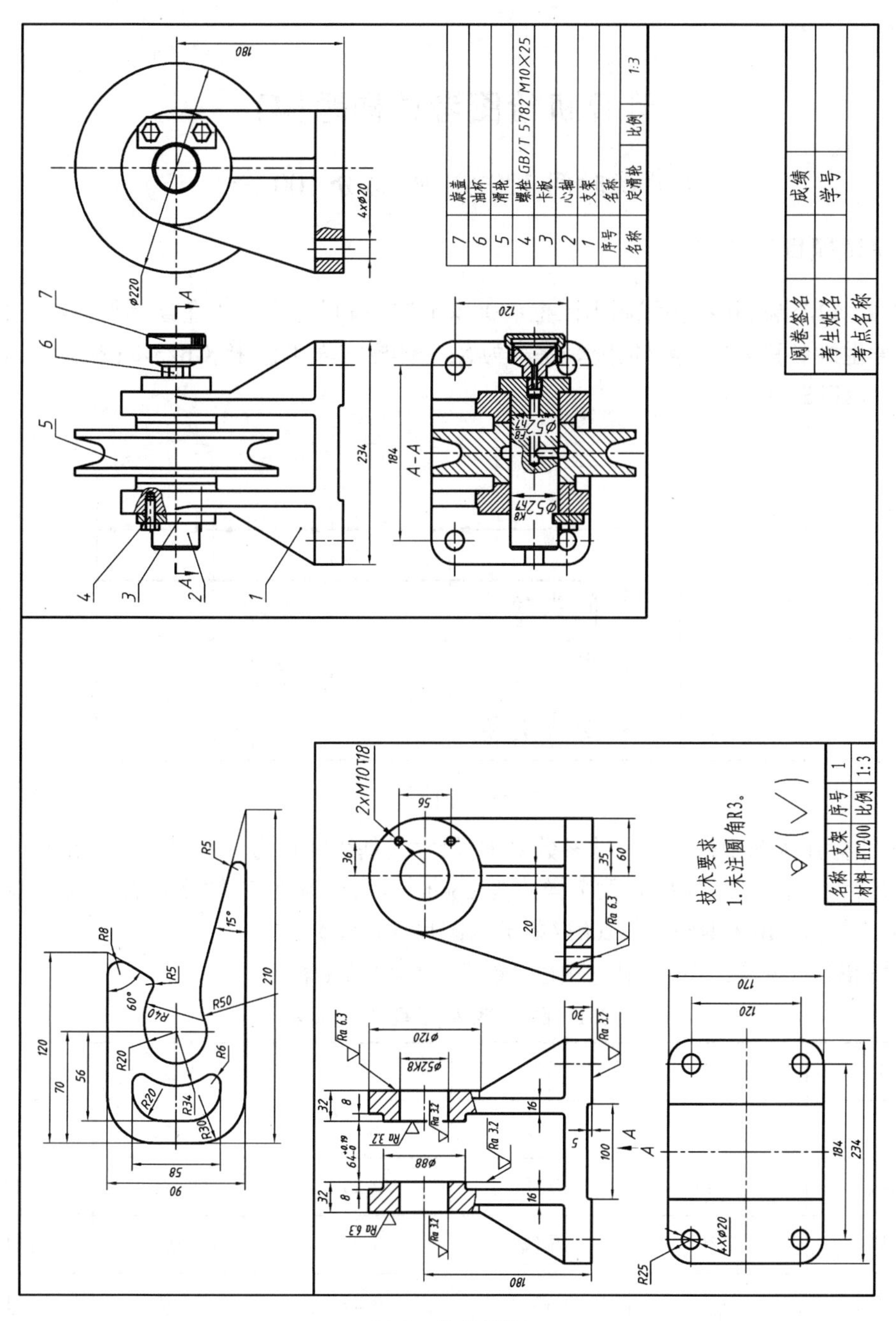
7 旋盖
6 油杯
5 滑轮
4 螺栓 GB/T 5782 M10×25
3 卡板
2 心轴
1 支架
序号 名称
名称 定滑轮 比例 1:3
阅卷签名 成绩
考生姓名 学号
考点名称
A-A
技术要求
1.未注圆角R3。
名称 支架 序号 1
材料 HT200 比例 1:3

图6 参考答案

计算机绘图考试样题(4)

(考试时间120分钟,总分100分)

一、考试题目。(5分)

1.设置A2图幅,用粗实线画出图框(806×577),按尺寸在右下角绘制标题栏,并填写考点名称、考生姓名和考号。具体要求:字高为5;字体样式为T仿宋_GB2312;宽度比例取0.8。标题栏尺寸如图1所示。

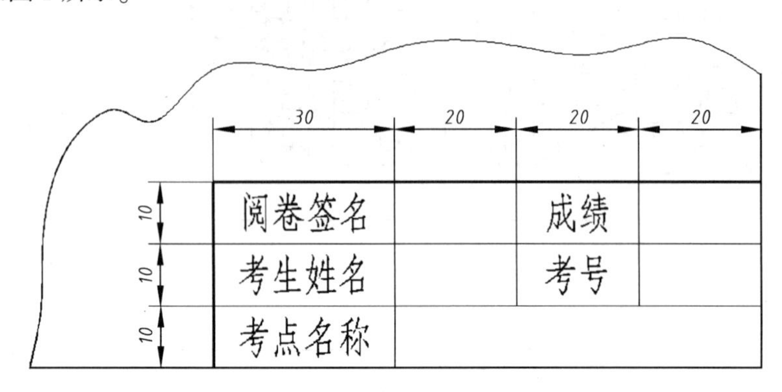

图1

2.尺寸标注按图中格式。尺寸参数要求:尺寸线基线间距为8;尺寸界线超出尺寸线为2;起点偏移量为0;箭头大小为3;数字样式为gbeitc.shx,字高为3,数字位置从尺寸线偏移1。其余参数应符合GB/T 4458.4—2003《机械制图尺寸标注》要求。

3.设置图层,分层绘图。图层、颜色、线型、打印要求见表1。

表1 图层、颜色、线型、打印要求

层名	颜色	线型	线宽	用途	打印
0	黑/白	实线	0.5	粗实线	打开
细实线	黑/白	实线	0.25	细实线	打开
虚线	品红	虚线	0.25	虚线	打开
中心线	红	点画线	0.25	中心线	打开
尺寸线	绿	实线	0.25	尺寸、文字	打开
剖面线	篮	实线	0.25	剖面线	打开

另外需要建立的图层,由考生自行设置。

二、按图2所注尺寸，用1∶1的比例抄画平面图形，并标注全部尺寸。(25分)

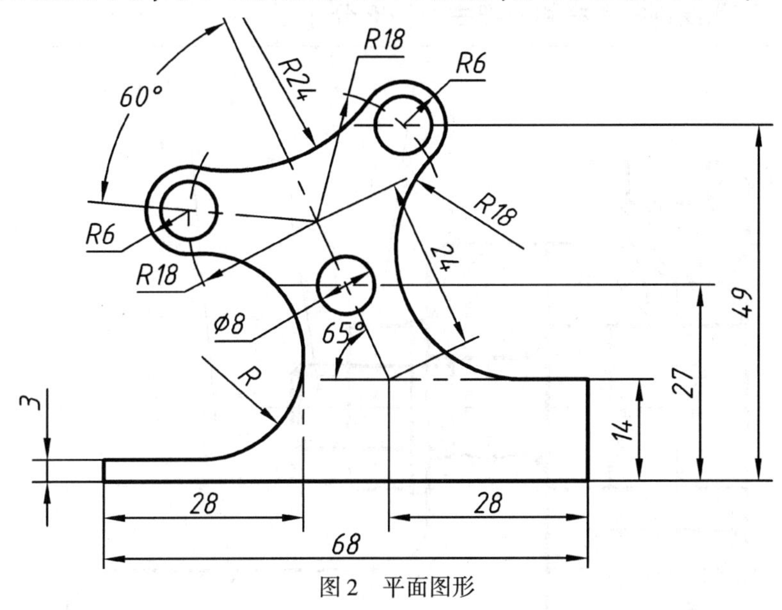

图2 平面图形

三、按1∶1的比例抄画图3钳座所示的零件图，并注全尺寸和技术要求。(30分)

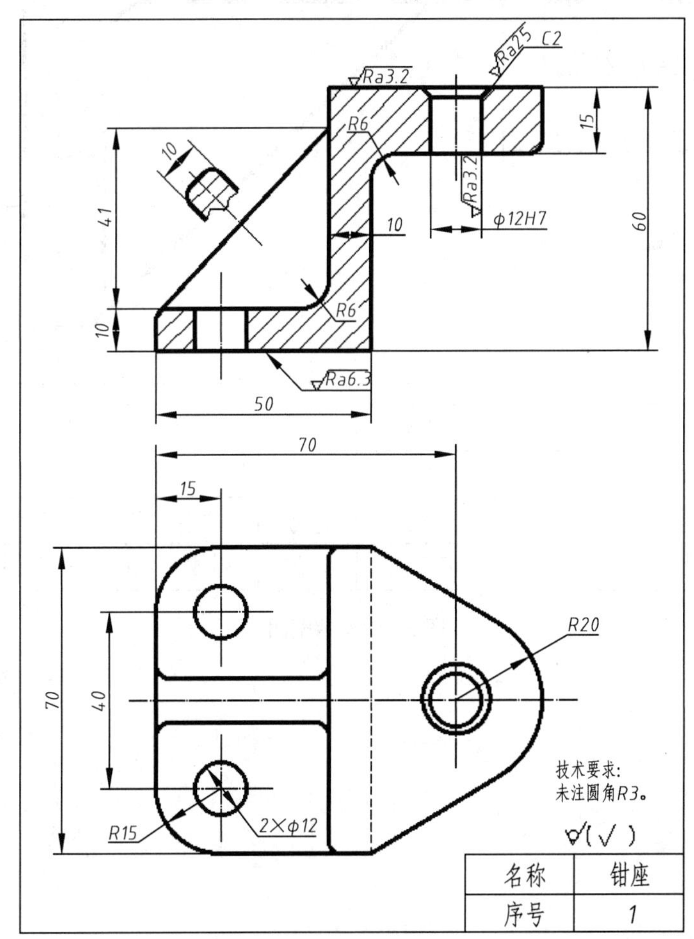

名称	钳座
序号	1

图3 钳座零件图

四、钳座根据序号1~6的零件图(图5)在图框内1:1绘制“钳座”装配图(图4),并标注序号和尺寸,不用绘制标题栏和明细栏。(40分)

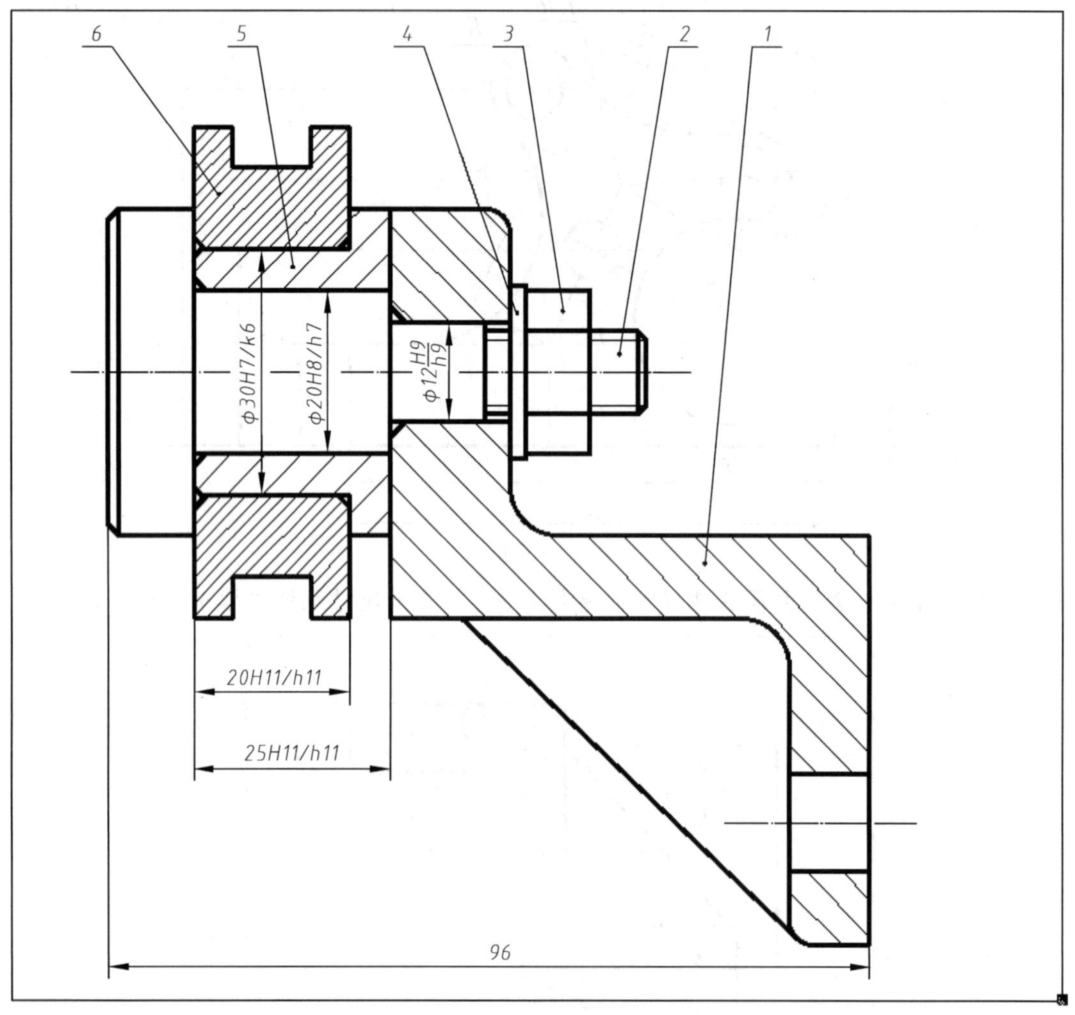

6	滑轮	1	45	2	轴	1	45
5	轴套	1	45	1	钳座	1	HT200
4	垫圈	1	Q235	序号	零件名称	数量	材料
3	螺母	1	Q235	名称	钳座装配图	比例	1:1

图4 钳座装配图

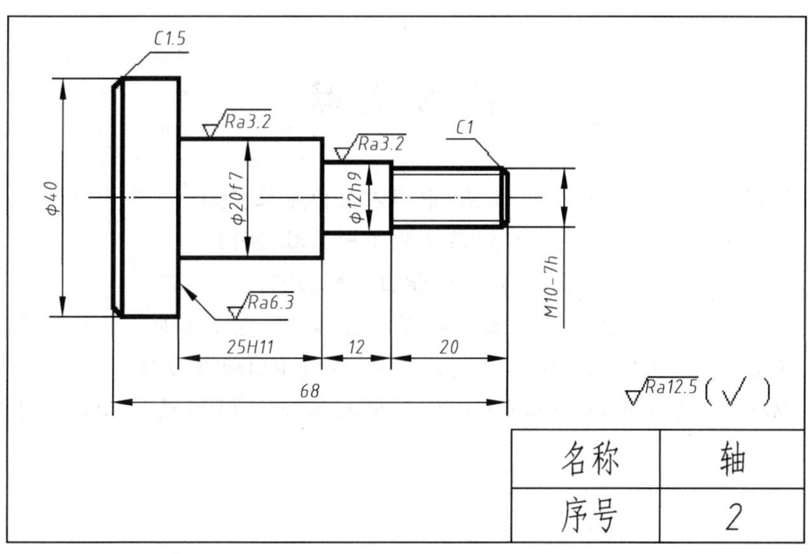
C1.5
Ra3.2
Ra3.2
C1
φ40
φ20f7
φ12h9
M10-7h
Ra6.3
25H11
12
20
68
Ra12.5 (√)
名称 轴
序号 2

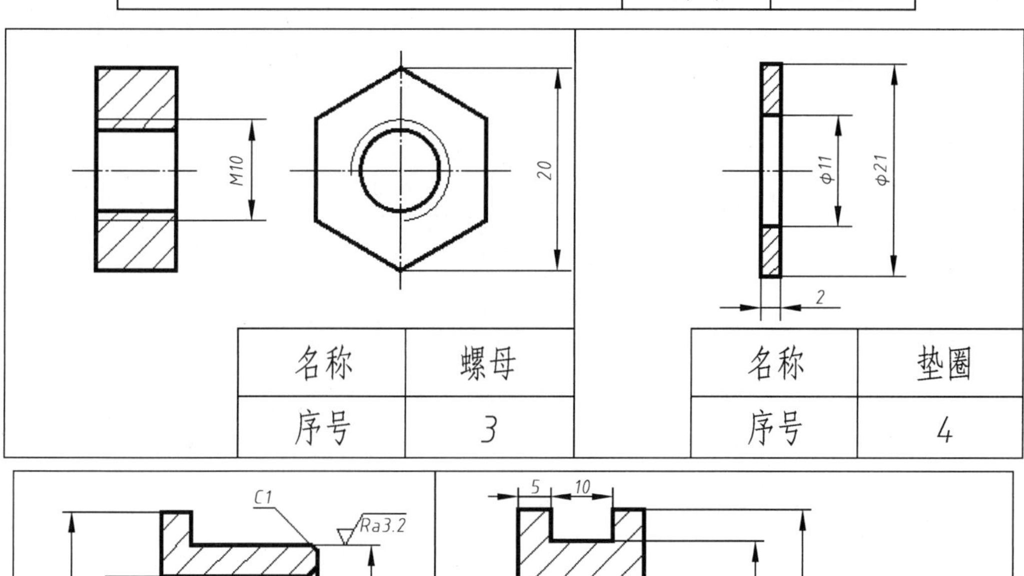
M10
20
名称 螺母
序号 3
φ11
φ21
2
名称 垫圈
序号 4

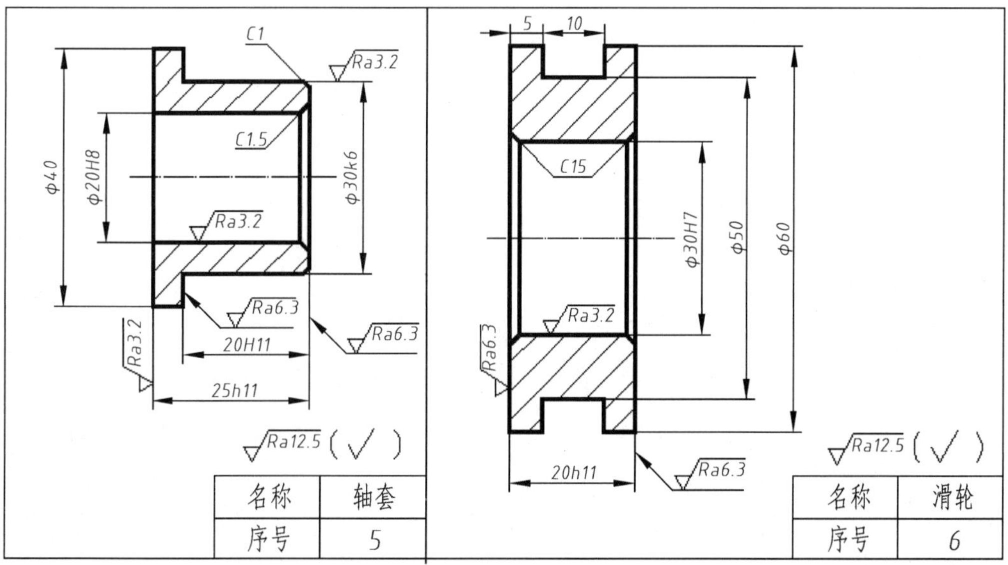
C1
Ra3.2
φ40
φ20H8
C1.5
φ30k6
Ra3.2
Ra6.3
Ra6.3
Ra3.2
20H11
25h11
Ra12.5 (√)
名称 轴套
序号 5
5
10
C15
φ30H7
φ50
φ60
Ra3.2
Ra6.3
20h11
Ra6.3
Ra12.5 (√)
名称 滑轮
序号 6

图5　其他零件

参 考 文 献

[1] 杜秀华,祝娟,等. 工程图学基础. 北京:中国石化出版社,2008.
[2] 周瑞芬,曹喜承,等. 化工制图. 北京:石油化工出版社,2011.
[3] 孙晓娟,徐丽娟. 工程制图. 北京:北京大学出版社,2011.
[4] 刘小伟,王萍. AutoCAD 2012 中文版多功能教材. 北京:电子工业出版社,2011.
[5] 邵振国,朱芸,等. AutoCAD 2011 基础教程. 北京:科学出版社,2010.
[6] CAD/CAM/CAE 技术联盟. AutoCAD 2012 中文版从入门到精通. 北京:清华大学出版社,2012.